Win-Q

화학분석
기사 실기

SD에듀
㈜시대고시기획

합격에 윙크
WIN-Q
하 다 ^

화학분석기사 실기

Always with you

사람이 길에서 우연하게 만나거나 함께 살아가는 것만이 인연은 아니라고 생각합니다.
책을 펴내는 출판사와 그 책을 읽는 독자의 만남도 소중한 인연입니다.
SD에듀는 항상 독자의 마음을 헤아리기 위해 노력하고 있습니다.
늘 독자와 함께하겠습니다.

머리말

화학분석 분야의 전문가를 향한 첫 발걸음!

'시간을 덜 들이면서도 시험을 좀 더 효율적으로 대비하는 방법은 없을까?'

'짧은 시간 안에 시험을 준비할 수 있는 방법은 없을까?'

자격증 시험을 앞둔 수험생들이라면 누구나 한 번쯤 들었을 법한 생각이다. 실제로도 많은 자격증 관련 카페에서도 빈번하게 올라오는 질문이기도 하다. 이런 질문들에 대해 대체적으로 기출문제 분석 → 출제경향 파악 → 핵심이론 요약 → 관련 문제 반복 숙지의 과정을 거쳐 시험을 대비하라는 답변이 일관적으로 실리고 있다.

윙크(Win-Q) 시리즈는 위와 같은 질문과 답변을 바탕으로 기획되어 발간된 도서이다.

윙크(Win-Q) 화학분석기사는 PART 01 핵심이론 + 핵심예제, PART 02 필답형 과년도 + 최근 기출복원문제, PART 03 작업형 실험으로 구성되었다. PART 01은 과거에 치러 왔던 기출문제와 Keyword를 철저하게 분석하고, 반복 출제되는 문제를 추려낸 뒤 그에 따른 핵심예제를 수록하여 빈번하게 출제되는 문제는 반드시 맞힐 수 있게 하였다. PART 02에서는 15개년 기출복원문제를 수록하여 PART 01에서 놓칠 수 있는 새로운 유형의 문제에 대비할 수 있게 하였다. PART 03에서는 작업형 시험에 대비할 수 있도록 작업별 주의사항 및 핵심설명을 컬러 사진과 함께 제시하였다.

자격증 시험의 목적은 높은 점수를 받아 합격하는 것이라기보다는 합격 그 자체에 있다고 할 것이다. 다시 말해 60점만 넘으면 어떤 시험이든 합격이 가능하다. 효과적인 자격증 대비서로서 기존의 부담스러웠던 수험서에서 과감하게 군살을 제거하여 꼭 필요한 공부만 할 수 있도록 한 윙크(Win-Q) 시리즈가 수험준비생들에게 "합격비법노트"로서 함께하는 수험서로 자리 잡길 바란다. 수험생 여러분들의 건승을 기원한다.

편저자 씀

시험안내

개 요

분석화학 및 기기분석 분야의 제반 환경의 발전을 위한 전문지식과 기술을 갖춰 인재를 양성하고자 자격제도를 제정하였다.

수행직무

화학 관련 산업제품이나 의약품, 식품, 소재 등의 개발, 제조, 검사를 함에 있어 제품의 품질을 유지하거나 향상시키기 위해 원재료나 제품 등의 화학성분의 조성과 함량을 분석하기 위한 분석계획 수립, 분석항목을 측정하고 자료를 분석, 종합 평가하여 결과의 보고 및 자료의 종합관리와 새로운 분석기법을 조사, 개발하는 직무를 수행한다.

진로 및 전망

모든 관련 업체에 취업이 가능하며 정부투자기관에도 활용범위가 넓다.

시험일정

구 분	필기원서접수 (인터넷)	필기시험	필기합격 (예정자)발표	실기원서접수	실기시험	최종 합격자 발표일
제1회	1.23~1.26	2.15~3.7	3.13	3.26~3.29	4.27~5.12	1차: 5.29 / 2차: 6.18
제2회	4.16~4.19	5.9~5.28	6.5	6.25~6.28	7.28~8.14	1차: 8.28 / 2차: 9.10
제3회	6.18~6.21	7.5~7.27	8.7	9.10~9.13	10.19~11.8	1차: 11.20 / 2차: 12.11

※ 상기 시험일정은 시행처의 사정에 따라 변경될 수 있으니, www.q-net.or.kr에서 확인하시기 바랍니다.

시험요강

❶ 시행처 : 한국산업인력공단
❷ 관련 학과 : 대학의 화학과, 화학공학 등 관련 학과
❸ 시험과목
  ㉠ 필기 : 1. 화학의 이해와 환경ㆍ안전관리 2. 분석계획 수립과 분석화학 기초 3. 화학물질 특성분석
        4. 화학물질 구조 및 표면분석
  ㉡ 실기 : 화학분석 실무
❹ 검정방법
  ㉠ 필기 : 객관식 4지 택일형, 과목당 객관식 20문항(과목당 30분)
  ㉡ 실기 : 복합형[필답형(2시간) + 작업형(4시간)]
❺ 합격기준
  ㉠ 필기 : 100점 만점에 과목당 40점 이상, 전 과목 평균 60점 이상
  ㉡ 실기 : 100점 만점에 60점 이상

출제기준

실기과목명	주요항목	세부항목
화학분석 실무	분석계획 수립	• 요구사항 파악하기 • 분석시험방법 조사하기 • 분석노트 작성하기 • 분석계획 수립하기
	시험법 밸리데이션 실시	• 밸리데이션 계획 수립하기 • 분석한계 결정하기 • 전처리 신뢰성 검증하기 • 시험법 신뢰성 검증하기
	시험법 밸리데이션 평가	• 밸리데이션 결과 판정하기 • 밸리데이션 결과보고서 작성하기 • 분석업무지시서 작성하기
	화학구조 분석	• 화학구조 분석방법 확인하기 • 화학구조 분석 실시하기 • 화학구조 분석데이터 확인하기
	화학특성 분석	• 화학특성 확인하기 • 화학특성 분석하기 • 화학특성 분석데이터 확인하기
	분석결과 해석	• 측정데이터 신뢰성 확인하기 • 분석오차 점검하기 • 분석 신뢰성 검증하기
	안전관리	• 물질안전보건자료 확인하기 • 화학반응 확인하기 • 위험요소 확인하기 • 사고 대처하기
	환경관리	• 화학물질 특성 확인하기 • 분석환경 관리하기 • 폐수 · 폐기물 · 유해가스 관리하기
	분석결과보고서 작성	• 분석결과 종합하기 • 분석결과 검증하기 • 분석결과보고서 작성하기
	분석장비 관리	• 분석장비 검 · 교정하기

이 책의 구성과 특징

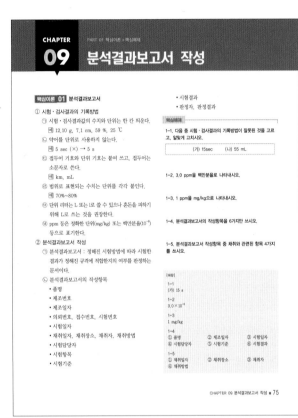

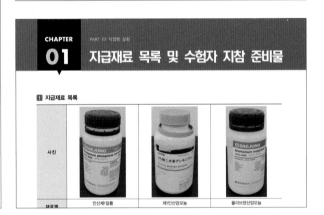

핵심이론 + 핵심예제

필수적으로 학습해야 하는 중요한 이론들을 각 과목별로 분류하여 수록하였습니다.

또한 출제기준을 중심으로 출제빈도가 높은 기출 문제와 필수적으로 풀어보아야 할 문제를 핵심이론당 1~2문제씩 선정했습니다. 각 문제마다 핵심을 찌르는 명쾌한 해설이 수록되어 있습니다.

필답형 과년도 + 최근 기출복원문제 및 작업형 실험

지금까지 출제된 필답형 기출문제를 복원하여 가장 최신의 출제경향을 파악하고 새롭게 출제된 문제의 유형을 익혀 처음 보는 문제들도 모두 맞힐 수 있도록 하였습니다. 또한 작업형 시험에 대비할 수 있도록 작업별 주의사항 및 핵심설명을 컬러 사진과 함께 제시하였습니다.

원소주기율표

1	2	3	4	5	6	7	8	9	10	11	12	13	14	15	16	17	18
1 H 수소																	2 He 헬륨
3 Li 리튬	4 Be 베릴륨											5 B 붕소	6 C 탄소	7 N 질소	8 O 산소	9 F 플루오린	10 Ne 네온
11 Na 소듐	12 Mg 마그네슘											13 Al 알루미늄	14 Si 규소	15 P 인	16 S 황	17 Cl 염소	18 Ar 아르곤
19 K 포타슘	20 Ca 칼슘	21 Sc 스칸듐	22 Ti 타이타늄	23 V 바나듐	24 Cr 크로뮴	25 Mn 망가니즈	26 Fe 철	27 Co 코발트	28 Ni 니켈	29 Cu 구리	30 Zn 아연	31 Ga 갈륨	32 Ge 저마늄	33 As 비소	34 Se 셀레늄	35 Br 브로민	36 Kr 크립톤
37 Rb 루비듐	38 Sr 스트론튬	39 Y 이트륨	40 Zr 지르코늄	41 Nb 나이오븀	42 Mo 몰리브데넘	43 Tc 테크네튬	44 Ru 루테늄	45 Rh 로듐	46 Pd 팔라듐	47 Ag 은	48 Cd 카드뮴	49 In 인듐	50 Sn 주석	51 Sb 안티모니	52 Te 텔루륨	53 I 아이오딘	54 Xe 제논
55 Cs 세슘	56 Ba 바륨	57~71 란타넘족	72 Hf 하프늄	73 Ta 탄탈럼	74 W 텅스텐	75 Re 레늄	76 Os 오스뮴	77 Ir 이리듐	78 Pt 백금	79 Au 금	80 Hg 수은	81 Tl 탈륨	82 Pb 납	83 Bi 비스무트	84 Po 폴로늄	85 At 아스타틴	86 Rn 라돈
87 Fr 프랑슘	88 Ra 라듐	89~103 악티늄족	104 Rf 러더포듐	105 Db 두브늄	106 Sg 시보귬	107 Bh 보륨	108 Hs 하슘	109 Mt 마이트너륨	110 Ds 다름슈타튬	111 Rg 뢴트게늄	112 Cn 코페르니슘	113 Nh 니호늄	114 Fl 플레로븀	115 Mc 모스코븀	116 Lv 리버모륨	117 Ts 테네신	118 Og 오가네손

Lanthanoids

57 La 란타넘	58 Ce 세륨	59 Pr 프라세오디뮴	60 Nd 네오디뮴	61 Pm 프로메튬	62 Sm 사마륨	63 Eu 유로퓸	64 Gd 가돌리늄	65 Tb 터븀	66 Dy 디스프로슘	67 Ho 홀뮴	68 Er 어븀	69 Tm 툴륨	70 Yb 이터븀	71 Lu 루테튬

Actinoids

89 Ac 악티늄	90 Th 토륨	91 Pa 프로트악티늄	92 U 우라늄	93 Np 넵투늄	94 Pu 플루토늄	95 Am 아메리슘	96 Cm 퀴륨	97 Bk 버클륨	98 Cf 캘리포늄	99 Es 아인슈타이늄	100 Fm 페르뮴	101 Md 멘델레븀	102 No 노벨륨	103 Lr 로렌슘

범례
- 원자번호
- 원자기호(예 : a : 액체 a : 기체 a : 고체)
- 이름

20 Ca 칼슘

□ 금속   □ 비금속   □ 전이원소

※ 출처 : 대한화학회, 2016

PART 01 핵심이론 + 핵심예제

CHAPTER 01 분석계획 수립　　　　　　002
CHAPTER 02 시험법 밸리데이션 실시　　010
CHAPTER 03 시험법 밸리데이션 평가　　020
CHAPTER 04 화학구조 분석　　　　　　026
CHAPTER 05 화학특성 분석　　　　　　046

CHAPTER 06 분석결과 해석　　　　　　061
CHAPTER 07 안전관리　　　　　　　　065
CHAPTER 08 환경관리　　　　　　　　072
CHAPTER 09 분석결과보고서 작성　　　075
CHAPTER 10 분석장비 관리　　　　　　076

PART 02 필답형 과년도 + 최근 기출복원문제

2009년 제2회 기출복원문제　　　　　082
　　　　제4회 기출복원문제　　　　　087
2010년 제2회 기출복원문제　　　　　092
　　　　제4회 기출복원문제　　　　　096
2011년 제1회 기출복원문제　　　　　101
　　　　제4회 기출복원문제　　　　　106
2012년 제1회 기출복원문제　　　　　111
　　　　제4회 기출복원문제　　　　　115
2013년 제1회 기출복원문제　　　　　120
　　　　제4회 기출복원문제　　　　　125
2014년 제1회 기출복원문제　　　　　130
　　　　제4회 기출복원문제　　　　　136
2015년 제1회 기출복원문제　　　　　140
　　　　제4회 기출복원문제　　　　　145
2016년 제1회 기출복원문제　　　　　150
　　　　제4회 기출복원문제　　　　　154

2017년 제1회 기출복원문제　　　　　160
　　　　제4회 기출복원문제　　　　　165
2018년 제1회 기출복원문제　　　　　170
　　　　제4회 기출복원문제　　　　　174
2019년 제1회 기출복원문제　　　　　179
　　　　제2회 기출복원문제　　　　　183
　　　　제4회 기출복원문제　　　　　188
2020년 제1회 기출복원문제　　　　　192
　　　　제2회 기출복원문제　　　　　198
　　　　제3회 기출복원문제　　　　　204
　　　　제4회 기출복원문제　　　　　211
2021년 제1회 기출복원문제　　　　　216
　　　　제2회 기출복원문제　　　　　221
2022년 제4회 기출복원문제　　　　　230
2023년 제2회 기출복원문제　　　　　238
　　　　제4회 기출복원문제　　　　　247

PART 03 작업형 실험

CHAPTER 01 지급재료 목록 및 수험자 지참 준비물　　　　　258
CHAPTER 02 흡광광도법에 의한 인산전량 정량분석　　　　　261

CHAPTER 01   분석계획 수립

CHAPTER 02   시험법 밸리데이션 실시

CHAPTER 03   시험법 밸리데이션 평가

CHAPTER 04   화학구조 분석

CHAPTER 05   화학특성 분석

CHAPTER 06   분석결과 해석

CHAPTER 07   안전관리

CHAPTER 08   환경관리

CHAPTER 09   분석결과보고서 작성

CHAPTER 10   분석장비 관리

PART

1

핵심이론 + 핵심예제

핵심이론 01 요구사항 파악하기

① **시험분석** : 주어진 물체 또는 물질이 화학적으로 어떤 조성을 가지고 있는지, 각각의 성분이 얼마나 존재하는지 알아보는 것이다.

② **시료(검체, Sample)** : 시험분석의 대상이다.

③ **정성분석** : 시료 중에 포함되어 있는 물질종을 분석하는 것이다(무엇이 들어 있는가).

④ **정량분석** : 시료 중의 각 성분의 부피비, 질량비 등을 분석하는 것이다(얼마나 들어 있는가).

⑤ **시험분석업무 처리절차**

　㉠ 1단계 : 상담 및 견적 의뢰
　　• 시험 의뢰 및 상담
　　• 시험 자료 및 방향 협의
　　• 견적서 및 시험 일정 협의
　　• 홈페이지 온라인 상담 및 견적 의뢰로 문의

　㉡ 2단계 : 계약 체결 단계
　　• 계약 체결
　　• 시험의뢰서 작성
　　• 의뢰자에게 시험물질 관련 정보 및 참고자료 요청

　㉢ 3단계 : 시험 진행 단계
　　• 시험물질의 접수 및 시험계획서 작성
　　• 의뢰자와 시험일정 및 내용을 협의
　　• 필요시 시약 및 표준물질의 요청

　㉣ 4단계 : 시험 과정 단계
　　• 시험물질을 투여하면서 전처리 과정 실시
　　• 시험의뢰서에 준하여 시험 실시
　　• 시험 과정 필요시 시험 의뢰자와 협의

　㉤ 5단계 : 시험 종료 및 성적서 작성
　　• 원자료 정리 및 문서화
　　• 시험성적서 작성 및 확인
　　• 국문 또는 영문 요구사항에 준하여 작성

　㉥ 6단계 : 의뢰자에게 시험성적서 발송
　　• 의뢰자에게 시험성적서 발송
　　• 시험 후 남은 시료는 일정 기간 동안 보관

⑥ **시험분석의뢰서**

　㉠ 기업 또는 기관 등이 해당 제품이나 시료, 물질 등의 분석을 의뢰하기 위해 작성하는 문서이다.

　㉡ 신청 업체명, 신청 일자, 분석 의뢰 내용 등으로 구분하여 정확한 내용을 간단명료하게 작성한다.

　㉢ 분석과 관련하여 비용이 발생한 경우 이에 대한 내용도 함께 기재한다.

　㉣ 시험분석의뢰서 작성 항목
　　• 의뢰 접수 번호
　　• 의뢰인 정보(고객 정보) : 상호(명칭), 사업자등록번호, 대표자 성명, 주소, 연락처, 메일 주소 등
　　• 분석 의뢰 정보 : 시료명, 시료 수, 시료 성상 및 특성 등 시료 정보, 시료 발송 일정, 시료 반환 여부, 시료 보관 유지방법 등
　　• 시험 수수료 및 분석 비용
　　• 시험 항목 : 국제표준시험방법, 자체시험방법 등
　　• 시험 검사 의뢰 목적 : 자가 품질 관리용, 참고용, 선전용, 소송용, 기타
　　• 시험성적서 표시 언어 및 수령방법 : 국문/영문, 직접/우편/이메일 등
　　• 시험분석 종료 일자
　　• 작성 확인 후 날인

정성분석과 정량분석에 대해 설명하시오.

|해답|

정성분석은 시료 중에 어떠한 화학종이 함유되어 있는가를 확인하는 시험이고, 정량분석은 시료 중에 각 성분물질의 양적 관계를 구하는 시험이다.

핵심이론 02 분석시험방법 조사하기

① 표준시험방법
  ㉠ 표준의 종류
   • 한국산업표준(KS ; Korean industrial Standard)
     − 산업표준화법에 의거하여 우리나라에서 제정한 국가규격이다.
     − 기본 부문부터 정보 부문까지 21개 부문으로 구성된다.
     − 크게 제품의 향상, 치수, 품질 등을 규정한 제품표준, 시험·분석·검사 및 측정방법, 작업표준 등을 규정한 방법표준과 용어·기술·단위·수열 등을 규정한 전달표준으로 분류한다.
   • 미국재료시험협회(ASTM ; American Society for Testing and Materials) : 미국의 재료 규격 및 재료 시험에 관한 기준을 정하는 기관을 의미하거나 제정된 기준을 나타낸다.
   • 일본공업규격(JIS ; Japanese Industrial Standards) : 일본의 국가규격으로, 식품·농림분야를 제외한 공업제품의 개발, 생산, 유통, 사용을 대상으로 한다.
   • 국제표준화기구(ISO ; International Organization for Standardization) : 각종 분야의 제품·서비스의 국제적 교류를 용이하게 하고, 상호 협력을 증진시키는 것을 목적으로, 공업 상품이나 서비스의 국제 교류를 원활히 하기 위하여 이들의 표준화를 도모하는 세계적인 기구이다.
   • 영국국가규격(BS ; British Standard)
   • 독일공업규격(DIN ; Deutsche Industries Normen)
  ㉡ 표준의 특성
   • 호환성   • 기준성
   • 통일성   • 반복성
   • 객관성   • 고정성과 진보성
   • 경제성

② 분석방법의 분류

　㉠ 고전분석법 : 침전법, 추출법 또는 증류법을 이용하여 시료에서 관심을 두는 성분을 분리해 내고, 분리된 성분들을 시약과 반응시켜 색깔, 끓는점, 녹는점, 일련의 용매에서의 용해도, 향기, 광학 활성도, 굴절률 등을 이용하여 식별할 수 있는 생성물을 만들어 분석하는 방법이다.

　　• 무게법 : 분석물 또는 분석물과 화학적으로 관련이 있는 화합물의 질량을 측정하는 방법이다.

　　• 적정법(부피법) : 분석물과 완전히 반응하는 데 필요한 표준시약의 부피 또는 무게를 측정하여 분석하는 방법이다.

　㉡ 기기분석법 : 분석물들의 물리적 성질, 즉 빛의 흡수 또는 방출, 전도도, 전극 전위, 형광, 질량 대 전하비 등을 측정하여 여러 가지 무기, 유기 및 생화학물질을 분석하는 방법이다.

　　• 분광광도법 : 전자기 복사선이 분석물 원자나 분자와 상호작용하는 것을 측정하거나 분석물에 의해 생긴 복사선을 측정하는 것에 기초를 두고 있다.

　　　예 자외선/가시광선 분광법, 적외선 분광법, 원자흡수분광법, 핵자기공명분광법, X선 분광법, 형광분광법 등

　　• 전기분석법 : 전위, 전류, 저항 및 전기량과 같은 전기적 성질을 측정하는 것과 관련이 있다.

　　　예 전위차법, 전압전류법, 전기량법 등

　　• 크로마토그래피

　　　예 고성능 액체크로마토그래피, 기체크로마토그래피, 초임계 유체크로마토그래피, 이온크로마토그래피 등

③ 표준물질

　㉠ 표준물질 : 기기교정이나 측정기기 평가 또는 재료 값을 부여하기 위하여 하나 또는 그 이상의 특정값에 충분히 균일하게 잘 확정되어 있는 재료 또는 물질이다.

　㉡ 표준기준물질(SRM ; Standard Reference Material)

　　• 매트릭스 조성이 분석시료와 거의 같고, 함량이 정확히 알려진 분석물을 하나 이상 포함하고 있는 물질이다.

　　• 기술적으로 권위가 있는 조직이 발행하는 성분·조성·특성에 관한 인증서가 붙은 표준물질로, 미국의 NIST(National Institute of Standards and Technology, 미국 국립표준기술연구소)에서는 일관되게 SRM의 용어를 사용하고 있다.

　　• 분석물의 농도뿐만 아니라 매트릭스 조성에 있어서도 분석하고자 하는 시료와 거의 같아야 한다.

　　• 여러 가지 인증표준물질은 NIST에서 구할 수 있다.

　　• 우리나라에서는 KRISS(한국 표준과학연구원)에서 인증표준물질을 'CRM'이라는 이름으로 약 500여 종을 공급하고 있다.

　㉢ 1차 표준물질

　　• 순도가 높고 용액을 만들었을 시 무게오차가 적어 예상한 농도와 거의 동일한 농도의 용액을 만들 수 있는 물질이다.

　　• 1차 측정법에 의해 만들어지며 국제핵심비교를 통해 국제적 동등성을 확보하거나 국가측정표준과의 소급성 구축과 같이 특정한 목적으로 만들어져 사용되는 인증표준물질이다.

　　• 표준물질이 없는 경우 1차 표준물질을 이용하여 2차 표준물질을 제조한다.

　　• 1차 표준물질이 되기 위한 조건

　　　- 고순도(99.9% 이상)이어야 한다.

　　　- 정제하기 쉬워야 한다.

　　　- 흡수, 풍화, 공기 산화 등의 성질이 없고, 오래 보관하여도 변질되지 않아야 한다.

　　　- 반응이 정량적으로 진행되어야 한다.

　　　- 중량이 커서 측량오차를 감소시킬 수 있어야 한다.

ⓔ 상용표준물질
- 1차 측정법 또는 1차 표준물질에 의해 국가측정 표준과 소급성이 확립된 표준물질이다.
- 측정 및 분석현장에서 사용할 수 있도록 생산, 판매되는 인증표준물질이다.

2-1. 미국의 재료 규격 및 재료 시험에 관한 기준을 정하는 기관을 의미하거나 제정된 기준을 나타내는 것을 무엇이라고 하는지 쓰시오.

2-2. 표준의 특성 7가지를 쓰시오.

2-3. 무게법과 적정법에 대해 각각 설명하시오.

|해답|

2-1
ASTM(미국재료시험협회)

2-2
① 호환성
② 기준성
③ 통일성
④ 반복성
⑤ 객관성
⑥ 고정성과 진보성
⑦ 경제성

2-3
- 무게법 : 분석물 또는 분석물과 화학적으로 관련이 있는 화합물의 질량을 측정하는 방법이다.
- 적정법(부피법) : 분석물과 완전히 반응하는 데 필요한 표준시약의 부피 또는 무게를 측정하여 분석하는 방법이다.

① 분석노트
ㄱ 연구 및 실험 진행방법이나 데이터 해석에 관한 어드바이스, 연구 수행에 필요한 장치, 시약 등 연구활동이 이루어지는 모든 제반사항을 기록한 노트이다.
ㄴ 연구활동이 어느 시점에서 어디까지 진행되고 있는가를 기록하고 증명한다.
ㄷ 증거로 활용되기 위해 조작 가능성을 배제하기 위한 일정한 물리적 서식을 갖추어야 하고, 작성 요령을 준수해야 한다.
ㄹ 기록자 서명이 필수적으로 포함되어야 하며, 증거력을 높이기 위해 점검자의 서명을 포함시킨다.

② 분석노트의 필요성
ㄱ 관리규정이 증거 능력을 높인다.
- 구입, 보관, 폐기까지의 규정을 준수한다.
- 데이터, 자료 등과의 상호 활용성을 높여준다.
ㄴ 상호 인용에 의한 보완적 자료로 활용한다.
- 실험 기록으로서 한 개의 실험에 관한 모든 분석 데이터, 관찰 기록, 사진 등을 첨부한다.
- 모든 기록물은 복수의 사람들이 참조하기 때문에 교체하거나 위조할 수 없다.
ㄷ 분석노트는 개인의 소유가 아니라 기관의 재산이다. 실험에 필요한 시약, 기기 등이 기관의 소유인 것처럼 분석노트도 기관 귀속을 원칙으로 한다.

③ 분석노트 작성 시 주의사항
ㄱ 의뢰자가 분석을 의뢰한 일시와 분석에 필요한 시간을 파악한다.
ㄴ 분석에 필요한 시험기구, 분석장비 등 목록을 파악한다.
ㄷ 의뢰자 요구사항과 특이사항을 명확히 파악한다.
ㄹ 분석노트 매뉴얼에 따라 시험방법을 작성한다.

④ 분석노트의 종류

  ㉠ 서면 분석노트 : 필기도구 등을 이용하여 내용을 기록하는 노트이다.

    • 조작 가능성을 배제하기 위해 물리적 서식을 갖추어야 하고, 작성 요령을 준수해야 한다.

    • 실험 기록자 외에 점검자의 서명이 필요하다.

  ㉡ 전자분석노트 : 전자문서 형태로 내용을 기록·저장하는 노트이다.

    • 서면노트의 불편함(정보 재사용, 검색, 공유, 보관 등)을 보완하기 위해 전자파일 형태로 기록한다.

    • 전자문서에 대한 신뢰성이 낮으나 법적으로는 전자문서도 서면문서와 동일한 효력이 발생한다.

    • 조작 가능성을 배제하기 위한 인증이 필요하며, 운영 기관에서는 접근 통제, 운영 관리 지침 등이 필요하다.

⑤ 분석노트의 소프트웨어 조건

  ㉠ 오탈자 등 수정이 필요할 때는 선을 긋고 서명과 수정일을 기입한다.

  ㉡ 작성자는 연월일, 서명 등을 기록한다.

  ㉢ 여백 없이 작성한다.

  ㉣ 페이지 순으로 기입한다.

  ㉤ 의뢰지 및 논의 등의 상세한 내용을 기록한다.

  ㉥ 실험 원자료를 반드시 기록한다.

  ㉦ 실험 환경 데이터를 기록한다.

  ㉧ 기록자는 실험 연월일을 기록하고, 실험 종료 시 기록자 및 확인자의 서명 날인을 한다.

⑥ 분석노트의 하드웨어 조건

  ㉠ 장기간 보존이 가능하고 열화되기 어려운 재질을 사용한다.

  ㉡ 실철 제본으로 연속 페이지 번호가 있는 것을 사용한다.

  ㉢ 연구의 기록 페이지에는 페이지 번호, 기록자, 날짜, 점검자 기재란을 만든다.

  ㉣ 기입은 내광성, 내수성이 있는 볼펜이나 펜을 사용하고, 검은색 또는 파란색을 사용한다.

  ㉤ 삽입이나 삭제가 쉬운 바인더 형태의 노트는 사용하지 않는다.

핵심예제

분석노트에 대해 설명하시오.

| 해답 |

연구 및 실험 진행방법이나 데이터 해석에 관한 어드바이스, 연구 수행에 필요한 장치, 시약 등 연구활동이 이루어지는 모든 제반사항을 기록한 노트이다.

① **분석문제 파악하기** : 분석방법을 선택하기 전 분석물 (시료)에 대한 분석적인 문제를 파악해야 한다.

　㉠ 분석물에 대한 감응도 : 분석물질에 대한 기기신호를 낼 수 있어야 한다.

　㉡ 분석물의 농도 : 분석물의 농도에 따라 사용할 수 있는 분석방법의 수가 제한된다.

　㉢ 시료의 양 : 시료의 양이 적으면 감도 좋은 분석방법을 이용해야 한다.

　㉣ 분석결과의 정확도 : 정확도가 높은 분석결과를 원할수록 분석시간이 길어지며, 정확도 요구 정도에 따라 분석방법 및 과정이 달라진다.

　㉤ 방해화학종 : 방해화학종을 가리거나(Masking), 분석물과 분리하여 분석하거나, 방해를 받지 않는 다른 분석법을 선택한다.

　㉥ 시료의 물리적 상태 : 시료의 상태(고체, 액체, 기체)에 따라 편하게 사용할 수 있는 분석방법을 선택한다.

　㉦ 시료의 물리적, 화학적 성질 : 시료가 불균질하면 균질화시키고, 휘발성이면 손실을 줄일 수 있는 방법을 선택한다.

　㉧ 시료의 수 : 시료의 수가 많으면 실험 비용이 커지고, 시간도 오래 소요되므로 빠른 시간 내에 분석할 수 있는 방법을 선택한다.

② **분석방법 선택하기** : 분석방법에 따라 분석에 필요한 소모품, 기기, 장치, 시험기구를 선택한다.

　㉠ 한 분석물을 분석할 수 있는 방법이 다수 존재할 때 : 시간, 비용, 노력을 최소화하며, 원하는 정확도·정밀도를 얻을 수 있는 방법을 선택한다.

　㉡ 분석할 수 있는 방법이 없을 때

　　• 분석시료와 비슷한 매트릭스 조성을 갖는 다른 시료를 분석하는 방법이 있는지 문헌조사를 통해 찾는다.

　　• 표준물질을 이용하여 시료 매트릭스 조성의 미세한 차이로 인해 실험결과에 오차가 있는지 확인실험을 실시한다.

　㉢ 시료 조성이 달라 이미 사용되고 있는 분석방법을 이용할 수 없을 때 : 새로 개선된 분석방법을 이용한다.

　㉣ 이미 존재하는 분석방법과 개선된 분석방법으로도 오차가 생길 때 : 완전히 새로운 분석방법을 개발해야 한다.

③ 시료 전처리

　㉠ 시료 취하기 : 벌크시료 취하기, 실험시료 취하기, 반복시료 만들기의 과정이 있다.

　　• 벌크시료 : 전체시료의 불균일성을 유지할 수 있는 최소 입자개수를 취해 만든다.

　　• 실험시료 : 벌크시료의 입자를 작게 하여 양을 줄인다.

　　• 반복시료 : 소량으로 여러 개 취하여 얻는다.

　　• 고체시료를 분쇄(Grinding)하였을 때 장점

　　　− 입자의 크기가 작아지면 시료의 균일도가 커져 벌크시료에서 취해야 하는 실험시료의 무게를 줄일 수 있다.

　　　− 입자의 크기가 작아지면 비표면적이 증가하여 시약과 반응을 잘 할 수 있어 용해 또는 분해가 쉽게 일어날 수 있다.

　　• 시료의 양에 따른 분석방법

　　　− 시료의 양이 0.1g 이상인 경우 : 보통량(Macro) 분석

　　　− 시료의 양이 0.01~0.1g인 경우 : 준미량(Semimicro)분석

　　　− 시료의 양이 0.001~0.01g인 경우 : 미량(Micro) 분석

　　　− 시료의 양이 0.001g 이하인 경우 : 초미량(Ultramicro)분석

　㉡ 용액시료 만들기

　　• 시료를 용매에 녹여 분석 가능한 상태로 만든다.

　　• 고체시료는 무기물, 유기물에 따라 방법이 달라지며 건식·습식 재 만들기, 융제 사용 등을 통해 용액 상태로 만든다.

　　• 액체시료나 기체시료는 이동상으로 용액상태로 만든다.

　㉢ 방해물질 제거하기(분석물 농축하기) : 방해물질을 제거하거나 무력화시키기 위해 가리움제나 매트릭스 변형제 등을 첨가한다.

④ 분석신호 측정하기

⑤ 검정곡선 작성하기

⑥ 분석결과 계산하기

⑦ 신뢰도 평가하기

　㉠ 측정값과 SRM(표준기준물질)의 인증값과의 비교

　　• 분석물 조성이 잘 알려진 하나 이상의 SRM을 분석하여 허용되는 신뢰수준에서 측정값이 SRM 인증값과 차이가 있는지 t-시험을 통해 확인한다.

　　• SRM은 분석물의 농도뿐만 아니라 매트릭스 조성에 있어서도 분석하고자 하는 시료와 거의 같아야 한다.

　㉡ 새로운 방법과 이미 사용되고 있는 방법으로 얻은 측정값의 비교

　　• 전혀 다른 화학적 원리에 바탕을 둔 2개 이상의 방법으로 얻은 결과를 서로 비교하여 평가한다.

　　• 두 방법으로 얻은 결과값의 차이가 허용오차 내에서 일치하는지 t-시험을 통해 확인하면, 새로운 방법도 신뢰할 수 있는 방법으로 볼 수 있다.

　㉢ 시료에 표준물을 첨가하여 회수율 측정

　　• SRM과 다른 분석방법을 이용할 수 없을 때 사용한다.

　　• 검정곡선을 구하여 각각의 분석물 양을 구하고, 첨가한 표준물의 회수율을 통해 신뢰도를 평가한다(회수율이 100%에 가까울수록 신뢰도가 높고, 95~105% 정도면 신뢰할 수 있다).

4-1. 정량분석 시 계획하는 실험과정을 순서대로 쓰시오.

4-2. 다음 분석실험 과정들을 순서대로 기호(①~⑥)로 나열하시오.

① 검정곡선 작성	② 분석신호 측정
③ 분석결과 계산	④ 분석방법 선택
⑤ 시료 취하기	⑥ 시료 처리

4-3. 시료 전처리 과정에 포함되는 주요 3가지 조작을 차례대로 설명하시오.

4-4. 고체시료를 분쇄(Grinding)하였을 때 장점 2가지를 쓰시오.

4-5. 다음 ①~④에 들어갈 용어를 쓰시오.

- 시료의 양이 0.1g 이상인 경우 분석하는 방법을 (①)분석이라고 한다.
- 시료의 양이 0.01~0.1g인 경우 분석하는 방법을 (②)분석이라고 한다.
- 시료의 양이 0.001~0.01g인 경우 분석하는 방법을 (③)분석이라고 한다.
- 시료의 양이 0.001g 이하인 경우 분석하는 방법을 (④)분석이라고 한다.

|해답|

4-1
① 분석문제 파악하기
② 분석방법 선택하기
③ 벌크시료 취하기
④ 실험시료 만들기
⑤ 반복시료 만들기
⑥ 용액시료 만들기
⑦ 방해물질 제거하기
⑧ 분석신호 측정하기
⑨ 검정곡선 작성하기
⑩ 분석결과 계산하기
⑪ 신뢰도 평가하기

4-2
④ → ⑤ → ⑥ → ② → ① → ③

4-3
① 시료 취하기 : 벌크시료 취하기, 실험시료 취하기, 반복시료 만들기의 과정이 있다. 벌크시료는 전체시료의 불균일성을 유지할 수 있는 최소 입자개수를 취해 만들고, 실험시료는 벌크시료의 입자를 작게 하여 양을 줄이고, 반복시료는 소량으로 여러 개 취하여 얻는다.
② 용액시료 만들기 : 시료를 용매에 녹여 분석 가능한 상태로 만든다. 고체시료는 무기물, 유기물에 따라 방법이 달라지며 건식·습식 재 만들기, 용제 사용 등을 통해 용액상태로 만들며, 액체시료나 기체시료는 이동상으로 용액상태로 만든다.
③ 방해물질 제거하기 : 방해물질을 제거하거나 무력화시키기 위해 가리움제나 매트릭스 변형제 등을 첨가한다.

4-4
① 입자의 크기가 작아지면 시료의 균일도가 커져 벌크시료에서 취해야 하는 실험시료의 무게를 줄일 수 있다.
② 입자의 크기가 작아지면 비표면적이 증가하여 시약과 반응을 잘할 수 있어 용해 또는 분해가 쉽게 일어날 수 있다.

4-5
① 보통량
② 준미량
③ 미 량
④ 초미량

시험법 밸리데이션 실시

핵심이론 01 밸리데이션 계획 수립하기

① 밸리데이션(Validation)

  ㉠ 의약품의 제조 공정, 설비·장비·기기, 시험방법, 컴퓨터시스템 등이 사전 설정된 판정 기준에 맞는 결과를 일관되게 도출하는지 검증하고 문서화하는 활동이다.

  ㉡ 식품과 의약품을 규율하는 기관에서 요구하는 필수 과정이며, 우리나라에서는 식품의약품안전처가 규제를 담당한다.

  ㉢ 밸리데이션의 실시 시기
  • 새로운 품목의 의약품 제조를 처음 하는 경우
  • 의약품의 품질에 영향을 미치는 기계·설비를 설치하는 경우
  • 의약품의 품질에 영향을 미치는 제조공정을 변경하는 경우
  • 제조환경을 변경하는 경우

② 실시 대상에 따른 밸리데이션

  ㉠ 공정 밸리데이션
  • 대상 공정을 사전에 설정한 공정 조건에 따라 수행하였을 때 기준 및 품질특성에 부합하는 의약품이 재현성있게 생산됨을 검증하고 문서화하는 절차이다.
  • 공정 밸리데이션을 수행하기 전에 주요 기계, 설비, 지원시스템에 대해 적절한 적격성 평가를 완료하여야 한다.
  • 품목별(무균제제 무균공정의 경우에는 공정별)로 실시하여야 한다.

  ㉡ 시험방법 밸리데이션
  • 의약품 등의 품질관리를 위한 시험방법의 타당성을 미리 검증하고 문서화하는 밸리데이션으로, 품목별로 실시하여야 한다.
  • 의약품의 분석에 사용하는 시험법이 그 의도에 부합된다는 것, 즉 시험법의 오차로 인한 판정오류의 확률이 허용되는 정도라는 것을 과학적으로 입증하는 것이다.
  • 시험법이 재현성이 있고, 의도한 목적에 부합되는 신뢰성이 있는 결과를 얻는다는 것을 보증하는 것이다.

  ㉢ 세척 밸리데이션
  • 기계·설비 등의 잔류물(전 작업 의약품, 세척제 등)이 적절하게 세척되었는지를 검증하고 문서화하는 밸리데이션으로, 품목별로 실시하여야 한다.
  • 교차오염을 방지하기 위해 작업 전후의 세척이 철저하게 이루어져야 한다.
  • 대상으로 하는 물질, 그 한도, 검체채취 및 측정방법, 세척을 위한 설비이다.

  ㉣ 제조지원설비 밸리데이션 : 제조용수공급시스템 및 공기조화장치시스템 등 의약품 제조를 지원하는 시스템에 대하여 검증하고 문서화하는 밸리데이션으로, 기계·설비별로 실시하여야 한다.

  ㉤ 컴퓨터시스템 밸리데이션
  • 해당 시스템이 정해진 기준에 맞게 자료를 처리한다는 것을 검증하고 문서화하는 밸리데이션이다.
  • 의약품 제조 및 품질관리 업무에 사용되는 모든 컴퓨터화 시스템을 대상으로 한다.

③ 실시 시기에 따른 공정 밸리데이션의 분류
  ㉠ 예측적 밸리데이션
    • 시판 제품을 일상적으로 생산하기 전 수행하는 공정 밸리데이션으로, 기존의 연구결과 등을 근거로 품질에 영향을 미치는 변동요인(원자재의 물성, 조작조건 등)의 허용조건이 기준에 맞아야 한다.
    • 판매를 위하여 제조하는 실생산 규모의 연속적인 3개 제조단위에 대하여 실시하고 분석한 다음 전체적인 평가를 한다. 이 경우 3개 제조단위 모두가 적합하여야 한다.
  ㉡ 동시적 밸리데이션
    • 부득이한 사유로 예측적 밸리데이션을 실시하지 못하는 경우에만 의약품을 제조·판매하면서 실시하는 밸리데이션으로, 변동요인(원자재의 물성, 조작조건 등)이 허용조건 내에 있어야 한다.
    • 판매를 위하여 제조하는 실생산 규모의 연속적인 3개 제조단위에 대하여 실시하고 분석한 다음 전체적인 평가를 한다. 이 경우 3개 제조단위 모두가 적합하여야 한다.
  ㉢ 회고적 밸리데이션
    • 원료약품의 조성, 제조공정 및 구조·설비가 변경되지 않은 경우에만 제조한 의약품에 대하여 실시하는 밸리데이션으로, 과거의 제조 및 품질관리 기록, 안정성 데이터 등 기존에 축적된 제조 및 품질관리 기록을 근거로 통계학적 방법에 의하여 해석한다.
    • 실생산 규모로 제조·판매한 연속적인 10~30개의 제조단위를 대상으로 실시하며, 그 기간 동안 기준일탈한 제조단위도 포함시킨다.
  ㉣ 재밸리데이션 : 이미 밸리데이션이 완료된 제조공정 또는 구조·설비 등에 대하여 정기적으로 실시하거나, 의약품 등의 품질에 큰 영향을 미치는 원자재, 제조방법, 제조공정 및 구조·설비 등을 변경한 경우에 실시한다.
  • 재밸리데이션의 분류
    - 변경 시 재밸리데이션 : 원자재, 제조방법, 제조공정, 기계·설비, 제조환경 등을 변경하거나 일탈 및 기준일탈로 인하여 제품의 품질에 영향을 미치는 경우 예측적 밸리데이션을 실시하여야 한다(단, 제품의 품질에 미치는 영향이 경미한 경우 동시적 밸리데이션을 실시할 수 있다).
    - 정기적 재밸리데이션 : 이미 밸리데이션이 완료된 제조공정에 대하여 공정이 계속적으로 유효한지에 대해 정기적으로 밸리데이션을 실시하여야 한다.
  • 재밸리데이션이 필요한 경우
    - 원료의약품의 합성방법이 변경된 경우
    - 완제의약품의 주성분의 함량이 변경된 경우
    - (조성이 변경된 경우)
    - 시험방법의 과정이 변경된 경우
④ 전체 밸리데이션
  ㉠ 새로운 분석법을 개발할 때 수행된다.
  ㉡ 시험시료와 동일한 생체시료를 가지고 수행해야 한다.
  ㉢ 대체 생체시료를 사용하고자 할 경우에는 그 타당성을 입증해야 한다.
  ㉣ 전체 밸리데이션에서 입증해야 할 항목들은 선택성, 생체시료효과, 캐리오버, 최저 정량한계, 검정곡선, 정확성, 정밀성, 회수율, 희석의 타당성 및 안정성이다.
⑤ 부분 밸리데이션
  ㉠ 이미 밸리데이션된 생체시료 분석법에서 변경이 있는 경우에 실시한다.
  ㉡ 시험 내 정확성 및 정밀한 시험만 필요한 경우에서부터 전체 밸리데이션이 필요한 경우까지를 포함한다.

ⓒ 일반적으로 부분 밸리데이션이 필요한 경우
- 실험실 또는 시험자의 변경
- 분석법의 변경
  예 검출기 변경
- 생체시료 채취 시 항응고제의 변경
  예 헤파린에서 EDTA로 변경 등
- 생체시료의 변경
  예 사람의 혈장에서 사람 뇨로 변경 등
- 시료 전처리 과정의 변경
- 보관조건의 변경
- 농도범위의 변경
  예 검정곡선용 표준시료의 농도 변경 등
- 기기 또는 소프트웨어 제어장치의 변경
- 시료 용량이 제한된 경우
  예 소아 관련 임상 연구 등
- 희귀한 생체시료인 경우
- 타 약물의 공존 시 분석물질의 선택성을 증명해야 하는 경우

⑥ 교차 밸리데이션
ⓐ 두 개 이상의 분석법에 의해서 얻어진 밸리데이션 평가항목을 비교하는 것이다.
ⓑ 시험 내 또는 시험 간에 서로 다른 분석법으로 시험결과를 얻거나 서로 다른 기관(또는 실험실) 간에 동일한 분석법이 적용되어 시험결과를 얻을 경우, 해당 시험결과를 비교해야 하며 이때 해당 시험에 사용된 분석법에 대한 교차 밸리데이션을 수행한다.
ⓒ 교차 밸리데이션은 시료분석 이전에 수행하는 것이 바람직하다.
ⓓ 동일한 품질관리시료나 동일한 시험시료를 이용하여 분석한다.
ⓔ 품질관리시료를 사용하는 경우 서로 다른 분석법에 의해 얻어진 평균 정확성은 각 분석법별로 15% 이내여야 한다.

ⓕ 시험시료를 사용하는 경우 얻어진 두 값의 차이가 평균값의 20% 이내여야 하며 최소 67% 이상의 시료가 만족해야 한다.

핵심예제

1-1. 밸리데이션에 대해 설명하시오.

1-2. 실시 대상에 따라 분류한 밸리데이션을 쓰시오.

1-3. 의약품 제조에서 재밸리데이션이 필요한 경우 3가지를 쓰시오.

1-4. 부분 밸리데이션이 필요한 경우를 3가지만 쓰시오.

|해답|

1-1
의약품의 제조 공정, 설비·장비·기기, 시험방법, 컴퓨터시스템 등이 사전 설정된 판정 기준에 맞는 결과를 일관되게 도출하는지 검증하고 문서화하는 활동이다.

1-2
공정 밸리데이션, 시험방법 밸리데이션, 세척 밸리데이션, 제조지원설비 밸리데이션, 컴퓨터시스템 밸리데이션

1-3
① 원료의약품의 합성방법이 변경된 경우
② 완제의약품의 주성분의 함량이 변경된 경우(조성이 변경된 경우)
③ 시험방법의 과정이 변경된 경우

1-4
① 실험실 또는 시험자의 변경
② 시료 전처리 과정의 변경
③ 보관조건의 변경

전처리 신뢰성 검증하기

① 시 료

　㉠ 매질(Matrix) : 시험 측정항목을 포함하는 고유한 환경매체 또는 기질이다.

　㉡ 매질첨가(Matrix Spike)

　　• 시험항목의 알고 있는 농도를 분석하고자 하는 시료에 첨가하는 것이다.

　　• 매질첨가는 시료의 전처리나 시험·검사 이전에 수행해야 한다.

　　• 주어진 시료매질이 측정항목의 시험에 대한 간섭현상이 존재하는지, 전처리와 시험방법상에 문제가 없는지를 설명하는데 사용된다.

　㉢ 바탕시료(Blank Sample) : 실험과정의 바탕값 보정과 실험과정 중 발생할 수 있는 오염을 파악하기 위해서 측정한다.

　　• 방법바탕시료(Method Blank Sample)

　　　- 측정하고자 하는 물질이 전혀 포함되어 있지 않은 것이 증명된 시료이다.

　　　- 분석대상시료의 시험방법과 동일하게 같은 용량, 같은 비율의 시약을 사용하고 동일한 전처리와 시험절차로 준비하는 바탕시료이다(단, 방법검출한계보다 반드시 낮은 농도여야 한다).

　　• 시약바탕시료(Reagent Blank Sample)

　　　- 시료를 사용하지 않고 추출, 농축, 정제 및 분석과정에 따라 모든 시약과 용매를 처리하여 측정한 것이다.

　　　- 실험절차, 시약 및 측정장비 등으로부터 발생하는 오염물질을 확인할 수 있다.

　　• 현장바탕시료(Field Blank Sample) : 현장에서 만들어지는 깨끗한 시료로, 분석의 모든 과정(채취, 운반, 분석)에서 생기는 문제점을 찾는데 사용한다.

　　• 기구바탕시료(Equipment Blank Sample)/세척바탕시료(Rinsate Blank Sample) : 시료 채취 기구의 청결함을 확인하기 위해 사용되는 깨끗한 시료로, 동일한 시료 채취 기구의 재이용으로 인한 오염물질이 시료 채취 기구에 남아 있는지 평가하는데 사용한다.

　　• 운반바탕시료(Trip Blank Sample) 또는 용기바탕시료(Container Blank Sample) : 운반 중 용기로부터 오염되는 것을 확인하기 위해 사용하며, 시료에 대한 용기의 영향을 평가한다.

　　• 전처리바탕시료(Preparation Blank Sample) : 전처리에 사용되는 기구(교반기, 믹서 등)에서 발생할 수 있는 오염을 확인하기 위한 바탕시료이다.

　　• 검정곡선바탕시료(Calibration Blank Sample) 또는 기기바탕시료(Instrument Blank Sample) : 분석장비의 바탕값을 평가하기 위해 사용하며, 장비와 시료관리에 대해 평가할 수 있다.

　㉣ 반복시료(Replicate Sample) : 둘 또는 그 이상의 시료를 같은 지점에서 동일한 시각에 동일한 방법으로 채취한 것으로, 동일한 방법으로 독립적으로 분석한다.

　㉤ 이중시료(Duplicate Sample) : 한 개의 시료를 두 개(또는 그 이상)의 시료로 나누어 동일한 조건에서 측정하여 그 차이를 확인하는 것으로 분석의 오차를 평가한다.

　　• 현장이중시료 : 시료 분석에 있어서 반복성을 평가할 수 있는 시료로, 같은 지역에서 같은 시간대에 수집한 시료 또는 같은 시간에 준비되고 분석되는 같은 시료의 나눔을 말한다.

　　• 눈가림현장이중시료 : 동일한 시각에 동일한 장소에서 채취된 이중시료이지만 별도의 시료로서 관리·분석되지 않기 때문에 분석자는 이것이 이중시료라는 것을 인식하지 못하며, 따라서 분석자의 분석 정밀도를 평가할 수 있는 시료이다.

ⓗ 분할시료(Split Sample) : 하나의 시료가 각각의 분석자 또는 분석실로 공급되기 위해 둘 또는 그 이상의 시료용기에 나누어진 것으로, 분석자 간 또는 실험실 간의 분석 정밀도를 평가하거나 시험방법의 재현성을 평가하기 위해 사용한다.

- 현장분할시료 : 시료 채취 현장에서 분리되는 것으로, 분석의 정확도와 시료 채취의 정확도를 위해 분석한다.
- 실험실분할시료 : 분석실에서 분리되는 것으로, 분석 정확도를 위해 분석한다.

ⓢ 첨가시료(Spiked Sample) : 관심을 갖고 있는 항목의 물질을 첨가한, 농도를 알고 있는 시료로, 첨가물질의 회수율은 분석 정밀도 계산에 이용된다.

② 시료 채취

ⓐ 시료 채취 절차
- 시료 채취 스케줄 확인
- 별도의 운송박스 준비
- 라벨 작성 및 시료 수집
- 현장에서의 온도 체크를 위한 시료 수집
- 시료 여과
- 시료용기 봉합 및 포장
- 현장기록부 작성
- 온도 체크
- 실험실 운송

ⓑ 시료 채취 규칙
- 시료는 대표할 수 있는 장소에서 수집되어야 한다.
- 일회용 장갑을 사용하고, 새 것과 사용하지 않은 장갑은 시료 채취 지점에서 분리해 놓아야 한다. 또 위험한 물질을 채취할 경우에는 고무장갑을 이용한다.
- 혼합시료의 경우 시료를 섞기 위해 볼(Bowl)이나 약주걱(Spatula)을 사용한다.
- 미량 유기물질과 중금속 분석에는 스테인리스, 유리, 테플론 제품의 막대를 사용한다.

ⓒ 분석시료 채취방법
- 유류 또는 부유물이 함유된 시료
  - 침전물이 혼입되지 않도록 채취한다.
  - 시료 채취용기를 시료로 3회 이상 씻은 다음 사용한다.
  - 채취량 : 3~5L
  - 용존가스, 환원제, 휘발성 유기물질, 유류 및 수소이온농도 등을 측정하기 위한 시료는 운반 중 공기와의 접촉이 없도록 용기에 가득 채운다.
- 해 수
  - 채취용기 : 무색 경질의 유리병 또는 폴리에틸렌병을 사용한다.
  - 10% 질산용액으로 2~3회 잘 씻은 후 채취하고자 하는 물로 5회 이상 씻은 다음 사용한다.
- 지하수 : 고여 있는 물을 충분히 퍼낸 다음 새로 나온 물을 채취한다.
- 폐 수
  - 최초 방류 지점 또는 외부 배출 수로에서 채취한다.
  - 하천의 경우 합류 이전의 각 지점과 합류 이후 충분히 혼합된 지점에서 각각 채수한다.
- 폐기물 : 1회에 100g 이상 채취한다.

③ 대표성 시료 샘플링 방법

ⓐ 유의적 샘플링
- 전문적인 지식을 바탕으로 주관적인 선택에 따른 채취방법이다.
- 선행 연구나 정보가 있을 경우 또는 현장 방문에 의한 시각적 정보, 현장시료 채취 요원의 개인적인 지식과 경험을 바탕으로 채취 지점을 선정하는 방법이다.
- 연구 기간이 짧고, 예산이 충분하지 않을 때, 과거 측정지점에 대한 조사자료가 있을 때, 특정 지점의 오염 발생 여부를 확인하고자 할 때 선택한다.

ⓛ 임의적 샘플링
- 시료군 전체에 대해 임의적으로 시료를 채취하는 방법이다.
- 넓은 면적 또는 많은 수의 시료를 대상으로 할 때 적용하는 방법이다.
- 특히 시료군에서 연구 목적에 적합하다고 판단되는 시료를 대상으로 하며, 선행시료와 관계없이 다음 시료의 채취 지점을 선택해야 한다.
- 시료가 우연히 발견되는 것이 아니라 폭넓게 모든 지점(장소)에서 발생할 수 있다는 전제를 갖고 있으나 그다지 추천되지 않는 방법이다.

ⓒ 계통적 표본 샘플링
- 시료군을 일정한 패턴으로 구획하여 선택하는 방법이다.
- 시료군을 일정한 격자로 구분하여 시료를 채취하며, '계통적 격자 샘플링'이라고도 한다.
- 시료 채취 지점은 격자의 교차점 또는 중심에서 채취한다.
- 채취 지점이 명확하여 시료 채취가 쉽고, 현장 요원이 쉽게 찾을 수 있다.
- 구획 구간의 거리를 정하는 것이 매우 중요하며, 시·공간적 영향을 고려하여 충분히 작은 구간으로 구획하는 것이 좋다.

ⓔ 계층별 임의 샘플링
- 시료군을 기준에 따라 중복되지 않도록 구분하여 계층을 나눈 후, 나누어진 계층별로 임의적으로 시료 채취를 수행한다.
- 일반적으로 시료군은 시·공간적으로 구분되는데 낮과 밤, 주중과 주말, 계절별, 깊이별, 연령별, 성별, 지형적 구분, 지리적 구분, 토지 이용별, 바람 방향별 등과 같이 계층이 구분된다.

ⓜ 혼합 채취 방법 : 시료 채취 지점에서 각각 다른 시간대에 채취한 시료를 혼합하는 방법이다.

ⓗ 탐색 샘플링 : 예비 조사용으로 일시적 샘플링을 말한다.

ⓢ 횡단면 샘플링 : 시료 채취 지역을 일정한 방향으로 진행하면서 시료를 채취하는 방법이다.

④ 대시료 채취 방법
ⓐ 구획법

- 모아진 대시료를 네모꼴로 얇고 균일한 두께로 편다.
- 이것을 가로 4등분, 세로 5등분하여 20개의 덩어리로 나눈다.
- 20개의 각 부분에서 균등한 양을 취한 후 혼합하여 하나의 시료로 만든다.

ⓛ 교호삽법

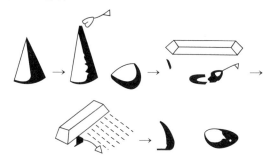

- 분쇄한 대시료를 단단하고 깨끗한 평면 위에 원뿔형으로 쌓는다.
- 원뿔을 장소를 바꾸어 다시 쌓는다.
- 원뿔에서 일정한 양을 취하여 장방형으로 도포하고 계속해서 일정한 양을 취하여 그 위에 입체로 쌓는다.
- 육면체의 측면을 교대로 돌면서 각각 균일한 양을 취하여 두 개의 원뿔을 쌓는다.
- 하나의 원뿔은 버리고, 나머지 원뿔은 앞의 조작을 반복하면서 적당한 크기까지 줄인다.

ⓒ 원뿔4분법

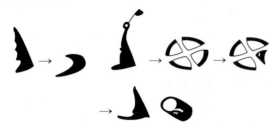

- 분쇄한 대시료를 단단하고 깨끗한 평면 위에 원 뿔형으로 쌓아 올린다.
- 장소를 바꾸어 앞의 원뿔을 다시 쌓는다.
- 원뿔의 꼭지를 수직으로 눌러서 평평하게 만들 고, 이것을 부채꼴로 사등분한다.
- 마주 보는 두 부분을 취하고 반은 버린다.
- 반으로 줄어든 시료를 앞의 조작을 반복하여 적 당한 크기까지 줄인다.

핵심예제

2-1. 실험과정의 바탕값 보정과 실험과정 중 발생할 수 있는 오염을 파악하기 위해서 측정하는 시료를 무엇이라고 하는지 쓰시오.

2-2. 바탕시료의 종류를 5가지만 쓰시오.

2-3. 유류 또는 부유물이 함유된 시료를 채취하는 방법을 쓰시오.

2-4. 대표성 시료 샘플링 방법 3가지를 쓰고, 각 방법에 대한 설명을 쓰시오.

|해답|

2-1
바탕시료

2-2
① 방법바탕시료
② 시약바탕시료
③ 현장바탕시료
④ 기구바탕시료
⑤ 운반바탕시료

2-3
침전물이 혼입되지 않도록 3~5L 정도 채취한다. 채취 시에는 시료로 용기를 3회 이상 씻은 다음 사용하고, 운반 중 공기와의 접촉이 없도록 시료를 용기에 가득 채운다.

2-4
① 유의적 샘플링 : 전문적인 지식을 바탕으로 주관적인 선택에 따른 채취방법이다.
② 임의적 샘플링 : 시료군 전체에서 임의적으로 시료를 채취하는 방법이다.
③ 계통 표본 샘플링 : 시료군을 일정한 패턴으로 구획하여 선택하는 방법이다.

① 시험방법 밸리데이션 파라미터

  ㉠ 정확성

- 측정값이 이미 알고 있는 참값이나 표준값에 근접한 정도이다.
- 시험 또는 측정결과의 정확도는 우연오차와 계통오차 또는 편향성으로 이루어진다.
- 시험법의 정확도는 진도와 정밀도의 조합을 의미한다.
- 규정된 범위를 포함하여 최소한 3가지 농도에 대해서 시험방법의 전 조작을 적어도 9회 반복 측정한 결과로부터 평가해야 한다.

    예 3가지 종류의 농도에서 시험방법의 전 조작을 각 농도당 3회씩 반복 측정

- 기지량의 분석대상물질을 첨가한 검체를 정량하는 경우에는 회수율(%)로 나타낸다.

  ㉡ 정밀성

- 균일한 검체를 여러 번 채취하여 정해진 조건에 따라 측정하였을 때 각각의 측정값들 사이의 근접성(분산 정도)이다.
- 함량시험 및 불순물의 정량시험을 밸리데이션할 때 정밀성 평가가 포함된다.
- 정밀성의 종류
  - 반복성(병행정밀성) : 동일 실험실 내에서 동일한 시험자가 동일한 장치와 기구, 동일제조번호와 시약, 기타 동일 조작 조건하에서 균일한 검체로부터 얻은 복수의 검체를 짧은 시간차로 반복 분석실험하여 얻은 측정값들 사이의 근접성이다.
    - ⓐ 평가방법 1 : 규정된 범위를 포함한 농도에 대해 시험방법의 전체 조작을 적어도 9회 반복하여 측정한다.
    - ⓑ 평가방법 2 : 시험농도의 100%에 해당하는 농도로 시험방법의 전체 조작을 적어도 6회 반복 측정한다.
  - 실험실 내 정밀성(중간정밀도) : 동일 실험실 내에서 다른 시험일, 다른 시험자, 다른 시험장비 등을 이용하여 분석실험하여 얻은 측정값들 사이의 근접성이다.
  - 실험실 간 정밀성(재현성) : 서로 다른 실험실에서 하나의 동일한 검체로부터 얻은 측정값들 사이의 근접성이며, 일반적으로 표준화된 시험방법을 사용한 공동연구에 적용한다.
- 정밀성의 표현 : 상대표준편차(RSD) 또는 변동계수(CV)

  ㉢ 특이성 또는 선택성 : 불순물, 분해물, 배합성분 등의 혼재 상태에서 분석대상물질을 선택적으로 정확하게 측정할 수 있는 능력이다.

  ㉣ 검출한계 : 검체 중에 존재하는 분석대상물질의 검출 가능한 최소량이다.

- 시각적 평가 : 기지량의 분석대상물질을 함유한 검체를 분석하고, 그 분석대상물질을 확실히 검출할 수 있는 최저의 농도를 확인한다.
- 신호 대 잡음(S/N)에 근거
  - 바탕선에 잡음이 나타나는 시험방법에 적용한다.
  - 일반적으로 3~2 : 1의 신호 대 잡음비가 산출되는 분석대상물질의 최저 농도가 검출한계로 적당하다.
  - 신호 대 잡음비

$$S/N = \frac{2H}{h}$$

여기서, H : 봉우리의 높이

        h : 가장 큰 잡음값 – 가장 작은 잡음값

- 반응의 표준편차와 검정곡선의 기울기에 근거

  검출한계 $LOD = \dfrac{3.3\sigma}{S}$

  여기서, σ : 반응의 표준편차

  S : 검정곡선의 기울기
ⓜ 정량한계 : 적절한 정밀성과 정확성을 가진 정량값으로 표현할 수 있는 검체 중 분석대상물질의 최소량이다.
- 시각적 평가 : 기지농도의 분석대상물질을 함유한 검체를 분석하고, 정확성과 정밀성이 확보된 분석대상물질을 정량할 수 있는 최저 농도를 설정하는 것이다.
- 신호 대 잡음(S/N)에 근거
  - 바탕선에 잡음이 나타나는 시험방법에 적용한다.
  - 일반적으로 10 : 1의 신호 대 잡음비가 산출된다.
- 반응의 표준편차와 검정곡선의 기울기에 근거

  정량한계 $LOQ = \dfrac{10\sigma}{S}$

  여기서, σ : 반응의 표준편차

  S : 검정곡선의 기울기
ⓗ 직선성
- 검체 중 분석대상물질의 양 또는 농도에 비례하여 일정 범위 내에 직선적인 측정값을 얻어낼 수 있는 능력이다.
- 직선성을 입증하기 위해 적어도 5개 농도의 검체를 사용한다.
ⓢ 범위 : 적절한 정밀성, 정확성 및 직선성을 충분히 제시할 수 있는 검체 중 분석대상물질의 양 또는 농도의 하한 및 상한값 사이의 영역이다.

ⓞ 완건성
- 시험방법의 일부 조건이 의도적으로 변경되었을 때 측정값이 영향을 받지 않는지에 대한 척도이다.
- 시험방법을 개발하는 단계에서 평가되어야 한다.
ⓩ 감도 : 농도의 미소변화를 기록할 수 있는 시험법의 성능으로, 검정곡선의 기울기에 해당한다.
ⓩ 견뢰성 : 정상적인 시험조건(시험실, 시험자, 시험기기, 시약 로트, 분석 소요시간, 분석온도, 분석날짜 등)의 변화하에서 동일한 시료를 분석하여 얻어지는 시험결과의 재현성의 정도이다.

② 시험방법별로 설정되어야 할 밸리데이션 파라미터

분석법 종류 밸리데이션	확인 시험	순도시험		정량시험
		정량 시험	한도 시험	• 용출시험 중 정량 시험에 한함 • 함량시험/효능시험
정확성	−	+	−	+
정밀성 반복성	−	+	−	+
정밀성 실험실 내 정밀성	−	+	−	+
특이성	+	+	+	+
검출한계	−	−	+	−
정량한계	−	+	−	−
직선성	−	+	−	+
범위	−	+	−	+

㉠ + : 일반적으로 평가가 필요한 것
㉡ − : 일반적으로 평가할 필요가 없는 것
㉢ 실험실 간 정밀성(재현성)이 평가되는 경우 실험실 내 정밀성은 필요하지 않다.
㉣ 한 가지 분석법으로 특이성을 입증할 수 없는 경우 다른 분석법을 추가로 사용하여 특이성을 입증할 수 있다.

③ 시험방법 검증절차

    ㉠ 범위를 선정한다.

    ㉡ 선정된 범위 내의 검정곡선을 작성한다.

    ㉢ 정밀도와 정확도를 측정한다.

    ㉣ 검출한계(LOD), 정량한계(LOQ)를 측정한다.

    ㉤ 특이성에 대해 검토한다.

    ㉥ 시료와 유사한 매질의 인증표준물질을 확보하여 정확도를 평가하고 시험방법에 대한 정확도를 평가한다.

핵심예제

3-1. 시험방법 밸리데이션 파라미터를 5가지만 쓰시오.

3-2. 시험방법 밸리데이션 파라미터 중 반복성의 평가방법 2가지를 쓰시오.

|해답|

3-1
① 정확성
② 정밀성
③ 특이성
④ 검출한계
⑤ 정량한계

3-2
① 규정된 범위를 포함한 농도에 대해 시험방법의 전체 조작을 적어도 9회 반복하여 측정한다.
② 시험농도의 100%에 해당하는 농도로 시험방법의 전체 조작을 적어도 6회 반복 측정한다.

핵심이론 01 밸리데이션 결과 판정하기

① 유효숫자

  ㉠ 정확도를 잃지 않으면서 표기하는 과학적 표기방법으로 측정 자료를 표시하는 데 필요한 최소한의 자릿수이다.

  ㉡ 유효숫자를 결정하는 법칙
  - 0이 아닌 정수는 항상 유효숫자이다.
  - 소수자리 앞에 있는 숫자 '0'은 유효숫자에 포함되지 않는다.
  - 0이 아닌 숫자 사이에 있는 '0'은 항상 유효숫자이다.
  - 끝부분에 있는 0은 숫자에 소수점이 있는 경우에만 유효숫자로 인정한다.

  ㉢ 유효숫자의 계산
  - 덧셈과 뺄셈
    - 소수점 자리에 의한 제한
    - 가장 적은 소수점 자릿수에 따라 반올림한다.
  - 곱셈과 나눗셈
    - 유효숫자 개수에 의한 제한
    - 유효숫자 개수가 가장 적은 측정값과 유효숫자가 같도록 한다.
  - 지수, 로그 : 소수점 자리에 유효숫자를 맞춘다.
  - 루트(n 제곱근) : 유효숫자보다 1자리의 유효숫자를 더 갖는다.

② 오 차

  ㉠ 오 차
  - 절대오차 = 측정값 – 참값
  - 오차백분율(%) = $\frac{오차}{참값} \times 100\%$

  ㉡ 발생원인에 따른 오차
  - 개인오차 : 측정자 개인차에 따라 일어나는 오차로, 계통오차에 속한다.
    예 버릇, 습관, 편견, 선입관, 심리적 오차, 기록의 잘못, 눈금을 잘못 읽음, 실험의 숙련도 등
  - 기기오차 : 측정장치의 불완전성, 잘못된 검정 및 전력 공급기의 불안정성에 의해 발생하며, 계통오차에 속한다.
    예 흔들림오차, 지시오차
  - 환경오차 : 외부의 영향에 의한 오차이다.
    예 온도, 습도, 진동, 기압 등
  - 방법오차
    - 느린 반응속도, 반응의 불완결성, 화학종의 불안정성 등이 원인으로, 분석의 기초원리가 되는 반응과 시약의 비이상적인 화학적 또는 물리적 행동으로 발생하는 오차이다.
    - 검출이 어렵고, 계통오차에 속한다.
  - 검정허용오차 : 계량기 등의 검정 시에 허용되는 공차(규정된 최댓값과 최솟값의 차)이다.
  - 분석오차 : 시험·검사에서 수반되는 오차이다.
    - 측정오차 : 같은 실험 배치(Batch) 내에서 무게나 부피 측정오차로 기인한다.
    - 실험실오차 : 실험실 간의 분석결과값의 차이이다.
    - 실행오차 : 분석물질 및 시약의 변화, 분석장비 재밸리데이션 및 실험실 환경의 변화로 인해 발생한다.
    - 분석방법오차 : 분석방법 간의 차이이다.
    - 시료오차 : 분석시료 Matrix 차이로 발생하는 오차이다.

ⓒ 오차의 종류
- 계통오차(가측오차)
  - 반복적인 측정에서 일정하게 유지되거나 예측 가능한 방식으로 나타나는 측정오차 성분이다.
  - 측정오차에서 측정상의 우연오차를 뺀 값이다.
  - 원인을 규명할 수 있고, 어떤 수단에 의해 보정이 가능한 오차이다.
  - 종류 : 개인오차, 기기오차, 방법오차
- 우연오차(불가측오차)
  - 측정할 때 조절하지 않은 또는 조절할 수 없는 변수의 효과로 발생하는 오차이다.
  - 완전히 없앨 수 없으나 줄이는 것은 가능하다.
  - 측정자와 관계없이 우연적으로, 필연적으로 생기는 오차이다.

ⓔ 오차를 줄이기 위한 시험방법
- 공시험 : 시료를 사용하지 않고 기타 모든 조건을 시료분석법과 같은 방법으로 실험한다.
- 조절시험 : 시료와 가급적 같은 성분을 함유한 대조시료를 만들어 시료분석법과 같은 방법으로 여러번 실험한 다음, 기지함량값과 실제로 얻은 분석값의 차만큼 시료분석값을 보정한다.
- 회수시험 : 시료와 같은 공존물질을 함유하는 기지 농도의 대조시료를 분석함으로써 공존물질의 방해 작용 등으로 인한 분석값의 회수율을 검토하는 방법이다.
- 맹시험 : 실용분석에서는 분석값이 일정한 수준까지 재현성있게 검토될 때까지 분석을 되풀이한다. 이 과정 중 초기의 유동적으로 변화하여 오차가 큰 분석값들은 맹시험이라고 하며, 결과에 포함시키지 않고 버린다.
- 평행시험 : 같은 시료를 같은 방법으로 여러번 되풀이하는 시험이다.

③ 측정 불확도
ⓐ 결과값을 어느정도나 신뢰할 것인지에 대한 불확실한 정도를 정량적, 수치적으로 표현한 것이다.
ⓑ 불확도 $= \sqrt{\dfrac{\sum(측정값 - 평균값)^2}{(n-1)}}$

여기서, n : 측정횟수

④ 절대 불확정도/상대 불확정도
ⓐ 절대 불확정도 : 측정에 대한 불확정도의 한계에 대한 표현이다.

예 20±0.02 → 절대 불확정도 = ±0.02

ⓑ 상대 불확정도
- 절대 불확정도를 관련된 측정의 크기와 비교하여 나타낸 것이다.
- 상대 불확정도 $= \dfrac{절대 불확정도}{측정의 크기}$

예 20±0.02 → 상대 불확정도 $= \dfrac{0.02}{20} = 0.001$

⑤ 불확정도의 전파

함수	불확정도
$y = x_1 + x_2$	$e_y = \sqrt{\left(e_{x_1}\right)^2 + \left(e_{x_2}\right)^2}$
$y = x_1 - x_2$	$e_y = \sqrt{\left(e_{x_1}\right)^2 + \left(e_{x_2}\right)^2}$
$y = x_1 \cdot x_2$	$\%e_y = \sqrt{\left(\%e_{x_1}\right)^2 + \left(\%e_{x_2}\right)^2}$
$y = \dfrac{x_1}{x_2}$	$\%e_y = \sqrt{\left(\%e_{x_1}\right)^2 + \left(\%e_{x_2}\right)^2}$
$y = x^a$	$\%e_y = a \times \left(\%e_x\right)$
$y = \log x$	$e_y = \dfrac{1}{\ln 10}\dfrac{e_x}{x} \approx 0.43429\dfrac{e_x}{x}$
$y = \ln x$	$e_y = \dfrac{e_x}{x}$
$y = 10^x$	$\dfrac{e_y}{y} = (\ln 10)e_x \approx 2.3026e_x$
$y = e^x$	$\dfrac{e_y}{y} = e_x$

⑥ 시험법 밸리데이션 평가

    ㉠ 검정곡선법(외부표준물법, 표준검량법) : 표준물에 대한 농도-기기감응 곡선을 작성하고, 이와 따로 준비되는 시료에 대해 측정하여 그 기기감응값을 앞서 작성한 검정곡선을 이용해 농도를 측정하는 방법이다.

    ㉡ 표준물첨가법 : 시료와 동일한 매트릭스(Matrix)에 일정량의 표준물질을 한 번 이상 일정히 농도를 증가시키며 첨가하고, 아는 농도를 통해 검정곡선을 작성하는 방법이다.

    ㉢ 내부표준물법 : 시료에 이미 알고 있는 농도의 내부표준물을 첨가하여 시험분석을 수행하는 방법으로서 시험분석 절차, 기기 또는 시스템의 변동에 의해 발생하는 오차를 보정하기 위해 사용하는 방법이다.

⑦ 검정곡선의 작성 및 검증

    ㉠ 검정곡선을 작성하고 얻어진 검정곡선의 결정계수(R^2) 또는 감응계수(RF)의 상대표준편차가 일정 수준 이내여야 하며, 결정계수나 감응계수의 상대표준편차가 허용범위를 벗어나면 재작성하여야 한다.

    ㉡ 감응계수(RF) = $\dfrac{R}{C}$

    여기서, R : 기기의 반응값

             C : 검정곡선 작성용 표준용액의 농도

⑧ 검출한계

    ㉠ 기기검출한계(IDL) : 시험분석 대상물질을 기기가 검출할 수 있는 최소한의 농도 또는 양이다.

    ㉡ 방법검출한계(MDL)

      • 시료와 비슷한 매질 중에서 시험분석 대상을 검출할 수 있는 최소한의 농도이다.

      • MDL = $t \times s$

      여기서, t : t-분포값

             s : 표준편차

⑨ 정량한계

    ㉠ 시험분석 대상을 정량화할 수 있는 측정값이다.

    ㉡ 정량한계 = $10 \times s$

⑩ 정확성(정확도)

    ㉠ 시험분석 결과가 참값에 얼마나 근접하는가를 나타내는 척도이다.

    ㉡ 정확도(%) = $\dfrac{C_M}{C_C} \times 100\%$ = $\dfrac{C_{AM} - C_S}{C_A} \times 100\%$

    여기서, C_M : 인증표준물질의 분석결과값

            C_C : 인증표준물질의 인증값

           C_{AM} : 표준물질을 첨가한 시료의 분석값

           C_S : 표준물질을 첨가하지 않은 시료의 분석값

           C_A : 첨가된 표준물질 농도

    • 절대오차 = 참값 - 측정값

    • 평균오차 = 참값 - 측정값들의 평균값

    • 상대오차 = $\dfrac{\text{절대오차 또는 평균오차}}{\text{참값}} \times 100\%$

    • 상대 정확도 = $\dfrac{\text{측정값 또는 평균값}}{\text{참값}} \times 100\%$

    • 회수율(%R) = $\dfrac{\text{측정값}}{\text{참값}} \times 100\%$

    • 표준물질 분석의 정확도(%)

      = $\dfrac{\text{분석한 결과값의 평균 농도}}{\text{주입 농도}} \times 100\%$

    • 정량분석의 정확도를 측정하는 방법

      - 시료에 일정량의 표준물질을 첨가하여 표준물질이 회수된 회수율을 구하여 확인한다.

      - 분석을 통해 얻어낸 평균과 참값을 이용하여 절대오차와 상대오차를 통해 구한다.

      - 표준기준물질(SRM)을 측정하여 SRM의 인증값과 측정값이 허용 신뢰수준 내에서 오차가 있는지 t-시험을 통해 확인한다.

⑪ 정밀성 : 시험분석 결과의 반복성을 나타내는 값이다.

　㉠ 분 산

$$s^2 = \frac{\sum_{i=1}^{N}(x_i - \overline{x})^2}{N-1}$$

　여기서, $\overline{x}$: 표본의 평균

　　　　　s : 표준편차

　　　　　N : 데이터의 수

㉡ 표준편차

　• 모집단의 표준편차

$$\sigma = \sqrt{\frac{\sum_{i=1}^{N}(x_i - \mu)^2}{N}}$$

　여기서, μ : 모집단의 평균

　　　　　N : 모집단의 데이터 수

　• 표본의 표준편차

$$s = \sqrt{\frac{\sum_{i=1}^{N}(x_i - \overline{x})^2}{N-1}}$$

　여기서, $\overline{x}$: 표본의 평균

　　　　　N : 표본의 데이터 수

　• 일반적으로 $N \geq 20$이면 $\overline{x} \rightarrow \mu$ 수렴하고 $s \rightarrow \sigma$에 수렴한다.

㉢ 평균의 표준오차

$$s_m = \frac{s}{\sqrt{N}}$$

㉣ 상대표준편차(RSD)

　• $RSD = \dfrac{s}{\overline{x}}$

　• $\%RSD = \dfrac{s}{\overline{x}} \times 100\%$

㉤ 변동계수(CV)

$$CV = \frac{s}{\overline{x}} \times 100\%$$

㉥ 퍼짐 또는 영역

$$W = x_{(가장\ 큰\ 값)} - x_{(가장\ 작은\ 값)}$$

핵심예제

1-1. 유효숫자를 고려하여 다음을 계산하시오.

> 5.9 + 0.070 + 6.55

1-2. 계통오차의 종류 3가지를 쓰시오.

1-3. 오차를 줄이기 위한 시험방법 5가지를 쓰시오.

1-4. C = 12.011(±0.001), H = 1.00794(±0.00007)일 때, $C_{10}H_{20}$에 대한 분자량(±불확정도)을 구하시오.

1-5. 어떤 산의 pH가 3.53±0.02이라 할 때, 이 산의 수소이온의 농도(M)와 불확정도를 구하시오.

1-6. 7회 측정하여 계산된 농도가 다음과 같을 때, 0보다 분명히 큰 최소 농도로 정의된 방법검출한계(MDL)를 구하시오.

측정 농도	0.154	0.178	0.166	0.130	0.117	0.178	0.166

자유도	2	3	4	5	6	7	8	9
t-분포값	6.96	4.54	3.75	3.36	3.14	3.00	2.90	2.82

1-7. 니켈을 정량할 때 항상 4mg의 손실이 있다. 광물 0.5g 중 20%가 니켈의 함량일 때, 니켈의 상대오차를 구하시오.

1-8. 광물에 Fe_2O_3가 30% 존재하며, 광물을 용해할 때 Fe_2O_3가 2mg 손실되었다. 광물 0.5g을 용해할 때 Fe_2O_3의 상대오차를 구하시오.

1-9. 정량분석의 정확도(Accuracy)를 측정하는 방법 3가지를 쓰시오.

1-10. 탄소가 31개 포함되어 있는 유기화합물에서 ^{13}C의 원자 수 ① 평균과 ② 표준편차를 구하시오(단, ^{12}C 100개당 ^{13}C 1.1225개가 존재하며, 소수점 넷째자리까지 구하시오).

1-11. 평균이 4.74이고, 표준편차가 0.11일 때 분산계수(CV)를 구하시오.

| 해답 |

1-1

$5.9 + 0.070 + 6.55 = 12.5$

1-2

① 개인오차
② 방법오차
③ 기기오차

1-3

① 공시험
② 조절시험
③ 회수시험
④ 맹시험
⑤ 평행시험

1-4

계통오차로 인해 생긴 원자 n개의 질량의 불확정도는 $n \times$(한 원자의 불확정도)이다.

• $10C = 10 \times 12.011(\pm 0.001) = 120.11(\pm 0.01)$
• $20H = 20 \times 1.00794(\pm 0.00007) = 20.1588(\pm 0.0014)$
∴ $10C + 20H = 120.11 + 20.1588(\pm S_y)$

$= 140.2688(\pm 0.0101) ≒ 140.27(\pm 0.01)$

여기서, $S_y = \sqrt{(\pm 0.01)^2 + (0.0014)^2} = \pm 0.010098 ≒ 0.0101$

질량의 합 10C + 20H의 불확정도는 우연오차에 적용되는 식을 사용한다. 그 이유는 C와 H의 질량의 불확정도는 서로 독립적이기 때문이다. 한 개는 양일 수 있고, 다른 한 개는 음일 수 있다.

1-5

$[H^+] = 10^{-pH} = 10^{-(3.53\pm0.02)}$

여기서, 불확정도를 구하면 다음과 같다.

$\dfrac{e_y}{y} = (\ln 10)e_x = 2.3026\,e_x = 2.3026 \times 0.02 = 0.046052$

$y = 10^{-3.53} = 2.951 \times 10^{-4}$

$e_y = 2.951 \times 10^{-4} \times 0.046052 = 1.36 \times 10^{-5}$

∴ $[H^+] = 10^{-3.53} \pm 1.36 \times 10^{-5} = (3.0 \pm 0.1) \times 10^{-4}$

1-6

표준편차 $s = 0.0237$

∴ $MDL = 3.14 \times 0.0237 = 0.074$

1-7

Ni의 질량 $= 0.5\text{g} \times 20\% = 0.1\text{g} = 100\text{mg}$

∴ 상대오차(%) $= \dfrac{|측정값 - 참값|}{참값} \times 100\%$

$= \dfrac{|96 - 100|}{100} \times 100\% = 4\%$

1-8

광물의 Fe_2O_3 양 $= 0.5\text{g} \times 0.3 = 0.15\text{g} = 150\text{mg}$

∴ 상대오차 $= \dfrac{손실된\ Fe_2O_3의\ 질량}{광물의\ Fe_2O_3\ 양} \times 100\%$

$= \dfrac{2\text{mg}}{150\text{mg}} \times 100\% = 1.33\%$

1-9

① 시료에 일정량의 표준물질을 첨가하여 표준물질이 회수된 회수율을 구하여 확인한다.
② 분석을 통해 얻어낸 평균과 참값을 이용하여 절대오차와 상대오차를 통해 구한다.
③ 표준기준물질(SRM)을 측정하여 SRM의 인증값과 측정값이 허용 신뢰수준 내에서 오차가 있는지 t-시험을 통해 확인한다.

1-10

^{12}C에 대한 ^{13}C의 비율 $= \dfrac{1.1225}{100 + 1.1225} = 0.0111$

① 평균 : $np = 31 \times 0.0111 = 0.3441$개
② 표준편차 : $\sqrt{np(1-p)} = \sqrt{31 \times (0.0111) \times (1 - 0.0111)}$

$= 0.5833$개

1-11

$CV = \dfrac{표준편차}{평균} \times 100\% = \dfrac{0.11}{4.74} \times 100\% = 2.32\%$

핵심이론 02 밸리데이션 결과보고서 작성하기

① 작성 항목
- ㉠ 요약 정보
- ㉡ 분석법 작업 절차에 관한 기술
- ㉢ 분석법 밸리데이션 실험에 사용한 표준품 및 표준물질에 관한 자료 : 제조원, 제조번호, 사용(유효)기한, 시험성적서, 안정성, 보관 조건 등
- ㉣ 밸리데이션 항목(정확성, 정밀성, 회수율, 선택성, 정량한계, 검정곡선 및 안정성) 및 판정기준
- ㉤ 밸리데이션 항목을 평가하기 위해 수행된 실험에 관한 기술과 그 결과 크로마토그램 등 시험기초자료
- ㉥ 표준작업지침서, 시험계획서 등
- ㉦ 참고문헌

② 목 차
- ㉠ 개요 및 기술적 고려사항
- ㉡ 실시결과
- ㉢ 실시계획서와 다른 사항이 있을 때 그에 대한 설명
- ㉣ 부적합에 대한 조치
- ㉤ 결 론

핵심이론 03 분석업무지시서 작성하기

① 표준작업지침서(SOP) : 특정 업무를 표준화된 방법에 따라 일관되게 실시할 목적으로 해당 절차 및 수행방법 등을 상세하게 기술한 문서이다.

② 표준작업지침서의 포함 내용
- ㉠ 시험방법개요
- ㉡ 검출한계
- ㉢ 간섭물질
- ㉣ 시험·검사장비(보유하고 있는 기기에 대한 조작절차)
- ㉤ 시약과 표준물질(사용하고 있는 표준물질 제조방법, 설정 유효기간)
- ㉥ 시료관리(시료보관방법 및 분석방법에 따른 전처리방법)
- ㉦ 정도관리 방법
- ㉧ 시험방법 절차
- ㉨ 결과분석 및 계산
- ㉩ 시료 분석결과 및 정도관리 결과 평가
- ㉪ 벗어난 값에 대한 시정조치 및 처리절차
- ㉫ 실험실환경 및 폐기물관리
- ㉬ 참고자료
- ㉭ 표, 그림, 도표와 유효성 검증 자료

핵심예제

SOP(표준작업지침서)에 포함되어야 할 항목을 5가지만 쓰시오.

|해답|

① 시험·검사장비
② 시약과 표준물질
③ 정도관리 방법
④ 시험방법 절차
⑤ 실험실환경 및 폐기물관리

① 화합물의 구조 분석방법

　㉠ 유기화합물

구 분	항 목	
분석시료	생체시료, 의약품, 식품, 환경시료, 천연물, 합성고분자, 석유 제품	
분석법	분리분석법	HPLC, LC-MS, GC, GC-MS 등
	분광학적 분석법	NMR, IR, UV-VIS 분광법, 형광분광법 등

　㉡ 무기화합물

구 분	항 목	
분석시료	반도체, 전자재료, 세라믹, 금속, 합금, 환경, 생체시료 등	
분석법	분리분석법	IC, CE 등
	분광학적 분석법	AAS, ICP, XRD, NMR 등

　※ 중금속 분석방법 : ICP-AES, ICP-MS, AAS

② 분석대상물질의 분석방법

　㉠ 화합물의 작용기, 성분 및 결합구조 분석

　　• IR : 유기화합물 및 고분자와 IR 영역에 감응하는 일부 비금속화합물(P, S, Si, 할로젠) 검출이 가능하다.

　　• UV-VIS

　　　- 유기 발생단 및 조색단을 가진 화합물을 관찰한다.

　　　- 유기물질 및 고분자 성분, 용액(유기용매, 수용액), 금속 성분 등을 대상으로 한다.

　　• NMR : 유기물의 분자종 및 탄소와 수소의 성분함량을 확인하는 데 활용된다.

　　• MS

　　　- 분자의 질량을 측정하고, 물질의 질량을 질량 대 전하의 비로 측정한다.

　　　- 분자식 결정에 유용하다.

　　• XPS : 금속재료, 반도체, 세라믹 및 고분자 소재의 연구에 활용된다.

　　• ICP : 섬유 조제, 염료, 안료 등의 중금속 분석에 활용된다.

　　• AAS

　　　- 알칼리 및 알칼리토금속 분석에 활용된다.

　　　- 폐수 및 슬러지 등 환경시료의 중금속 및 미량원소 분석에도 활용된다.

　　• SEM-EDS

　　　- 분석대상시료의 표면형상 관찰 및 구성원소를 평가하는 장비이다.

　　　- 무기물의 함유 여부와 상대적인 함유량 비교분석이 가능하다.

　㉡ 혼합물의 분리 및 구조 분석

　　• GC : 휘발성 유기화합물의 분리분석에 이용되며, 소량의 시료를 사용해도 검출감도 및 정량의 정도가 높다.

　　• HPLC

　　　- 비휘발성 유기화합물의 분리분석에 이용되며, 검출감도가 매우 높다.

　　　- 유기산(아세트산, 말릭산, 폼산 등), 알코올류의 함량시험에 활용된다.

　　• IC : 음이온 분석에 활용되고, 각종 수용성 매질(공업용수 및 폐수 등)에 존재하는 미량 음이온 분석 등의 분야에 활용된다.

　㉢ 열적 특성 분석

　　• DSC : 고분자시료의 유리전이온도, 결정화온도, 녹는점, 순도, 비열, 결정화도, 열경화도 등을 측정하는 데 활용된다.

- TGA : 고분자의 열분해온도, 고분자 구조의 확인, 용매나 수분의 조성, 열안정성 측정에 활용된다.
  ㄹ 응집 구조 분석
  - XRD : 화합물의 결정 구조를 파악하는 데 활용된다.
  - GPC : 고분자 물질의 수 평균 분자량, 중량 평균 분자량, 분산도 및 분자량 분포 곡선을 산출하는 데 활용된다.
  ※ X선을 이용한 분석방법 : XRD, XRR, XRF, XRS

① 유기화합물 분석
  ㉠ IR 분석을 우선적으로 고려한다.
  - 유기분자 및 작용기 분석이 용이하여 가장 광범위하게 사용한다.
  - 적외선에 의한 진동 또는 회전운동에 의해 쌍극자모멘트의 알짜 변화가 있는 분자에 유효하다.
  ㉡ 분석시료의 주원자핵에 근거하여 분석하고자 할 때는 NMR 분석을 고려한다.
  - 분석하고자 하는 시료의 주원자핵에 따라 ^{13}C, ^{19}F, ^{31}P NMR을 사용하여 분석한다.
  ㉢ 발색단, 조색단을 가지고 있는 화합물일 경우 UV-VIS 분광법을 사용하여 보다 정확한 분석을 고려한다.
  - 자외선 또는 가시광선을 흡수하면 전자전이가 일어나는 화학종에서 사용된다.
  ㉣ 분자식을 결정하고자 할 때는 MS를 고려한다.
  - 미지시료에 들어 있는 원소의 정량 및 정성분석을 통해 분자의 분자량과 분자식을 파악할 수 있다.
  ㉤ 표면분석을 실시할 때는 XPS 및 SEM-EDS 분석을 고려한다.
  ㉥ 시료의 결정 구조를 확인할 때는 XRD 분석을 고려한다.
  ㉦ 상전이온도를 평가할 때는 DSC 분석을 실시한다.
② 유기혼합물 분석
  ㉠ 기체혼합물 및 휘발성 액체의 경우 GC 분석을 고려한다.
  ㉡ 비휘발성 액체혼합물의 경우는 HPLC 분석을 고려한다.
  ㉢ 각 성분별 조성 및 분자 구조 확인을 위해 추가로 MS 분석을 고려한다.

③ 무기물 및 금속 분석
  ㉠ 무기 음이온 분석에는 UV-VIS 흡수분광법 사용을 고려한다.
  ㉡ 반도체, 세라믹스 및 금속 소재 분석에는 XPS 분석을 고려한다.
  ㉢ 보편적인 금속 소재 분석에는 ICP 분석을 고려한다.
  ㉣ 알칼리금속, 알칼리토금속 분석 등에는 AAS 분석을 고려한다.
  ㉤ 시료의 결정 구조를 확인하고자 할 때는 XRD 분석을 고려한다.
④ 고분자 및 복합 소재 분석
  ㉠ 고분자 소재의 분자량 분석에는 GPC 분석을 고려한다.
  ㉡ 유무기 복합 소재의 경우에는 IR 분석을 고려한다.
  ㉢ 금속 복합 소재의 경우에는 IR 및 IC 분석을 고려한다.

핵심이론 03 기기분석

① S/N비 : 신호 대 잡음비는 측정신호의 평균(S)을 잡음신호(측정신호의 표준편차, N)로 나눈 값으로, 이 값이 크면 신호해석에 유리하다.
② 잡음을 줄이는 방법
  ㉠ 하드웨어 장치
    • 접지와 가로막기
    • 시차 및 기기장치 증폭기
    • 아날로그 필터
    • 변 조
    • 맞물린 증폭기
  ㉡ 소프트웨어 방법
    • 종합적 평균법
    • 소집단 평균법
    • 디지털 필터법
    • 상관관계법

① 분광분석의 기초 현상

흡수, 형광, 인광, 산란, 방출, 화학발광

② 빛의 에너지

$$E = h\nu = \frac{hc}{\lambda}$$

여기서, h : Planck 상수(6.626×10^{-34}J $\cdot$ s)

ν : 빛의 진동수(s^{-1})

c : 빛의 속도(2.998×10^8m/s)

λ : 파장

③ 흡광도 · 투광도

㉠ 물질마다 흡수되는 파장이 다르므로 여러 파장을 측정하여 물질의 성분을 확인할 수 있다.

㉡ 흡수 스펙트럼의 피크 넓이로부터 물질의 농도를 알 수 있다.

㉢ Lambert-Beer 법칙

• $A = abc = \varepsilon bc$

여기서, A : 흡광도 a : 흡수계수

b : 셀 길이 c : 시료의 농도

ε : 몰흡광계수

• $A = \log\dfrac{P_0}{P} = -\log T$

여기서, P_0 : 입사광 P : 투과광

T : 투과도

• Beer 법칙의 한계

– 0.01M보다 묽은 농도의 용액에서만 성립한다.

– 겉보기 화학편차가 발생한다(흡수 물질이 화합, 해리, 용매와의 반응 등이 일어나 분석성분과 다른 스펙트럼을 내는 생성물을 만들 때 발생).

– 다색 복사선에 대한 겉보기 기기편차가 발생한다(단색광을 이용할 때만 성립).

– 불일치 셀로 인해 Beer의 법칙에서 벗어남이 발생한다.

– 측정기기의 불확정성에 의해 정확도(정밀도)가 제한받는다.

④ 광학기기 부분장치

㉠ 부분장치의 배열

• 흡수분광기

– UV-VIS, IR

광원 → 파장선택기 → 시료 → 검출기 → 신호처리장치

– AAS

광원 → 시료 → 파장선택기 → 검출기 → 신호처리장치

• 형광분광기

시료 → 파장선택기 → 검출기 → 신호처리장치

↑

파장선택기

↑

광원

• 방출분광기

광원 → 파장선택기 → 검출기 → 신호처리장치

↑

시료

㉡ 광 원

• 자외선 광원 : 중수소 램프

• 가시광선 : 텅스텐 필라멘트등

• 적외선 광원 : Nernst 백열등, Globar 광원, 백열선 광원, 수은 아크 램프, 텅스텐 필라멘트등, 이산화탄소 레이저 광원

• 원자흡수분광법 광원 : 속 빈 음극등

• X선 : X선 관, 방사성 동위원소, 2차 형광광원

㉢ 시료용기

• 자외선 영역 : 석영, 용융실리카

• 가시광선 영역 : 규산염유리, 플라스틱

• 적외선 영역 : NaCl

※ UV-VIS 분광법에서 350nm 이하의 파장에서는 유리큐벳을 사용할 수 없는 이유 : 해당 영역의 복사선을 흡수하기 때문에 사용하지 못한다.

ⓔ 파장선택기
- 필 터
- 회절발 단색화장치
  - 회절파장 λ

    $$\lambda = \frac{d(\sin i + \sin r)}{n}$$

    여기서, n : 회절차수

    λ : 회절파장

    d : 회절발 홈간 거리

    i : 입사각

    r : 회절각

- 분산능 $D = \dfrac{nf}{d}$

  여기서, f : 초점거리

- 역선분산능 $D^{-1} = \dfrac{d}{nf}$

ⓜ 복사선 검출기(변환기)

ⓗ 신호처리장치 및 판독장치

4-1. 8.50×10^{-5}M의 농도를 가진 $KMnO_4$를 셀 길이 1.0cm, 525nm에서 측정하였을 때 투과도는 24.4%이었다. 이때 ① 흡광도(유효숫자 셋째자리까지)와 ② 몰흡광계수를 구하시오.

4-2. 어떤 물질의 몰흡광계수는 113.2L/mol · cm이고 몰농도는 0.0024M일 때, 셀 길이 2.0cm에서 ① 흡광도와 ② 투광도(%)를 구하시오.

|해답|

4-1
① 흡광도

  $A = -\log T = -\log 0.244 ≒ 0.613$

② 몰흡광계수

  $A = \varepsilon bc$

  $0.613 = \varepsilon \times 1.0\text{cm} \times (8.50 \times 10^{-5}\text{mol/L})$

  $\therefore \varepsilon = 7,211.76\text{L/mol} \cdot \text{cm}$

4-2
① 흡광도

  $A = \varepsilon bc = (113.2\text{L/mol} \cdot \text{cm}) \times 2.0\text{cm} \times (0.0024\text{mol/L})$

  $= 0.54$

② 투광도(%)

  $A = -\log T$

  $T = 10^{-A} = 10^{-0.54} = 0.2884$

  $\therefore T(\%) = T \times 100\% = 0.2884 \times 100\% = 28.84\%$

① 광 원

　㉠ 자외선 : 중수소 램프

　㉡ 가시광선 : 텅스텐 필라멘트등

② 시료용기(셀, 큐벳)

　㉠ 자외선 영역 : 석영이나 용융실리카

　㉡ 가시광선 영역 : 규산염유리, 플라스틱

③ 분광기기

　㉠ 홑빛살기기

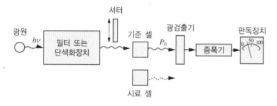

　㉡ 겹빛살기기

　　• 공간형

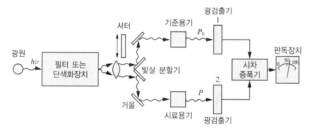

　　• 시간형

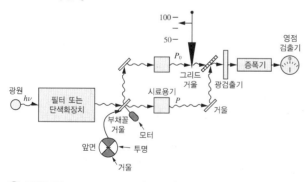

④ 발색단(Chromophores)

　자외선-가시광선을 흡수하는 불포화 유기 작용기

⑤ 용매의 차단점(Cut-off Point)

　㉠ 파장한계라고도 한다.

　㉡ 물을 기준으로 용매의 흡광도가 1에 가까운 값을
　　가질 때의 가장 낮은 파장을 말한다.

　㉢ 차단점 아래의 파장에서는 용매의 흡광도가 매우
　　크기 때문에 분석물의 흡수 파장은 용매의 차단점
　　보다 커야 한다.

⑥ 적정곡선

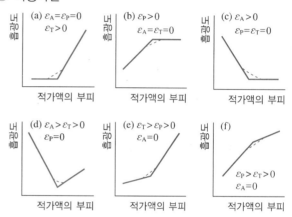

여기서, ε_A : 분석물 몰흡광계수

　　　　ε_P : 생성물 몰흡광계수

　　　　ε_T : 적가액 몰흡광계수

① AAS(원자흡수분광법)

　㉠ 광 원

　　• 속 빈 음극등(Hollow Cathode Lamp) : 원자 흡수 분광법에서 불꽃 원자화 장치 등으로 원자화를 한다. 이때 사용되는 유리관에 네온과 아르곤 등으로 1~5torr 압력으로 채워진 텅스텐 양극과 원통 음극으로 이루어진 광원이 속 빈 음극등이다.

　㉡ 원자 선 너비의 선 넓힘 발생 원인

　　• 불확정성 효과

　　• 압력효과(같은 종류의 원자와 다른 원자들의 충돌에 기인)

　　• 도플러(Doppler) 효과

　　• 전기장과 자기장 효과

　㉢ 원자화 방법

　　• 불꽃 원자화

　　　– 연료, 산화제

연 료	산화제	온도(℃)	비 고
천연가스	공 기	1,700~1,900	
천연가스	산 소	2,700~2,800	
수 소	공 기	2,000~2,100	
수 소	산 소	2,550~2,700	
아세틸렌	공 기	2,100~2,400	
아세틸렌	산 소	3,050~3,150	가장 고온
아세틸렌	산화이질소	2,600~2,800	

　　　– 불꽃영역

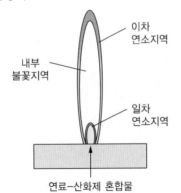

내부 불꽃지역
이차 연소지역
일차 연소지역
연료-산화제 혼합물

　　　– 전열 원자화

　　　– 글로방전 원자화

　　　– 수소화물 생성 원자화

　　　– 찬-증기 원자화

　㉣ 용액 시료 도입방법

　　• 기압식 분무기

　　　– 가장 일반적인 분무기로 동심관 기압식 분무기가 사용된다.

　　　– 액체 시료는 관 끝 주위를 흐르는 높은 압력 기체에 의해 모세관을 통해 빨려 들어가는 흡인 운반과정을 거친다(베르누이 효과).

　　• 초음파 분무기

　　• 전열 증기화 장치

　　• 수소화물 생성법

　㉤ 고체 시료 도입방법

　　• 직접 시료 도입

　　• 전열 증기화 장치

　　• 아크와 스파크 증발

　　• 레이저 증발

　　• 글로방전법

　㉥ 원자흡수법 방해 보정방법

　　• 스펙트럼 방해 보정방법

　　　– 두 선 보정법

　　　– 연속 광원 보정법

　　　– Zeeman 효과에 의한 바탕보정법

　　　– 광원 자체반전에 의한 바탕보정법

　　• 화학적 방해 보정방법

　　　– 높은 온도의 불꽃을 사용한다.

　　　– 해방제 또는 보호제를 첨가한다(칼슘을 정량할 때 알루미늄, 규소, 인산이온, 황산이온의 방해를 막기위해 EDTA를 사용).

　　　– 이온화 억제제를 사용한다(높은 온도의 불꽃에 의하여 분석원소가 이온화를 일으켜 중성원자가 덜 생기는 방해가 발생 시 분석원소보다 이온화를 잘 일으키는 이온화 억제제를 첨가).

② ICP-AES(유도결합 플라스마 원자방출분광법)

　　㉠ 광원 : 유도결합 플라스마(ICP)

　　　• 3개의 동심원통형 석영관으로 되어 있는 토치에 아르곤기체가 흐른다.

　　　• 라디오파 전류에 의해 유도코일에서 자기장이 형성된다.

　　　• Tesla 코일에서 생긴 스파크에 의해 Ar이 이온화된다.

　　㉡ ICP 광원의 장점

　　　• 높은 온도로 인해 화학적 방해가 거의 없다.

　　　• 플라스마에 전자가 풍부하여 이온화 방해가 거의 없다.

　　　　※ 불꽃법보다 이온화 방해가 적게 일어나는 이유 : 아르곤의 이온화로 생긴 전자농도가 시료성분의 이온화로 생기는 전자농도에 비해 엄청나게 크기 때문에 이온화방해가 거의 일어나지 않는다.

　　　• 화학적으로 비활성인 환경에서 원자화가 일어나 산화물을 형성하지 못해 원자의 수명이 길어진다.

　　　• 플라스마 단면의 온도분포가 비교적 균일하여 자체흡수와 자체반전 효과가 나타나지 않는다.

　　　• 넓은 농도범위에서 직선적인 검정곡선을 얻는다.

　　㉢ 시료 도입 시 큰 에어로졸 방울을 걸러내는 장치 : 방해판(Baffle)

　　㉣ AAS와 비교했을 때 ICP의 장점

　　　• 높은 온도로 인해 원소 상호 간의 방해(화학적 방해)가 적다.

　　　• 자체 흡수와 자체 반전 효과가 일어나지 않는다.

　　　• 여러 원소를 동시에 분석할 수 있다.

　　　• 대부분 원소들의 방출 스펙트럼을 한 가지의 들뜸 조건에서 동시에 얻을 수 있다.

　　㉤ 정량분석 시 내부표준물법 사용 이유

　　　• 시료가 분무되어 공급되는 양이 약간씩 변동하므로 내부표준물법을 통해 정확도를 향상시킬 수 있다.

핵심예제

6-1. 다음에 해당하는 광원을 무엇이라고 하는지 쓰시오.

> • 3개의 동심형 석영관으로 이루어진 토치를 이용한다.
> • Ar 기체를 사용한다.
> • 라디오파 전류에 의해 유도코일에서 자기장이 형성된다.
> • Tesla 코일에서 생긴 스파크에 의해 Ar이 이온화된다.
> • Ar$^+$와 전자가 자기장에 붙들어 큰 저항열을 발생하는 플라스마를 만든다.

6-2. 유도결합플라스마 원자방출분광법이 원자흡수분광법보다 좋은 점 4가지를 쓰시오.

6-3. AAS에서 매트릭스로 인해 생기는 스펙트럼 방해로 인한 바탕을 보정하는 방법 4가지를 쓰시오.

6-4. 원자흡수분광기(AAS)에서 일반적으로 사용하는 원자화 장치 5가지를 쓰시오.

6-1
유도결합플라스마(ICP)

6-2
① 높은 온도로 인해 원소 상호 간의 방해(화학적 방해)가 적고, 내화성 화합물을 만드는 원소로 측정할 수 있다.
② 자체흡수와 자체반전효과가 일어나지 않는다.
③ 여러 원소를 동시에 분석할 수 있다.
④ 대부분 원소들의 방출스펙트럼을 한 가지의 들뜸 조건에서 동시에 얻을 수 있다.

6-3
① 두 선 바탕보정
② 중수소램프 바탕보정(연속광원 보정방법)
③ Zeeman 바탕보정
④ 자체반전 바탕보정

6-4
① 불꽃 원자화 장치
② 전열 원자화 장치
③ 글로방전 원자화 장치
④ 수소화물 생성 원자화 장치
⑤ 찬 증기 원자화 장치

핵심이론 07 X선

① 광 원
  ㉠ X선 관
  ㉡ 방사성 동위원소
  ㉢ 이차 형광 광원
② X선 변환기(검출기)
  ㉠ 기체-충전 변환기(3종) : 이온화 상자, 비례 계수기, Geiger관
  ㉡ 섬광계수기
    • 섬광체의 역할 : 섬광체에 전이된 복사선의 에너지를 형광 복사선의 광자 형태로 방출한다.
    • 흔히 이용되는 섬광체 : NaI-TI
  ㉢ 반도체변환기
③ X선을 이용한 분석 방법
  ㉠ XRD(회절)   ㉡ XRR(반사)
  ㉢ XRF(형광)   ㉣ XRS(산란)

핵심예제

7-1. X선 분광법에서 X선을 생성하는 방법(또는 광원) 3가지를 쓰시오.

7-2. 다음을 설명하는 원자분광법을 쓰시오.

장 점	단 점
• 적은 시료로 분석이 가능하다. • 비파괴적이다. • 스펙트럼이 단순하여 분석하기 쉽다.	• 가벼운 원소에 대한 분석이 어렵다. • 감도가 좋지 않다. • 한 번 사용하는 데 비용이 많이 든다.

|해답|

7-1
① X선 관
② 방사성 동위원소
③ 이차 형광광원

7-2
XRF(X선 형광분석법)

① 광 원

 ㉠ Nernst 백열등

 ㉡ Globar 광원

 ㉢ 백열선 광원

 ㉣ 수은 아크 램프

 ㉤ 텅스텐 필라멘트등

 ㉥ 이산화탄소 레이저 광원

② 분자화학종의 적외선 흡수 조건

 ㉠ 진동이나 회전운동으로 인해 쌍극자 모멘트의 알짜 변화가 일어나는 분자

 ㉡ IR을 흡수할 수 있는 화학종의 예 : CH_3OH, CO_2, H_2O, NH_3

 ㉢ IR을 흡수할 수 없는 화학종의 예 : O_2, N_2, Cl_2

③ 분자진동의 종류

 ㉠ 신축진동 : 두 원자 사이의 결합축에 따라 원자 간의 거리가 연속해서 변화하는 운동이다.

  • 대칭진동   • 비대칭진동

    대칭   비대칭

 ㉡ 굽힘진동 : 두 결합 사이의 각도가 변화하는 운동이다.

  • 가위질 진동   • 좌우 흔듦 진동

  • 앞뒤 흔듦 진동   • 꼬임 진동

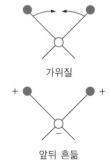 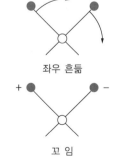

    가위질   좌우 흔듦

    앞뒤 흔듦   꼬 임

④ 훅의 법칙(신축진동수 계산)

$$\nu = \frac{1}{2\pi c}\sqrt{\frac{k}{\mu}}$$

 여기서, c : 빛의 속도(3.00×10^{10}cm/s)

    k : 힘 상수(dyne/cm)

    μ : 환산질량$\left(\mu = \dfrac{m_1 \cdot m_2}{m_1 + m_2}\right)$

⑤ C=C 이중결합의 흡수 진동수 순서(적은 것 → 많은 것)

 Cyclobutene(C4) → Cyclopentene(C5) → Cyclohexene(C6) → Cycloheptene(C7) → Cyclopropene(C3)

⑥ IR 셀

 ㉠ 창 물질 : NaCl, KBr

 ㉡ 광로 길이(시료용기의 빛살 통과 길이, b)

$$b = \frac{\Delta N}{2(\overline{\nu_1} - \overline{\nu_2})}$$

  여기서, ΔN : 간섭 봉우리 수

     $\overline{\nu_1}$: 파수1

     $\overline{\nu_2}$: 파수2

⑦ 고체시료 취급 방법

 ㉠ 펠렛(Pelleting) : 시료를 KBr과 균일하게 혼합·압축하여 투명한 원판의 펠렛을 만들어 측정한다.

 ㉡ 멀(Mull) : 광유에 고체시료를 넣고 갈아서 멀을 만들어 측정한다.

⑧ FT-IR의 장점

 ㉠ 다른 실험기기보다 좋은 신호 대 잡음비를 갖는다.

 ㉡ 분해능이 높고 주파수를 매우 정확하고 재현성 있게 측정할 수 있다.

⑨ IR 스펙트럼

㉠ 그래프를 통한 구조식 분석

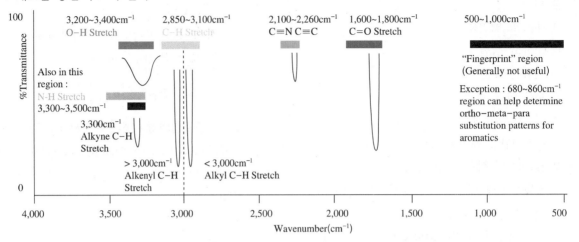

- $1,650 \sim 1,800 cm^{-1}$: C=O
- $3,200 \sim 3,400 cm^{-1}$(넓고 둥근 봉우리) : OH
- $3,300 \sim 3,500 cm^{-1}$(폭이 좁은 봉우리 2개) : NH₂ (1차 아민)
- $3,300 \sim 3,500 cm^{-1}$(폭이 좁은 봉우리 1개) : NH (2차 아민)
- $2,800 \sim 2,900 cm^{-1}$(비슷한 크기의 봉우리 2개) : CHO(알데하이드)
- $3,300 cm^{-1}$ + $2,150 cm^{-1}$: C≡C-H
- $3,050 cm^{-1}$ + $1,650 cm^{-1}$: C=C-H
- $3,050 cm^{-1}$ + $1,600 cm^{-1}$ + $1,475 cm^{-1}$: 벤젠 고리
- $2,200 cm^{-1}$: C≡N(강하고 뾰족한 봉우리), C≡C
- $2,850 \sim 3,100 cm^{-1}$: C(sp^3)-H

㉡ 유기 작용기에 대한 작용기 주파수

[유기 작용기에 대한 작용기 주파수]

결합	화합물의 종류	파수 범위(cm⁻¹)	세기
C-H	Alkanes	2,850~2,970	세다.
		1,340~1,470	세다.
C-H	Alkanes($\diagup C=C \diagdown^H$)	3,010~3,095	중간
		675~995	세다.
C-H	Alkanes(-C≡C-H)	3,300	세다.
C-H	Aromatic Rings	3,030~3,100	중간
		690~900	세다.
O-H	Monomeric Alcohols, Phenols	3,590~3,650	가변
	Hydrogen-bonded Alcohols, Phenols	3,200~3,600	가변, 때로 넓음
	Monomeric Carboxylic Acids	3,500~3,650	중간
	Hydrogen-bonded Carboxylic Acids	2,500~2,700	넓음
N-H	Amines, Amides	3,300~3,500	중간
C=C	Alkense	1,610~1,680	가변
C=C	Aromatic Rings	1,500~1,600	가변
C≡C	Alkynes	2,100~2,260	가변
C-N	Amines, Amides	1,180~1,360	세다.
C≡N	Nitriles	2,210~2,280	세다.
C-O	Alcohols, Ethers, Carboxylic Acids, Esters	1,050~1,300	세다.
C=O	Aldehydes, Ketones, Carboxylic Acids, Esters	1,690~1,760	세다.
NO₂	Nitro Compounds	1,500~1,570	세다.
		1,300~1,370	세다.

© 벤젠 이중 치환 고리(o-, m-, p-)
- Ortho : $750cm^{-1}$ 부근에서 강한 세기
- Meta : $690cm^{-1}$, $780cm^{-1}$ 부근에서 강한 세기, $890cm^{-1}$ 부근에서 중간 세기
- Para : $800 \sim 850cm^{-1}$ 부근에서 강한 세기

② 카보닐 작용기를 포함하는 화합물의 진동수 비교
$Amide(1,680cm^{-1}) < Carboxylic Acid(1,720cm^{-1})$
$< Keton(1,725cm^{-1}) < Aldehyde(1,740cm^{-1})$
$< Ester(1,750cm^{-1}) < Anhydride(1,810cm^{-1})$

⑩ IR 스펙트럼을 통한 구조분석(Benzoic acid)

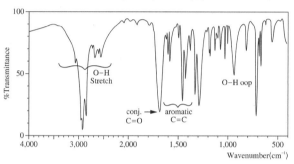

핵심예제

다음은 C_2H_4의 2가지 진동모드를 나타낸 그림이다. 각각의 진동모드가 IR 활성인지 불활성인지 쓰고, 활성을 나타낸다면 어떤 진동방식인지 쓰시오.

| 해답 |

① 활성, 비대칭 C-H 신축진동
② 비활성

핵심이론 09 ^1H-NMR(핵자기공명 분광법)

① NMR 부분장치
 ㉠ 송신기 코일(라디오파 펄스 생성기)
 ㉡ 수신기 코일(검출기)
 ㉢ 균일하고 센 자기장을 갖는 자석
 ㉣ 시료 탐침
 ㉤ 신호처리장치(컴퓨터)
 ※ 센 자기장을 갖는 자석을 사용하는 이유 : 자기장 세기가 증가하면 바닥 상태와 들뜬 상태의 에너지 차이가 커져서 감도가 증가하기 때문에 사용한다.

② 표준 기준 물질 : TMS(TetraMethylSilane)
 ㉠ TMS의 Methyl 그룹의 Proton은 대부분의 화합물보다 가리움 정도가 커서 높은 자기장에서 매우 선명한 하나의 봉우리를 나타내어 기준 물질로 사용한다.

③ 화학적 이동(Chemical Shift, δ)
 ㉠ $\delta = \dfrac{\text{Proton이 TMS로부터 이동한 정도(Hz)}}{\text{분광기 기본 작동 진동수(MHz)}}$
 ㉡ 핵 주위의 전자 밀도에 따라 유효자기장을 느끼는 차이가 발생하여 핵마다 라디오파를 흡수하는 자기장이 달라 화학적 이동이 나타난다.

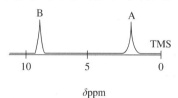

- A : 많은 전자에 의해 가리움이 크면 핵에 미치는 자기장의 세기가 낮기 때문에 핵을 공명시키려면 강한 자기장이 필요하고, NMR 스펙트럼의 오른쪽에서 흡수가 일어난다.
- B : 적은 전자에 의해 가려진 핵을 공명시키려면 약한 자기장이 필요하고, NMR 스펙트럼의 왼쪽에서 흡수가 일어난다.

ⓜ 화학적 이동 값

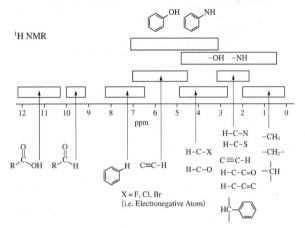

¹H NMR

[대략적인 H-NMR 화학적 이동 차트]

Type of Proton	Chemical Shift(ppm)	Type of Proton	Chemical Shift(ppm)
R-CH₃	0.9~1.2	X-CH₂R (X : Cl, Br, I)	3.1~3.8
R-CH₂ (R)	1.2~1.5	R-OH	Variable, 1~5
R-CH (R, R)	1.4~1.9	R-NH₂	Variable, 1~5
R₂C=C(R)CHR₂	1.5~2.5	R₂C=C(R,H)	4.5~6.0
R-C(=O)-CH₃	2.0~2.6	Ar-H	6.0~8.5
Ar-CH₃	2.2~2.5	R-C(=O)-H	9.5~10.5
R-C≡C-H	2.5~3.0	R-C(=O)-OH	10~13
(H)R-O-CH₃	3.3~4.0		

④ 스핀-스핀 갈라짐($n+1$ 규칙)

ⓐ 각 유형의 Proton은 자신이 결합된 탄소 원자 옆에 있는 탄소에 결합된 동등한 Proton의 개수(n)를 감지하여 자신의 공명 피크를 $n+1$로 갈라지게 한다.

ⓑ 이웃한 Proton의 개수를 알 수 있다.

ⓒ $n+m+1$: 이웃에 있는 양성자에 의해 분리되는 선의 수

ⓓ $(n+1)(m+1)$: 양쪽의 양성자에 의해 영향을 받을 경우

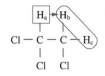

Hₐ 기준 : 이웃한 H_b, H_c 때문에 삼중선을 만든다. (2+1=3)

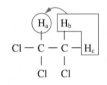

H_b, H_c 기준 : 이웃한 Hₐ 때문에 이중선으로 갈라진다. (1+1=2)

ⓔ 다중선(파스칼의 삼각형) : $n+1$ 규칙을 따르는 다중선에서 그 세기의 크기는 파스칼의 삼각형을 따른다.

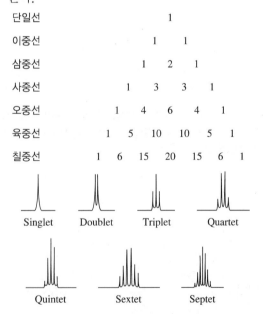

단일선 : 1
이중선 : 1 1
삼중선 : 1 2 1
사중선 : 1 3 3 1
오중선 : 1 4 6 4 1
육중선 : 1 5 10 10 5 1
칠중선 : 1 6 15 20 15 6 1

Singlet   Doublet   Triplet   Quartet
Quintet   Sextet   Septet

⑤ 봉우리(Peak) 해석

　㉠ 봉우리 수 : H 환경(유형)의 수

　㉡ 봉우리 면적(적분값) : 해당 피크의 H의 수

　㉢ 다중선(다중도) : 이웃의 H의 수

　㉣ 화학적 이동값 : 작용기 파악

⑥ H-NMR 스펙트럼을 통한 구조분석

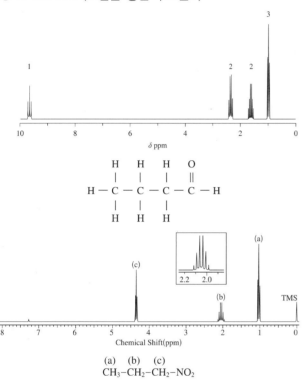

⑦ ^{13}C-NMR(핵자기공명 분광법)

　㉠ DEPT 실험

　　• 주어진 탄소 원자에 결합된 수소의 개수를 결정

　　• DEPT-45 : 수소가 결합된 탄소의 피크를 얻는다.

　　• DEPT-90 : CH(methine) 탄소에 대한 피크를 얻는다.

　　• DEPT-135

　　　– 양의 피크 : CH(methine), CH_3(methyl) 탄소의 피크를 얻는다.

　　　– 음의 피크 : CH_2(methylen) 탄소의 피크를 얻는다.

※ 음의 신호를 얻을 수 있어 구조 이성질체 분석에 적합한 장치 : DEPT-135 C-NMR

	C	CH	CH₂	CH₃
^{13}C-NMR	O	O	O	O
DEPT 45 C-NMR	X	O	O	O
DEPT 90 C-NMR	X	O	X	X
DEPT 135 C-NMR	X	O(+)	O(−)	O(+)

　㉡ ^{1}H-NMR과 비교했을 때 ^{13}C-NMR의 장점

　　• 분자의 탄소 골격에 관한 직접적인 정보를 제공해 준다.

　　• 화학적 이동값의 범위가 매우 넓고, 피크가 거의 겹치지 않는다.

핵심예제

9-1. 다음과 같이 음의 신호를 얻을 수 있어 구조이성질체 분석에 적합한 장치를 무엇이라고 하는지 쓰시오.

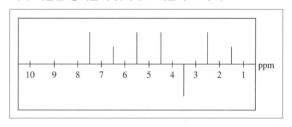

9-2. H-NMR에서 $ClCH_2CH_2CH_2Cl$의 각 피크에서의 ① 다중도와 ② 상대적 면적비(적분비)를 Cl에서 가까운 순서대로 쓰시오.

① 다중도 = (　　　:　　　:　　　)

② 상대적 면적비(적분비) = (　　　:　　　:　　　)

9-3. 산소를 충분히 공급한 Autoclave에서 유기화합물 A가 분해되어 완전연소하였을 때, 이산화탄소와 수증기가 8 : 7의 몰비를 가진다. 다음의 H-NMR 그래프를 통해 이 화합물의 구조식을 그리고, 그래프의 (a), (b), (c)가 구조식의 어디에 위치하는지 나타내시오.

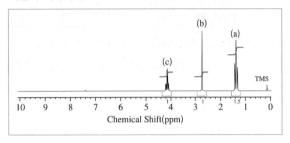

9-4. 다음에 제시된 ^{1}H-NMR Spectrum과 ^{13}C-NMR Spectrum을 보고 $C_8H_{14}O_4$의 구조식을 그리시오(단, Integration 비율은 Quartet : Singlet : Triplet = 1 : 1 : 1.5이다).

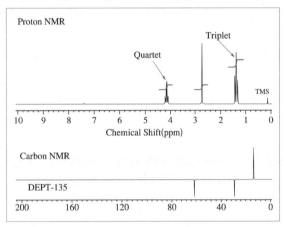

9-5. IR 흡수 피크가 3,432cm^{-1}, 3,313cm^{-1}, 1,466~1,618cm^{-1}에서 나타나는 $C_6H_5NCl_2$의 ^{1}H-NMR Spectrum은 다음 그림과 같다. ^{13}C-NMR Spectrum에서 나타나는 피크는 다음 표를 참고하여 이 화합물의 구조식을 그리시오(단, 면적비는 왼쪽 봉우리부터 1.96 : 0.99 : 2.01이다).

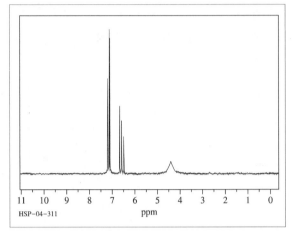

^{13}C NMR	DEPT-135	DEPT-90
118	양의 피크	양의 피크
119.5	피크 없음	피크 없음
128	양의 피크	양의 피크
140	피크 없음	피크 없음

9-6. $C_4H_8O_2$ 화학식을 갖는 어떤 물질이 1,735cm^{-1}에서 강한 적외선 흡수 피크를 보이며, 이 화합물의 H-NMR 스펙트럼은 다음과 같다. 이 화합물의 각 봉우리 면적비는 a : b : c = 3 : 3 : 2이다. 이 화합물의 구조식을 그리고, 각 H에 해당하는 봉우리를 나타내시오.

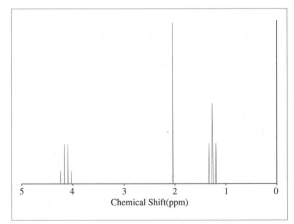

9-7. 다음 ^{1}H-NMR Spectrum 및 IR Spectrum을 보고 분자식 $C_5H_{10}O$의 구조식을 그리시오(단, H-NMR Spectrum의 적분비는 3 : 1 : 1 : 2 : 2 : 1이다).

• ^{1}H-NMR Spectrum

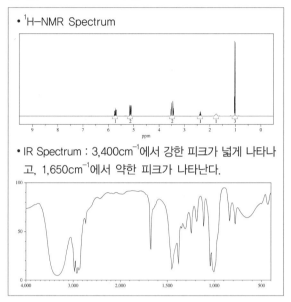

• IR Spectrum : 3,400cm^{-1}에서 강한 피크가 넓게 나타나고, 1,650cm^{-1}에서 약한 피크가 나타난다.

| 해답 |

9-1
DEPT 135 C-NMR

9-2
① 다중도 = (3 : 5 : 3)
② 상대적 면적비(적분비) = (1 : 1 : 1)

9-3

9-4

9-5

9-6

9-7

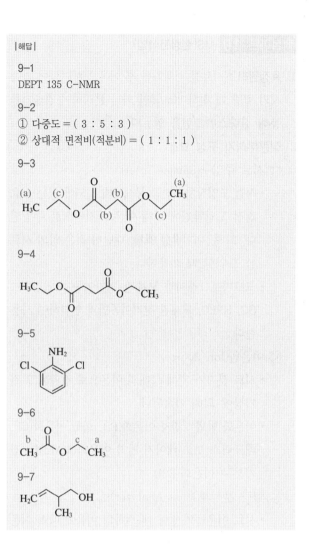

① **측정원리** : 시료를 기체화한 후 이온으로 만들어 가속시켜 질량 대 전하비(m/z)에 따라 분리하여 검출기를 통해 질량스펙트럼을 얻는다.

② **질량분석기 구성 요소**

  ㉠ 시료 주입구(Sample Inlet)

   • 직접 도입장치 : 진공 봉쇄상태로 되어 있는 시료 직접 도입탐침에 의해 이온화 지역으로 주입된다. 고체, 비휘발성 액체, 대단히 적은 양의 시료를 도입할 때 이용한다.

   • 크로마토그래피와 모세관 전기이동 도입장치 : GC, HPLC, 모세관 전기이동법과 연결하여 사용한다.

  ㉡ 이온원(Ion Source)

   • 시료 분자가 기체 상태의 이온으로 전환되고 전기장에 의해 가속된다.

   • 이온화 방법 : 전자 이온화(EI), 화학 이온화(CI), 매트릭스 보조 레이저 탈착 이온화(MALDI), 전기분무 이온화(ESI)

  ㉢ 질량 분석계(Mass Analyzer)

   • 시료 이온들의 질량 대 전하의 비율에 따라 이온들을 분리한다.

   • 종류

    – 자기 부채꼴 질량 분석계(단일 초점 질량 분석계) : 전기자석을 이용하여 이온살을 굴절시켜 원호형 통로를 따르게 하여 한 곳으로 모은다.

    – 이중 초점 질량 분석계 : 자기 부채꼴만 사용했을 때보다 분해능이 10배 이상 향상된다.

    – 사중극자 질량 분석계 : 자기 부채꼴보다 부피가 작고, 값도 싸고, 튼튼하고, 주사시간이 짧다.

    – 비행 시간형 질량 분석계(TOF)

     ⓐ 가벼운 입자는 무거운 입자보다 먼저 도달한다.

     ⓑ 운동에너지로부터 m/z식 유도

     $$KE = zeV = \frac{1}{2}mv^2 = \frac{m}{2}\left(\frac{L}{t}\right)^2 = \frac{mL^2}{2t^2}$$

     $$\rightarrow \frac{m}{z} = \frac{2eVt^2}{L^2}$$

     여기서, z : 이온의 전하

       e : 전자의 전하량

       L : 비행거리

       V : 전기장의 세기

       m : 질량

       v : 이온의 속도

       t : 비행시간

    – 이온 포착 분석기(Ion Trap) : 자기 부채꼴이나 사중극자보다 작고 값이 싸고, 매우 낮은 검출한계를 갖는다. MALDI 이온화 장치를 연결시켜 사용한다.

  ㉣ 검출기(Detector)

   • 이온의 충돌수를 계량한다.

   • 전자 증배관(Electron Multiplier) : 1개의 이온이 전자 증배관의 표면에 충돌할 때 2개의 전자를 방출하여, n번 충돌했을 때 신호 증폭은 2^n배가 된다.

③ **질량분석기 분해능(분리능, R)**

$$R = \frac{m}{\Delta m}$$

여기서, m : 첫 번째 봉우리의 명목상의 질량(두 봉우리의 평균 질량을 사용할 때도 있다)

  Δm : 겨우 분리된 가까운 두 봉우리 사이의 질량 차이

④ 분자량 결정

㉠ 수소모자람 지수(불포화 지수, U)
- 수소모자람 지수의 값만큼 고리 또는 이중/삼중 결합을 가진다.
- 분석물질의 분자량과 같은 탄소수를 가진 포화 탄화수소와 비교하여 차이나는 수소의 수를 구한 후 2로 나누어 불포화 지수를 구한다.
- 불포화 지수가 4 이상일 시 벤젠고리가 있을 확률이 높다.

  예 벤젠(C_6H_6)의 불포화 지수

  벤젠과 탄소수가 같은 포화 탄화수소 : C_6H_{14}

  벤젠의 $U = \dfrac{14-6}{2} = 4$

  불포화 지수 "4"는 고리 1개, 이중결합 3개를 뜻한다.

㉡ 15족, 16족, 17족 추가된 수소모자람 지수
- 15족(N, P, As, Sb, Bi)이 포함된 화합물로 바꾸려면 15족 원소의 개수만큼 수소원자를 하나씩 더 한다(포화 탄화수소의 H 하나 빠진 자리에 NH_2가 들어가므로 수소 수만 보았을 때 수소 1개가 증가한다).

  $C_3H_8 \rightarrow C_3H_9N \rightarrow C_3H_{10}N_2$

- 16족(O, S, Se, Te)이 포함된 화합물로 바꾸려면 수소 개수는 바꾸지 않는다(포화 탄화수소의 H 하나 빠진 자리에 OH가 들어가므로 수소 수만 보았을 때 변화가 없다).

  $C_3H_8 \rightarrow C_3H_8O \rightarrow C_3H_8O_2$

- 17족(F, Cl, Br, Cl)이 포함된 화합물로 바꾸려면 17족 원소의 개수만큼 수소원자를 하나씩 빼 준다(포화 탄화수소의 H 하나 빠진 자리에 F가 들어가므로 수소 수만 보았을 때 수소 1개가 감소한다).

  $C_3H_8 \rightarrow C_3H_7F \rightarrow C_3H_6F_2$

- $C_8H_6O_3$의 수소 모자람 지수 계산

  C_8의 포화탄화수소 : C_8H_{18}

  → O 3개 추가(수소 수 변동 없음) : $C_8H_{18}O$

  → $U = \dfrac{18-6}{2} = 6$

  불포화도가 6이므로 고리, 이중/삼중결합 등이 6개이다.

  이는 벤젠고리 1개(고리1, 이중결합3) + 이중결합 2개 또는 벤젠고리 1개(고리1, 이중결합3) + 고리2개 또는 벤젠고리 1개(고리1, 이중결합3) + 이중결합 1개 + 고리1개의 조합이라고 추측해 볼 수 있다.

㉢ 13의 규칙
- 주어진 분자 질량(M)을 13으로 나누어 탄소와 수소만 들어 있는 기본 화학식을 만들 수 있다.

  $\dfrac{M}{13} = n + \dfrac{r}{13} \rightarrow C_nH_{n+r}$

- 기본 화학식 변경하기
  - O원자 추가 : 원자량 16(O ↔ CH_4) 맞교환

    $C_nH_{n+r} \rightarrow C_{n-1}H_{n+r-4}O$
  - N원자 추가 : 원자량 14(N ↔ CH_2) 맞교환

    $C_nH_{n+r} \rightarrow C_{n-1}H_{n+r-2}N$

- 분자량 96의 분자식 추측하기

  $\dfrac{96}{13} = 7 + \dfrac{5}{13} \rightarrow C_7H_{12}$

  $C_7H_{12} \rightarrow C_6H_8O \rightarrow C_5H_4O_2 \rightarrow C_4H_0O_3 \rightarrow C_3H_{12}O_3 \rightarrow \cdots$

  (분자량 96을 만족하는 여러 화합물들을 유추하고 U값을 계산하여 분수, 음수로 나오는 것들은 버린다)

㉣ 질소규칙
- 분자를 이루고 있는 질소 원자의 수가 홀수일 때, 분자 질량도 홀수이다(질소 원자의 수가 짝수면 질량도 짝수이다).

- 분자량이 홀수로 주어졌을 때, 질소가 홀수 개 있다고 가정할 수 있다.

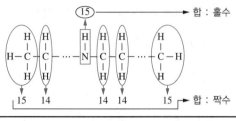

⑤ 동위원소 자연계 상대 존재비

원 소	상대 존재비
^1H : ^2H	100 : 0.016
^{12}C : ^{13}C	100 : 1.08
^{35}Cl : ^{37}Cl	100 : 32.5
^{79}Br : ^{81}Br	100 : 98.0

㉠ 동위원소의 피크 높이 비 계산(C_6H_4BrCl)
- $[M^+]$: ^{35}Cl, ^{79}Br로만 구성된다.

  $(100 \times 1) \times (100 \times 1) = 10,000$
- $[M+2]^+$: ^{37}Cl, ^{79}Br 또는 ^{35}Cl, ^{81}Br로 구성된다.

  $(32.5 \times 1) \times (100 \times 1) + (100 \times 1) \times (98 \times 1) = 13,050$
- $[M+4]^+$: ^{37}Cl, ^{81}Br로만 구성된다.

  $(32.5 \times 1) \times (98 \times 1) = 3,185$

  $\therefore M^+ : [M+2]^+ : [M+4]^+ = 10,000 : 13,050 : 3,185$

⑥ 토막나기
㉠ 더 안정한 이온을 형성하는 토막나기 과정은 덜 안정한 이온을 형성하는 과정보다 잘 일어난다.
㉡ 탄화수소 토막나기 패턴 : $-CH_3(-15)$, $-CH_2-(-14)$, $CH_3CH_2-(-29)$, $CH_2CH_2-(-28)$ 단위의 손실
㉢ 방향족 탄화수소 : $Ar-CH_2-(-91)$

㉣ α-절단 : 라디칼 자리에 직접 연결된 결합이 아니라 바로 옆에 있는 원자(α 위치)에 연결된 결합이 끊어진다(카보닐기 등 작용기에 인접한 탄소-탄소 결합에서 절단이 일어난다).

43.02m/z   57.07m/z

㉤ 탈수반응 : $H_2O(-18)$

68.06   18.01

㉥ Diels-Alder반응의 역반응에 의한 절단

㉦ McLafferty 자리옮김

58.04   56.06

⑦ MS 스펙트럼 해석
㉠ 모체(M^+)의 피크를 통해 분자량을 확인한다.
㉡ 두 개의 분자이온 피크(M^+, M+2)가 나타날 시 Br 또는 Cl을 추측할 수 있다.
- M^+, M+2의 피크 세기의 비가 1 : 1이면 Br
- M^+, M+2의 피크 세기의 비가 3 : 1이면 Cl
- M^+, M+2, M+4 피크 세기의 비가 1 : 2 : 1이면 2개의 Br
- M^+, M+2, M+4 피크 세기의 비가 9.7 : 6 : 1이면 2개의 Cl
㉢ 모체피크와 다른 피크와의 차이를 통해 토막을 유추한다.

⑧ MS 스펙트럼을 통한 구조 확인(C=O기를 포함한 C, H, O로만 이루어진 화합물)

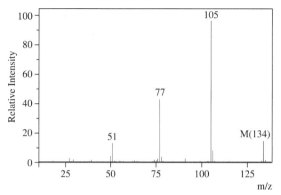

㉠ 분자이온=134=$\dfrac{134}{13}$=10+$\dfrac{4}{13}$ → $C_{10}H_{14}$

㉡ C=O가 있다고 문제에 주어졌기 때문에 기본식에 O를 추가 : $C_9H_{10}O$, $C_8H_6O_2$, $C_7H_2O_3$, $C_6H_{14}O_3$

㉢ 각각의 U를 계산하면 $\dfrac{20-10}{2}=5$, $\dfrac{18-6}{2}=6$,

$\dfrac{16-2}{2}=7$, $\dfrac{14-14}{2}=0$

㉣ $U=0$이 나온 $C_6H_{14}O_3$는 제외한다(∵C=O).

㉤ 불포화도를 통해 각각의 구조식을 추측한다(케톤이 있어야 하므로 이중결합 1개를 포함해야 한다).

$C_9H_{10}O(U=5)$: 벤젠(4) + 이중결합(1)

$C_8H_6O_2(U=6)$: 벤젠(4) + 이중결합(2)/고리(1) + 이중결합(1)

$C_7H_2O_3(U=7)$: 벤젠(4) + 이중(3)/고리(1) + 이중(2)/고리(2) + 이중결합(1)

㉥ 토막 관찰

134 − 105 = 29 = CH_3CH_2

77 = C_6H_5(페닐)

134 − 77 = 57(케톤의 28 + CH_3CH_2의 29)

㉦ 구조식

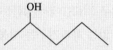

10-1. 질량분석법의 측정원리(방법)에 대하여 설명하시오.

10-2. 다음 두 질량분석스펙트럼은 어떤 알코올의 2가지 구조 이성질체를 나타낸 것이다. ①~②에 해당하는 알코올의 구조식을 각각 그리시오.

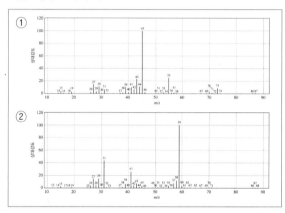

|해답|

10-1
시료를 기체화한 후 이온으로 만들어 가속시켜 질량 대 전하비(m/z)에 따라 분리하여 검출기를 통해 질량스펙트럼을 얻는다.

10-2
① 분자량이 88인 알코올이다.
- 88 − 17(−OH기) = 71 → $C_5H_{11}OH$(Pentanol)의 스펙트럼임을 알 수 있다.
- 88 − 73 = 15 → CH_3가 있음을 알 수 있다.
- 73 − 55 = 18 → 알코올의 탈수반응(H_2O)을 확인할 수 있다.
- 88 − 45 = 43 → C_3H_7가 있음을 알 수 있다.
∴ 2-Pentanol

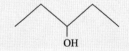

② 분자량이 88인 알코올이다.
- 88 − 17(−OH기) = 71 → $C_5H_{11}OH$(Pentanol)의 스펙트럼임을 알 수 있다.
- 88 − 59 = 29 → C_2H_5가 있음을 알 수 있다.
- 59 − 41 = 18 → 알코올의 탈수반응(H_2O)을 확인할 수 있다.
∴ 3-Pentanol

핵심이론 01 분석화학 기본개념

① 농도의 표현

　㉠ 몰 농도(M) : 용액 1L에 녹아 있는 용질의 몰수

　㉡ 몰랄 농도(m) : 용매 1kg에 녹아 있는 용질의 몰수

　㉢ 노르말 농도(N) : 용액 1L에 녹아 있는 g당량 수

② 증류수와 탈이온수

　㉠ 증류수 : 물을 끓여서 수득된 것을 냉각시킨 물이 증류수이다. 물보다 끓는점이 높은 비휘발성 유기물질, 금속 양이온, 비금속 음이온은 증류수에 녹아 있다.

　㉡ 탈이온수 : 이온까지 제거된 물이다. 양이온 교환수지를 이용하여 금속 양이온을 H^+이온으로 바꾸고, 음이온 교환수지를 이용하여 비금속 음이온을 OH^-로 바꾸어 탈이온수를 제조한다.

③ 부피 측정 유리기구

　㉠ TC 20℃ : To Contain이라는 의미로, 20℃에서 부피플라스크와 같은 용기에 표시된 눈금까지 액체를 채웠을 때의 부피를 의미한다.

　㉡ TD 20℃ : To Deliver라는 의미로, 20℃에서 피펫이나 뷰렛으로 다른 용기로 옮겨진 용액의 부피를 의미한다.

　㉢ A표시가 있는 유리기구 : NIST에서 정한 허용오차를 따르며, A표시가 없는 유리기구는 허용오차가 2배 이상 크다. 따라서 A표시가 있는 플라스크와 피펫 등을 이용하면 더 정확한 부피 측정이 가능하다.

④ 기기분석 검정법

　㉠ 표준물과 비교 : 직접비교, 적정법

　㉡ 외부표준물검정법

　㉢ 표준물첨가법 : 시료의 양이 제한되어 있을 때, 같은 양의 시료용액에 표준용액을 각각 일정량씩 더해 가면서 첨가하는 방법으로, 반드시 기기 반응이 농도에 비례해야 한다.

　㉣ 내부표준물법

　　• 모든 시료, 바탕 분석의 검정표준물에 일정량의 내부표준물을 가한다.

　　• 검정곡선은 표준 분석성분의 신호 대 내부표준물의 신호의 비를 표준 분석성분의 농도에 대해 도시한다.

⑤ 깁스 자유에너지

　㉠ $\Delta G = \Delta H - T\Delta S$

　　여기서, G : 깁스 자유에너지(kJ/mol)

　　　　　H : 엔탈피(kJ/mol)

　　　　　T : 온도(K)

　　　　　S : 엔트로피(J/mol·K)

　㉡ ΔG의 해석

　　$\Delta G < 0$: 자발적 반응

　　$\Delta G > 0$: 비자발적 반응

　㉢ 자유에너지 변화량과 용해도곱상수의 관계

　　$\Delta G = -RT\ln_{sp}$

　㉣ $\Delta H = \sum m\Delta H_f(생성물) - \sum n\Delta H_f(반응물)$

⑥ 평형상수(K)

　$a\text{A} + b\text{B} \rightleftarrows c\text{C} + d\text{D}$

　$K = \dfrac{[\text{C}]^c[\text{D}]^d}{[\text{A}]^a[\text{B}]^b}$

⑦ 반응지수(Q)

$$Q = \frac{[\mathrm{C}]^c[\mathrm{D}]^d}{[\mathrm{A}]^a[\mathrm{B}]^b}$$

㉠ $Q = K$: 평형($\Delta G = 0$)

㉡ $Q < K$: 정반응이 자발적으로 일어남($\Delta G < 0$)

㉢ $Q > K$: 역반응이 자발적으로 일어남($\Delta G > 0$)

⑧ 방사성 붕괴

㉠ 방사성 붕괴 속도는 1차 반응에 해당되며, 반감기로 나타낸다.

㉡ $[\mathrm{A}]_t = [\mathrm{A}]_0 e^{-kt}$

㉢ $\ln\dfrac{[\mathrm{A}]_t}{[\mathrm{A}]_0} = -k \cdot t$

여기서, $[\mathrm{A}]_t$: t시간 후 A의 농도

$[\mathrm{A}]_0$: 처음 A의 농도

k : 속도상수

t : 시간

㉣ 반감기($t_{1/2}$) : 방사성 붕괴를 하는 핵종의 수가 처음 값의 반이 되는 데 필요한 시간이다.

$$t_{1/2} = \frac{\ln 2}{k}$$

⑨ 결정성 고체를 구성하는 세포의 결정구조

입방정계 구조		원자 수	배위 수
단순입방 구조		1	6
체심입방 구조		2	8
면심입방 구조		4	12

① pH(수소 이온 농도 지수)

㉠ $\mathrm{pH} = -\log[\mathrm{H}^+]$

㉡ $\mathrm{pOH} = -\log[\mathrm{OH}^-]$

㉢ $\mathrm{pH} + \mathrm{pOH} = \mathrm{pKw}$

② 산−염기 평형

HA(산) + B(염기) $\rightleftarrows$ A(짝염기) + HB(짝산)

㉠ 산해리상수(K_a)

HA $\rightleftarrows$ $\mathrm{H}^+ + \mathrm{A}^-$

$$K_a = \frac{[\mathrm{H}^+][\mathrm{A}^-]}{[\mathrm{HA}]}$$

• K_a값이 클수록 강산이다.

• 강산 : HCl, H_2SO_4, HNO_3, $HClO_4$

• 약산 : CH_3COOH, HCN

㉡ 염기 해리상수(K_b)

• $\mathrm{A}^- + H_2O \rightleftarrows HA + \mathrm{OH}^-$

$$K_b = \frac{[\mathrm{HA}][\mathrm{OH}^-]}{[\mathrm{A}^-]}$$

• BOH $\rightleftarrows$ $\mathrm{B}^+ + \mathrm{OH}^-$

$$K_b = \frac{[\mathrm{B}^+][\mathrm{OH}^-]}{[\mathrm{BOH}]}$$

• K_b값이 클수록 강염기이다.

• 강염기 : NaOH, KOH, $Ca(OH)_2$, $Ba(OH)_2$

• 약염기 : NH_4OH, $Mg(OH)_2$

㉢ 물의 이온곱 상수(K_w)

• $K_w = K_a \times K_b = [\mathrm{H_3O}^+][\mathrm{OH}^-]$

• 25℃에서 $K_w = 1.0 \times 10^{-14}$

③ 완충용액

㉠ 완충용액

• 소량의 산이나 염기를 첨가하여도 pH 변화가 적은 용액으로, 주로 약산과 그 짝염기 또는 약염기와 그 짝산의 혼합물로 구성되어 있다.

• 완충용액의 pH는 이온세기와 온도에 의존한다.

ⓛ 완충용량
- 1L의 완충용액의 pH를 1단위 변화시키는 데 필요한 산 또는 염기의 mol수이다.
- 완충용량이 클수록 pH의 변화가 작다.
- pH=pK_a일 때 완충용량은 최대값을 가진다.

ⓒ Henderson–Hasselbalch식
- $pH = pK_a + \log\dfrac{[A^-]}{[HA]}$
- $pOH = pK_b + \log\dfrac{[B^+]}{[BOH]}$
$= pK_b + \log\dfrac{[BH^+]}{[B]}$

④ 산–염기 적정
ⓐ 지시약

지시약	pH 범위	산성 색깔	염기성 색깔
티몰블루	1.2~2.8	빨간색	노란색
메틸오렌지	3.1~4.4	빨간색	오렌지색
브로모크레졸그린	3.8~5.4	노란색	파란색
메틸레드	4.2~6.3	빨간색	노란색
페놀레드	6.8~8.4	노란색	빨간색
페놀프탈레인	8.3~10	무 색	빨간색

ⓑ 적 정
- 공 식
$NV = N'V' (nMV = n'M'V')$

여기서, N : 산성 용액의 노르말농도
N' : 염기성 용액의 노르말농도
V : 산성 용액의 부피
V' : 염기성 용액의 부피
n : 산성 용액의 당량
n' : 염기성 용액의 당량
M : 산성 용액의 몰농도
M' : 염기성 용액의 몰농도

- 강산–강염기 적정

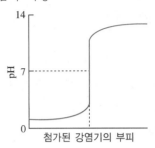

- 당량점 : pH = 7
- 강산–약염기 적정

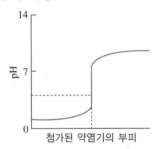

- 당량점 : pH < 7
- 약산–강염기 적정

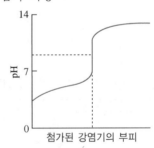

- 당량점 : pH > 7
- 반당량점 : 완충효과가 가장 큰 지점이며, 당량점까지 적가된 부피의 절반의 부피에 해당한다. 약산과 그 짝염기의 비율이 같기 때문에 [HA] = [A⁻]이며, pH = pK_a이다.
- 약산–약염기 : 적정에 사용하지 않는다.

⑤ Kjeldahl(킬달)법에 의한 질소 정량 분석 : 시료를 진한 황산으로 분해시켜 결합된 질소(N)를 암모늄 이온(NH_4^+)으로 전환시킨다. 그 후 진한 염기를 가해 암모니아(NH_3)로 만들고, 과량의 산성 용액으로 중화하고 남은 산성 용액을 중화적정하여 질소를 정량한다.

2-1. 전형적인 단백질은 16.2wt%의 질소를 함유하고 있다. 단백질 용액 12mL를 삭여서 유리시킨 NH_3를 0.5M HCl 10.00 mL 속으로 증류시킨다. 미반응으로 HCl을 적정하는 데 0.4M NaOH가 2.52mL 필요하다. 원래 시료에 존재하는 단백질의 농도(mg 단백질/mL)를 구하시오.

2-2. 미지시료의 I^- 25mL에 0.30M $AgNO_3$ 용액 100mL를 넣었다. 반응하고 남은 Ag^+에 Fe^{3+} 지시약을 넣고 0.1M KSCN으로 적정했을 때 60mL 적가되었다면, 미지시료의 I^-의 몰농도(M)를 구하시오.

2-3. 0.01054M $KMnO_4$ 50.0mL에 H_2SO_4 5mL, $NaNO_2$ 50.0 mL를 섞고 가열하여 다음의 반응식이 완결되도록 하였다. 몇 분간 가열 후 0.025M $Na_2C_2O_4$ 용액 10.0mL를 첨가하였더니 과망간산이온이 탈색되지 않았다. 여기에 0.025M $Na_2C_2O_4$ 용액 10.0mL를 추가로 가했더니 색깔이 없어졌다. 이 용액에는 과망간산이온은 모두 소모되었고, 과량의 옥살산이 존재하여 남은 옥살산을 역적정을 하였더니 0.01054M $KMnO_4$ 2.11mL를 가해야 눈에 띌 정도의 자주색이 나타났다. 바탕적정에서 0.01054M $KMnO_4$ 0.06mL가 필요했다면 $NaNO_2$의 몰농도(M)를 구하시오.

$$5NO_2^- + 2MnO_4^- + 6H^+ \longleftrightarrow 5NO_3^- + 2Mn^{2+} + 3H_2O$$
$$5C_2O_4^{2-} + 2MnO_4^- + 16H^+ \longleftrightarrow 10CO_2 + 2Mn^{2+} + 8H_2O$$

2-4. 0.01M 약산($pK_a = 6.46$) 100mL에 0.2M NaOH 용액 7.0mL를 가했을 때의 pH를 구하시오.

2-5. $Na_2C_2O_4$(fw = 134) 0.5g을 $KMnO_4$로 적정하는데 75mL가 사용되었다. $KMnO_4$의 몰농도(M)를 구하시오.

2-6. 미지시료 1g을 진한 황산에 넣어 완전히 분해하여 모든 질소를 NH_4^+로 만들고, 이 용액에 NaOH를 가해 염기성으로 만들어 모든 NH_4^+를 NH_3로 만든 후 이를 증류하여 0.2M HCl 용액 10mL에 모은다. 그 다음 이 용액을 0.3M NaOH 용액으로 적정하였더니 4mL가 적가되었다. 이 미지시료에 들어 있는 단백질의 함량(w/w%)을 구하시오(단, 단백질의 질소 함량은 16.2%이다).

2-7. KHP(fw = 204) 0.821g을 적정하는데 NaOH 19.3mL가 사용될 때, NaOH 용액의 몰농도(M)를 구하시오.

| 해답 |

2-1
단백질의 N의 몰수는 생성된 NH_3의 몰수와 같고, NH_3의 적정에 소비된 HCl의 몰수와 같다.
NaOH와 HCl은 1 : 1로 반응하므로
$(0.5M \times 10.00mL) - (0.4M \times 2.52mL) = 3.992mmol$ HCl
따라서 NH_3의 적정에 소비된 HCl의 몰수는 3.992mmol이다.
• 질소의 무게 = $3.992mmol \times 14mg/mmol = 55.888mg$ N
• 단백질의 무게 = $\dfrac{55.888mg\ N}{0.162mg\ N/mg\ 단백질} = 344.99mg$ 단백질
∴ 단백질의 농도 = $\dfrac{344.99mg}{12mL} = 28.75mg/mL$

2-2
I^-의 몰수 = $AgNO_3$의 몰수 − KSCN의 몰수
$= (0.30M \times 100mL) - (0.1M \times 60mL)$
$= 24mmol$
∴ I^-의 몰농도(M) = $\dfrac{24mmol}{25mL} = 0.96M$

2-3
• $KMnO_4$의 몰수 = $0.01054M \times (50.0 + 2.11 - 0.06)mL$
$\qquad = 0.5486mmol$
• $Na_2C_2O_4$와 반응한 $KMnO_4$의 몰수
$= \dfrac{2}{5} \times 0.025M \times (10.0 + 10.0)mL = 0.2mmol$
• $NaNO_2$와 반응한 $KMnO_4$의 몰수 = $(0.5486 - 0.2)mmol$
$\qquad\qquad = 0.3486mmol$
• $NaNO_2$의 몰수 = $\dfrac{5}{2} \times 0.3486mmol = 0.8715mmol$
∴ $NaNO_2$의 몰농도 = $\dfrac{0.8715mmol}{50.0mL} = 0.02M$

2-4

약산과 NaOH는 1 : 1로 반응하므로

$(0.2M \times 7.0mL) - (0.01M \times 100mL) = 0.4mmol$의 NaOH가 남는다. 이때, 총 부피는 107mL이므로

$$\frac{0.4mmol}{107mL} = 3.74 \times 10^{-3}M$$

$$\therefore\ pH = 14 - (-\log[OH^-]) = 14 - (-\log(3.74 \times 10^{-3})) = 11.57$$

2-5

- $C_2O_4^{2-} \rightarrow 2CO_2 + 2e^-$ (2당량)
- $MnO_4^- \rightarrow Mn^{2+}$ (2 − 7 = 5당량)

$Na_2C_2O_4$의 몰수 $= \dfrac{0.5g}{134g/mol} = 3.73 \times 10^{-3}mol$

$NV = N'V'$

$2eq/mol \times 3.73 \times 10^{-3}mol = 5eq/mol \times X \times 0.075L$

$\therefore\ X = 0.02M$

2-6

N의 mol = NH_3의 mol = NH_3와 반응한 HCl의 mol

NaOH와 HCl은 1 : 1로 반응하므로,

$(0.2M \times 10mL) - (0.3M \times 4mL) = 0.8mmol$의 HCl이 남는다.

N의 질량 = N의 몰수 × N의 원자량

$\qquad\qquad = 0.8mmol \times 14mg/mmol = 11.2mg$

단백질의 질량 $= 11.2mg \times \dfrac{100\%}{16.2\%} = 69.14mg$

$\therefore$ 단백질의 함량 $= \dfrac{69.14\,mg}{1,000\,mg} \times 100\% = 6.91\%$

2-7

KHP와 NaOH은 1 : 1로 반응한다.

$$\frac{0.821g}{204g/mol} = X \times 0.0193L$$

$$\therefore\ X = 0.21M$$

핵심이론 03 EDTA

① EDTA : 에틸렌다이아민테트라아세트산(ethylene-diaminetetraacetic acid)

㉠ H_4Y로 표현되는 다양성자산이며, 4개의 카복실기와 두 개의 비공유 전자쌍을 갖고 있는 여섯자리 리간드이다.

㉡ 양이온 전하와 무관하게 1 : 1 비율로 금속이온과 착물을 형성하는 킬레이트제이다.

㉢ 알칼리 용액에 녹여 사용한다.

② EDTA와 금속이온간의 착화합물

㉠ $M^{n+} + Y^{4-} \rightleftharpoons MY^{n-4}$

㉡ EDTA는 알칼리 금속을 제외한 모든 양이온들과 안정한 킬레이트를 형성한다.

㉢ EDTA 착화합물에 대한 형성상수(K_f)

$$K_f = \frac{[MY^{n-4}]}{[M^{n+}][Y^{4-}]}$$

㉣ Y^{4-}형태로 존재하는 EDTA의 몰분율($\alpha_{Y^{4-}}$)

$$\alpha_{Y^{4-}} = \frac{[Y^{4-}]}{C_T}$$

여기서, C_T : EDTA의 착화합물을 형성하지 않은 전체 EDTA의 몰농도

$(C_T = [Y^{4-}] + [HY^{3-}] + [H_2Y^{2-}] + [H_3Y^-] + [H_4Y]$
$+ [H_5Y^+] + [H_6Y^{2+}])$

㉤ 조건형성상수(K_f')

$$K_f' = \frac{[MY^{n-4}]}{[M^{n+}]C_T} = \frac{[MY^{n-4}]\alpha_{Y^{4-}}}{[M^{n+}][Y^{4-}]} = \alpha_{Y^{4-}}K_f$$

③ EDTA 적정

　㉠ 직접적정 : 분석물질을 EDTA 표준용액으로 적정
　　한다.

　㉡ 역적정 : 분석물질에 과량의 EDTA 표준용액을 가
　　하고, 반응이 완료된 과잉량을 다른 표준용액으로
　　적정한다.

　㉢ 치환적정 : Hg^{2+}를 과량의 $Mg(EDTA)^{2-}$로 적정하
　　여 Mg^{2+}를 치환시킨 후, EDTA 표준용액으로 적정
　　한다.

　　$Hg^{2+} + MgY^{2-} \rightarrow HgY^{2-} + Mg^{2+}$

　㉣ 간접적정

　　• 특정 금속이온과 침전물을 형성하는 음이온을
　　　EDTA로 간접적정한다.

　　• SO_4^{2-}에 과량의 Ba^{2+}를 가하여 $BaSO_4(s)$로 침전
　　　시킨 후 과량의 EDTA를 가하여 BaY^{2-} 형태로
　　　만든다. 과잉의 EDTA를 Mg^{2+}로 역적정한다.

　㉤ 가리움제(Masking Agent) : 정량하는 데 간섭하는
　　성분을 제거하기 위하여 용액중의 그 성분과 선택
　　적으로 반응하는 착화제이다.

④ 1,2-Diamino Ethane(킬레이트 적정)

　결합 자릿수 = 2개

⑤ 물의 경도 측정 : 시료를 pH 10으로 완충시킨 후 EDTA
　적정으로 측정한다.

⑥ 금속지시약

　㉠ Calmagite(칼마자이트)

　㉡ Eriochrome Black T(에리오크롬 블랙 티, EBT)

　㉢ Pyrocatechol Violet(피로카테콜 바이올렛)

　㉣ Murexide(뮤렉사이드)

　㉤ Xylenol Orange(자이레놀 오렌지)

핵심예제

다음 물음에 답하시오.

① 물 50mL를 취하여 NH_3 완충용액으로 pH 10을 맞추고,
　0.01M EDTA 표준용액으로 적정하였더니 10mL가 소모되었
　다. 이때 물의 총 경도를 구하시오($CaCO_3$(fw) = 100g/mol,
　경도의 단위는 ppm이다).

② Ca^{2+} 경도와 Mg^{2+} 경도를 구하는 방법을 쓰시오.

| 해답 |

① 물의 총 경도

　EDTA와 Ca^{2+}는 1 : 1로 반응한다.

$$[Ca^{2+}] = \frac{0.01mol\ EDTA}{1L} \times 10mL\ EDTA \times \frac{1mol\ Ca^{2+}}{1mol\ EDTA}$$

$$\times \frac{1}{50mL\ Ca^{2+}} = 0.002M$$

$$\therefore \ 총\ 경도 = \frac{0.002mol\ Ca^{2+}}{1L} \times \frac{100g\ CaCO_3}{1mol\ CaCO_3} \times \frac{1,000mg}{1g}$$

$$\times \frac{ppm}{mg/L}$$

$$= 200ppm$$

② Ca^{2+} 경도와 Mg^{2+} 경도를 구하는 방법

　• pH = 10에서 EDTA 적정으로 총 경도를 구한다.

　• pH = 13에서 마그네슘이 침전물로 가라앉으므로, EDTA 적
　　정을 이용하여 칼슘 경도를 구한다.

　• 마그네슘 경도는 총 경도에서 칼슘 경도를 빼서 구한다.

① 산화제, 환원제

   ㉠ 산화제 : 전자 받개

   ㉡ 환원제 : 전자 주개

② 전기화학전지

   ㉠ 전극

- 환원전극(Cathode) : 환원반응이 일어나는 전극
- 산화전극(Anode) : 산화반응이 일어나는 전극
- $Zn(s) \mid Zn^{2+}(aq) \parallel Cu^{2+}(aq) \mid Cu(s)$

    $\mid$: 상 경계

    $\parallel$: 염다리(염다리 기준 왼쪽은 산화전극, 오른쪽은 환원전극)

   ㉡ 갈바니전지(볼타전지)

- 자발적으로 반응이 일어난다.
- 산화전극 : (−)극, 산화가 일어나 외부 도선으로 전자를 공급한다.
- 환원전극 : (+)극, 외부 도선으로부터 전자를 회수하여 환원이 일어난다.

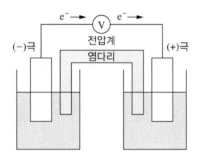

   ㉢ 전해전지

- 외부에서 전기에너지를 공급해주어야 한다.
- 산화전극 : (+)극, 외부 도선으로 전자를 공급한다.
- 환원전극 : (−)극, 외부의 센 전지에서 전자를 공급하여 환원이 일어난다.

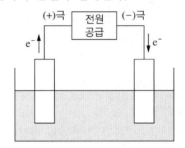

③ 전극전위

   ㉠ 표준수소전극(SHE)

- $Pt, H_2(1atm) \mid H^+(1M) \parallel$
- 모든 온도에서 0.000V이며, 기준전극으로 사용된다.

   ㉡ 전위 계산

- $E_{cell} = E_+ - E_- = E_{cathode} - E_{anode} = E_{right} - E_{left}$
- IR 강하
  - 갈바닉 전지 : 예상된 것보다 적은 전위의 결과가 나온다.
  - 전해전지 : 작동시키기 위해 필요한 전위가 더 크게 필요하다(E_{cell}보다 더 음의 IR 볼트의 전위를 걸어주어야 한다. $E_{applied} = E_{cell} - IR$).

   ㉢ 표준전극전위(표준환원전위, $E°$)

- 반응물과 생성물의 활동도가 모두 1일 때의 전극전위이다.
- 25℃, 1기압에서 반쪽 전지의 수용액 농도가 1M일 때, 표준수소전극을 (−)극으로 하여 얻은 반쪽 전지의 전위이다.
- $E°$가 클수록 환원이 잘 된다(전자를 잘 받는다).
- $E°$가 작을수록 산화가 잘 된다(전자를 잘 준다).

ⓔ Nernst식

$$E = E° - \frac{0.05916}{n} \log Q \,(25℃)$$

여기서, Q : 반응지수$\left(\dfrac{[C]^c[D]^d}{[A]^a[B]^b} \right)$

ⓜ pH측정용 유리전극

- pH를 측정할 때 영향을 주는 오차 : 산 오차, 알칼리 오차, 탈수, 낮은 이온세기 용액에서의 오차, 접촉 전위의 변화, 표준 완충 용액의 pH 오차, 온도변화에 따른 오차

④ 전기무게 분석법

ⓐ 무게를 잰 백금 환원전극에 석출시켜 전극무게의 증가분을 측정한다.

ⓑ 금속의 이온화경향

K > Ca > Na > Mg > Al > Zn > Fe > Ni > Sn > Pb > H > Cu > Hg > Ag > Pt > Au

ⓒ 작업전극 : 분석반응이 일어나는 전극이다.

⑤ 전기량법 분석법

ⓐ 전기분해할 때 소비된 전기량을 측정하여 전극에서 산화 또는 환원된 물질의 양을 구한다.

ⓑ $Q = I \times t$

여기서, Q : 전하량(C)

　　　　I : 전류(A)

　　　　t : 시간(s)

ⓒ 1F(패러데이) = 96,485C/mol

ⓓ W(석출량) $= \dfrac{I \cdot t \cdot M}{n \cdot F}$

여기서, I : 전류

　　　　t : 시간

　　　　M : 석출금속의 원자량

　　　　n : 전자수

　　　　F : 패러데이 상수(96,485C/mol)

⑥ 전압전류법

ⓐ 폴라로그래피 : 적하수은전극(DME)을 이용하여 시료용액을 전기분해하고, 이때 흐르는 전류를 외부에서 걸어준 전위에 대하여 도시한 전류-전압 곡선을 해석하여 정성, 정량 분석하는 방법이다.

ⓑ 선형주사 전압전류법

ⓒ 펄스차이 전압전류법

ⓓ 네모파 전압전류법

ⓔ 유체역학 전압전류법

- 연속적으로 흘러가는 시료를 취급하는 전압전류법이다.

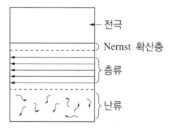

- Nernst 확산층(Nernst Diffusion Layer) : 액체와 전극 사이의 마찰로 인해 전혀 움직이지 않는 얇은 용액층이다.
- 층류(Laminar Flow) : 흐름속도가 느리고 매끄럽고 규칙적인 운동을 한다. 전극 표면 가까이에서 전극표면과의 마찰로 인해 평행한 방향으로 미끄러져 나란히 움직인다.

– 난류(Turbulent Flow) : 불규칙적이고 파동형 운동을 한다.

- 유체역학 전압전류법 실행 방법
  - 전극은 고정시키고 용액을 세게 저어준다.
  - 전극을 일정한 빠른 속도로 용액 속에서 회전시켜 저어준다.
  - 작업전극이 들어 있는 관 속으로 분석용액을 흘러 보낸다.

ⓗ 전류법 적정

ⓐ 분석물만 환원될 때
- 종말점 이전 : 분석물이 적가액과 반응하므로 분석물의 농도가 감소하여 환원 전류도 감소한다.
- 종말점 이후 : 분석물이 다 소모되어 더 이상 환원전류가 흐르지 않는다.

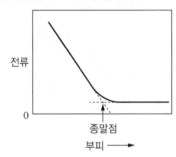

ⓑ 적가시약만 환원될 때
- 종말점 이전 : 적가시약은 분석물과 반응하여 다 소모되어 환원전류가 흐르지 않는다.
- 종말점 이후 : 잉여의 적가시약으로 환원전류가 증가한다.

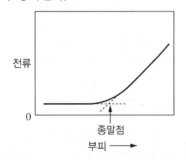

ⓒ 분석물과 적가시약 둘 다 환원될 때
- 종말점 이전 : 분석물과 적가시약이 반응하여 분석물 농도는 감소하고, 적가시약은 존재하지 않아 환원전류가 감소한다.
- 종말점 이후 : 잉여의 적가시약으로 환원전류가 증가한다.

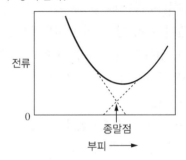

⑦ 벗김법

㉠ 용액을 저어주며 분석물을 전극에 석출시킨 후 일정 시간이 지난 뒤 용액의 전기분해와 저어주는 것을 멈추고 석출된 분석물을 전압전류법 중의 하나로 분석한다. 이때 분석물은 전극으로부터 녹아 나오거나 벗겨져 나와 벗김법이라는 이름이 붙었다.

㉡ 전기화학적 농축 단계인 전기분해를 거치기 때문에 미량의 분석물을 비교적 정확하게 정량할 수 있는 방법이다.

ⓒ Cu^{2+}와 Cd^{2+}의 벗김 정량에 대한 전위 프로그램과
전압전류곡선

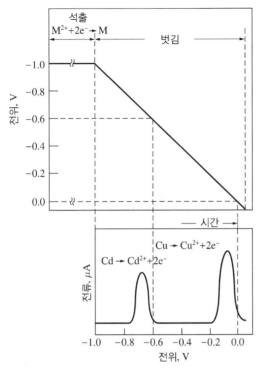

4-1. 산화제인 Ce^{4+}를 적가하여 철의 함량을 측정하려고 한다. 철을 1M $HClO_4$로 전처리하여 Fe^{2+}이온으로 용해시키고, 수소 기준전극과 백금전극을 사용하여 전압을 측정한다. 당량점에서 측정되는 전압(V)을 구하시오(단, 당량점에서 $[Ce^{3+}]$ = $[Fe^{3+}]$, $[Ce^{4+}]$ = $[Fe^{2+}]$이다).

$Fe^{3+} + e^- \leftrightarrow Fe^{2+}$	$E° = 0.767V$
$Ce^{4+} + e^- \leftrightarrow Ce^{3+}$	$E° = 1.70V$

4-2. 유체역학 전압전류법에서 용액을 세게 저어 주었을 때 미세전극(작업전극) 주위에서 용액의 흐름 3가지를 그림으로 나타내고 간단히 설명하시오.

4-1

$E = E_+ - E_-$

- $E_+ = 0.767V - \dfrac{0.05916}{1}\log\dfrac{[Fe^{2+}]}{[Fe^{3+}]}$ ⋯ ㉠

- $E_+ = 1.70V - \dfrac{0.05916}{1}\log\dfrac{[Ce^{3+}]}{[Ce^{4+}]}$ ⋯ ㉡

㉠과 ㉡을 더하면

$2E_+ = 0.767V - \dfrac{0.05916}{1}\log\dfrac{[Fe^{2+}]}{[Fe^{3+}]}$

$\qquad + 1.70V - \dfrac{0.05916}{1}\log\dfrac{[Ce^{3+}]}{[Ce^{4+}]}$

$\qquad = 2.467V - 0.05916\log\dfrac{[Fe^{2+}][Ce^{3+}]}{[Fe^{3+}][Ce^{4+}]}$

당량점에서 $[Ce^{3+}]$ = $[Fe^{3+}]$, $[Ce^{4+}]$ = $[Fe^{2+}]$이기 때문에 log항에서 농도비는 1이다.
따라서 대수항은 0이 되므로,

$2E_+ = 2.467V$

$E_+ = 1.23V$

∴ 전지전압 $E = E_+ - E$(수소전위) $= 1.23V - 0.00V = 1.23V$

4-2

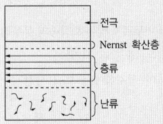

① Nernst 확산층 : 액체와 전극 사이의 마찰로 인해 전혀 움직이지 않는 얇은 용액층이다.
② 층류 : 흐름속도가 느리며, 매끄럽고 규칙적인 운동을 한다. 전극 표면 가까이에서 전극 표면과의 마찰로 인해 평행한 방향으로 미끄러져 나란히 움직인다.
③ 난류 : 불규칙적인 파동형 운동을 한다.

① 분배상수(K_c)

  ㉠ $K_c = \dfrac{c_S}{c_M}$

  여기서, c_S : 정지상 내의 용질의 농도

  c_M : 이동상 내의 용질의 농도

  ㉡ 용질이 이동상과 정지상 사이에 분배되는 정도의
  차이를 나타낸다.

② 머무름 시간(t_R)

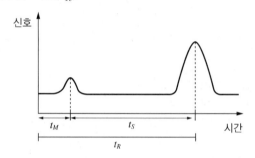

$t_R = t_M + t_S$

여기서, t_M : 칼럼에 머무르지 않는 화학종의 봉우리가
나타나는 데 걸린 시간

t_S : 분석물이 정지상에서 보낸 시간

③ 머무름 인자(k_A)

  ㉠ k_A : 용질 A의 이동상에서 보내는 시간에 대비한
  정지상에서 보내는 시간이다.

  ㉡ $k_A = \dfrac{t_R - t_M}{t_M} = \dfrac{t_S}{t_M} = \dfrac{1 - R_F}{R_F}$

④ 지연인자(R_F)

  $R_F = \dfrac{\text{시료가 이동한 거리}}{\text{용매가 이동한 거리}} = \dfrac{d_R}{d_M}$

⑤ 선택인자(α)

  ㉠ $\alpha = \dfrac{K_B}{K_A} = \dfrac{k_B}{k_A} = \dfrac{(t_R)_B - t_M}{(t_R)_A - t_M}$

  여기서, K_B : 강하게 붙잡히는 화학종 B의 분배
  상수

  K_A : 덜 붙잡힌 화학종 A의 분배상수

  k_B : B의 머무름인자

  k_A : A의 머무름인자

  ㉡ 선택인자는 항상 1보다 크다.

⑥ 칼럼효율

  ㉠ 칼럼효율은 단수 N이 커지고 단높이 H가 작을수
  록 증가한다.

  ㉡ 이론단수

  $N = \dfrac{L}{H}$

  여기서, N : 이론단수

  L : 칼럼 충전물의 길이

  H : 단 높이

  ㉢ 실험적 단수 결정

  $N = 16\left(\dfrac{t_R}{W}\right)^2$

  여기서, t_R : 봉우리의 머무름 시간

  W : 봉우리의 바탕선 너비

  ㉣ 칼럼의 분리능(R_S)

  • 두 용질 A, B를 분리하는 관의 능력을 말한다.

  $R_S = \dfrac{2[(t_R)_B - (t_R)_A]}{W_A + W_B}$

  여기서, W_A : 용질 A의 용리곡선 봉우리의 밑변
  의 너비

  W_B : 용질 B의 용리곡선 봉우리의 밑변
  의 너비

  • R_S는 $\sqrt{N}$에 비례한다.

  $R_S = \dfrac{\sqrt{N}}{4}\left(\dfrac{\alpha - 1}{\alpha}\right)\left(\dfrac{k_B{}'}{1 + k_B{}'}\right)$

⑦ 띠넓힘 현상(Van Deemter식)

$$H = A + \frac{B}{u} + Cu$$

여기서, A : 다중경로 효과 항(소용돌이 확산)

$\frac{B}{u}$: 세로방향 확산 항

Cu : 질량이동 항

크로마토그래피의 관 효율에 영향을 주는 변수 중 N은 이론단 수를 말한다. 이론단수(N)를 나타내는 ① 식을 쓰고, 이 식에 쓰이는 ② 각 변수의 의미를 쓰시오.

|해답|

① 식 : $N = \frac{L}{H}$

② 각 변수의 의미

- N : 이론단수
- L : 칼럼의 길이
- H : 단 높이

GC

① 운반기체

헬륨, 아르곤, 질소, 수소

② GC에 적합한 시료

㉠ 휘발성이 커야 한다.

㉡ 열에 안정적이어야 한다.

㉢ 분자량이 작아야 한다.

③ 열린 모세관 칼럼 종류

㉠ WCOT(벽도포 열린관 칼럼)

㉡ SCOT(지지체도포 열린관 칼럼)

㉢ PLOT(다공층 열린관 칼럼)

㉣ FSOT(용융실리카 열린관 칼럼)

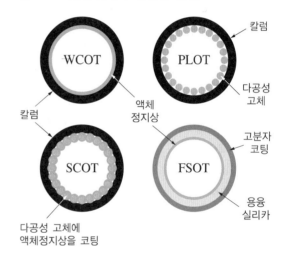

④ 온도프로그래밍

㉠ GC를 150℃에서 했을 때 낮은 분자량을 갖는 분자 는 분리가 잘 안되고 큰 분자량을 갖는 분자는 느리 게 나와 분리가 똑바로 일어나지 않으면, 온도를 50~250℃ 범위에서 매분 일정하게 올리는 온도프 로그래밍을 사용한다.

㉡ HPLC의 기울기 용리와 효과가 유사하다(분석결과 가 빨리 나오며, 피크가 뾰족하다).

⑤ 검출기

    ㉠ FID(불꽃이온화 검출기) : 탄화수소류

      • 유기물이 불꽃에서 연소될 때 전하를 띤 중간체가 생겨 불꽃을 통해 전류가 흐르는 것을 측정하여 검출한다.

    ㉡ TCD(열전도도 검출기) : 일반 검출기

      • He 등 가벼운 원소를 사용하여 분석물과 혼합 시 열전도도가 상대적으로 크게 감소하는 것을 이용한다.

    ㉢ ECD(전자포획 검출기) : 할로젠

      • 할로젠 함유 유기화합물에 선택적으로 감응한다.

      • 할로젠, 과산화물, 퀴논, 나이트로기와 같은 전기음성도 큰 작용기를 포함하는 분자에 감도가 매우 좋다.

    ㉣ MS(질량 분석기) : 어떤 화학종에도 적용

      • 질량 대 전하비를 측정한다.

    ㉤ TID(열이온 검출기) : 질소와 인 함유 화합물

    ㉥ 전해질 전도도(Hall) 검출기 : 할로젠, 황, 질소를 함유한 화합물

    ㉦ 광 이온화 검출기

⑥ 머무름 지수

    ㉠ 머무름 지수(N-Alkane)

      • I = 탄소수 × 100

      예 nonane(C9)의 $I = 9 \times 100 = 900$

    ㉡ 머무름 지수(N-Alkane 아닌 경우)

      • $I_x = 100 \times \left[n + (N-n) \right.$

$$\left. \times \frac{\log(tr_{미지시료}) - \log(tr_n)}{\log(tr_N) - \log(tr_n)} \right]$$

여기서, n : 작은 Alkane의 탄소원자 수

N : 큰 Alkane의 탄소원자 수

$tr_{미지시료}$: 미지시료의 머무름 시간

tr_n : 작은 Alkane의 머무름 시간

tr_N : 큰 Alkane의 머무름 시간

① 보호칼럼(Guard Column)

    ㉠ 용매 속에 들어 있는 입자상의 물질과 오염물질을 제거하여 분석칼럼의 수명을 연장시키기 위해 사용한다.

    ㉡ 분석칼럼으로부터 정지상 손실을 최소화할 수 있도록 정지상을 이동상으로 포화시켜주는 역할도 한다.

    ㉢ 충전물 조성은 분석용칼럼과 비슷하지만 일반적으로 입자크기가 더 크다.

    ㉣ 시료주입기와 분석칼럼 사이에 설치한다.

② 등용매 용리법

일정한 조성의 용매를 이동상으로 사용한다.

③ 기울기 용리법

    ㉠ 성질이 서로 다른 두 가지 이상의 용매를 시간에 따라 연속적으로 용리액의 농도비율을 변화시켜 이동상으로 사용하여 용리하는 방법이다.

    ㉡ 분석결과가 빨리 나오고, 봉우리가 뾰족하게 잘 나오는 장점이 있다.

    ㉢ $\frac{\Delta t}{tG} < 0.25$: 등용매 용리를 사용한다.

    ㉣ $\frac{\Delta t}{tG} > 0.4$: 기울기 용리를 사용한다.

    ㉤ $0.25 < \frac{\Delta t}{tG} < 0.4$: 등용매 용리와 기울기 용리 중 더 효율적인 것으로 선택하여 사용한다.

여기서, Δt : 첫 번째 봉우리와 마지막 봉우리의 머무름 시간의 차

tG : 기울기 시간

④ 검출기

    ㉠ UV-VIS Detector(자외선-가시광선 흡수 검출기)

    ㉡ ECD(전기화학 검출기)

    ㉢ ELSD(증기화 광산란 검출기)

    ㉣ RID(굴절률 검출기)

    ㉤ FLD(형광 검출기)

ⓗ MS(질량분석법 검출기)

⑤ 정상 크로마토그래피

   ㉠ 정지상 : 극성 용매(트라이에틸렌글라이콜, 물)

   ㉡ 이동상 : 상대적으로 비극성인 용매(헥세인, 이소 프로필에터)

   ㉢ 극성이 가장 작은 성분이 가장 먼저 용리된다.

⑥ 역상 크로마토그래피

   ㉠ 정지상 : 비극성 용매(탄화수소)

   ㉡ 이동상 : 상대적으로 극성인 용매(물, 메탄올, 아세 토나이트릴, 테트라하이드로퓨란)

   ㉢ 극성이 가장 큰 성분이 가장 먼저 용리된다.

   ㉣ 시료의 비극성을 증가시키면 머무름시간이 증가 한다.

⑦ 유기작용기의 극성 비교

지방족 탄화수소 < 올레핀 < 방향족 탄화수소 < 할 로젠 화합물 < 황화물 < 에터 < 나이트로 화합물 < 에스터, 알데하이드, 케톤 < 알코올, 아민 < 설폰 < 설폭사이드 < 아미드 < 카복실산 < 물

7-1. 기울기 용리에 대해 설명하시오.

7-2. 펜테인과 데케인의 조절 머무름 시간이 각각 10분과 24분이고, 미지시료의 조절 머무름 시간이 19분일 때 이 미지시료의 머무름 지수를 구하시오.

|해답|

7-1

서로 다른 2~3가지 이동상을 혼합하는 비율을 단계적으로 변화시키면서 용리하며, HPLC에서 분리효율을 높이기 위해 사용한다.

7-2

$$I_x = 100 \times \left[5 + (10-5) \times \frac{\log 19 - \log 10}{\log 24 - \log 10} \right] = 866.58$$

① 열 무게분석법(TGA)

  ㉠ 시료의 온도를 증가시키면서 시료의 무게를 시간 또는 온도의 함수로 기록한다.

  ㉡ 물질 무게 감소 : 시료가 분해되거나 증발했다.

  ㉢ 물질 무게 증가 : 시료가 대기 중의 성분을 흡수하거나 산화와 같은 화학 반응이 일어났다.

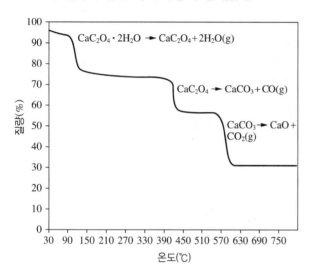

② 시차열법(DTA)과 시차주사열량 분석법(DSC)

  ㉠ DTA

    • 시료와 비활성 기준물질을 조절된 온도 프로그램으로 가열하면서 두 물질 간의 온도차를 온도의 함수로 측정하는 방법이다.

    • 물질이 물리적 변화나 화학 반응을 하면 열과 관련된 엔탈피 변화가 수반된다.

    • 흡열 : 녹음, 증발, 승화, 유리전이, 탈수, 분해, 산화-환원 등

    • 발열 : 응고, 분해, 산화-환원, 화학적 흡착 등

    • 주로 정성분석에 이용되고 시료의 분해나 기화를 확인할 수 있다.

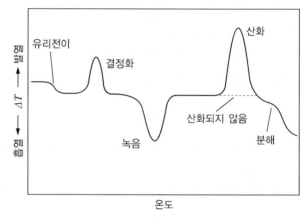

  ㉡ DSC

    • 시료와 기준물질 사이의 열흐름의 차이를 시료의 온도에 대하여 측정하는 분석법이다.

    • 엔탈피 변화와 열용량을 DTA보다 정확하게 측정할 수 있다.

    • DTA는 온도차이를 기록한다면, DSC는 에너지(열량) 차이를 측정한다.

    • 결정형 물질의 용융열과 결정화 정도를 정량할 수 있다.

핵심이론 01 측정데이터 신뢰성 확인하기

① 통계적 처리

　㉠ 도수분포표

　　• 주어진 자료를 관찰값 또는 계급 및 도수를 기록하여 나타낸 표이다.

　　　– 계급 : 설정된 구간이다.

　　　– 도수 : 중복되는 하나의 관찰값의 수 또는 한 구간 내에 존재하는 관찰값의 수이다.

　　• 자료의 크기가 큰 경우

　　　– 계급의 수를 결정해야 한다.

　　　– 계급의 수가 너무 작으면 자료의 분포 상태를 자세히 알기 어렵다.

　　　– 계급의 수가 너무 크면 자료의 전반적인 특징을 한눈에 파악하기 어려워 자료를 요약하는 기능을 상실한다.

　　　– 계급의 경계는 5, 10, 100 단위 등으로 선정하는 것이 자료 해석에 보다 용이하다.

　㉡ 막대그래프와 히스토그램

　　• 막대그래프 : 가로축을 변량으로, 세로축을 도수나 상대도수로 하여 나타낸 그래프이다.

　　• 히스토그램 : 계급에 의한 도수분포표를 그래프로 나타낼 때 가로축을 계급으로 하고, 세로축을 도수나 상태도수로 한 그래프이다.

　　• 도수분포다각형 : 연속형 히스토그램에서 직사각형 윗변의 중점을 차례로 선분으로 연결하고, 양 끝은 도수가 0인 계급이 하나씩 있는 것으로 간주하여 그 중점을 선분으로 연결하여 그린 다각형이다.

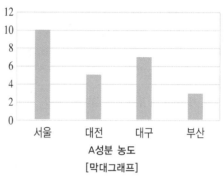

A성분 농도

[막대그래프]

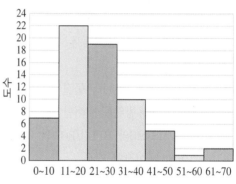

통근시간

[히스토그램]

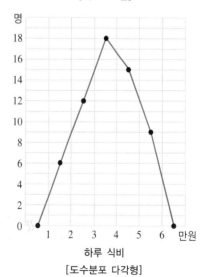

하루 식비

[도수분포 다각형]

① 재분석 사유

ㄱ 검정곡선 시료의 측정결과가 허용범위를 만족하지 못한 경우
  - 정량한계 농도에서의 S/N값이 5 미만일 경우
  - 정량한계 농도에서의 정확성이 80~120%를 벗어날 경우
  - 결정계수(R^2)가 0.99 미만일 경우

ㄴ 시료의 측정결과가 허용범위를 만족하지 못한 경우
  - 시료 중 33% 초과가 정확성 85~115% 기준을 벗어난 경우
  - 시료 중 67% 이상이 정확성 85~115% 기준을 만족하였으나 동일 농도에서 50% 초과하여 벗어난 경우

ㄷ 한 배치 내에서 내부표준물질의 평균 면적값의 변동계수가 허용범위를 벗어난 경우
  - HPLC/MS/MS와 HPLC/ECD의 경우 변동계수(CV) 30% 이상인 경우
  - HPLC/UV와 HPLC/FLD의 경우 변동계수(CV) 20% 이상인 경우
  - 시료 전처리 과정 중 유도체화 과정이 포함된 경우 변동계수(CV) 40% 이상인 경우

ㄹ 분석된 결과가 검정곡선의 상한값을 벗어난 경우

ㅁ 희석시료의 측정결과가 허용범위를 만족하지 못한 경우
  - 희석시료 중 33% 초과가 정확성 85~115% 기준을 벗어난 경우
  - 희석시료 중 67% 이상이 정확성 85~115% 기준을 만족하나 동일 농도에서 50%를 초과하여 벗어난 경우

ㅂ 측정시료의 전처리 과정에 기술적인 실수 또는 분석장비의 고장 등이 발생한 경우

ㅅ 시료의 측정과정이 기술적인 실수로 판단된 경우

ㅇ 분석물질의 유지시간이 그 배치 평균값의 ±20% 내에 들지 못한 경우

② 오차

ㄱ 실험 데이터에서의 오차의 종류
  - 가측오차 또는 계통오차 : 한 무리의 데이터의 평균이 참값과 차이가 나게 만든다.
  - 불가측오차 또는 우연오차 : 한 무리의 데이터를 평균 주위에 거의 대칭적으로 분포하게 한다.
  - 엉뚱오차 : 반복 측정하여 얻은 데이터들에 비해 상당히 차이가 나는 동떨어진 값을 갖게 하며, Q-Test를 통해 제외시킬지 결정한다.

ㄴ Q-Test
  - 데이터 집합의 이상치(Outlier)를 검정하고 구별해내는 것이다.
  - $Q_{계산} = \dfrac{|의심값 - 의심값에 근접한 값|}{범위} = \dfrac{간격}{범위}$
  - $Q_{계산}$값과 $Q_{표}$값을 비교하여 $Q_{계산}$값 > $Q_{표}$값이면 해당 데이터를 버린다.

2-1. 재분석 사유 중 검정곡선 시료의 측정결과가 허용범위를 만족하지 못한 경우 3가지를 쓰시오.

2-2. 데이터 7.55, 7.57, 7.64, 7.29, 7.89, 7.48 중에서 버려야 할 데이터가 있다면 그 데이터가 무엇인지 쓰고, 그 이유를 설명하시오.

데이터 수	4	5	6
90% 신뢰수준	0.76	0.64	0.56

2-3. 데이터 192, 195, 202, 204, 216에서 216을 버릴지 Q-test를 이용하여 결정하시오.

데이터 수	4	5	6
90% 신뢰수준	0.76	0.64	0.56

|해답|

2-1
① 정량한계 농도에서의 S/N값이 5 미만일 경우
② 정량한계 농도에서의 정확성이 80~120%를 벗어날 경우
③ 결정계수(R^2)가 0.99 미만일 경우

2-2
데이터를 순서대로 배열하면 7.29, 7.48, 7.55, 7.57, 7.64, 7.89이며, 가장 떨어져 있는 데이터는 7.89이다.

$$Q_{계산} = \frac{간격}{범위} = \frac{7.89 - 7.64}{7.89 - 7.29} = 0.42$$

$0.42(Q_{계산}) < 0.56(Q_{표})$

∴ 7.89는 버리지 않는다(즉, 버려야 할 데이터가 없다).

2-3

$$Q_{계산} = \frac{간격}{범위} = \frac{216 - 204}{216 - 192} = 0.5$$

$0.5(Q_{계산}) < 0.64(Q_{표})$

∴ $Q_{계산}$값이 $Q_{표}$값보다 작으므로, 216은 버리지 않는다.

핵심이론 03 분석 신뢰성 검증하기

① 신뢰구간

$$\mu = \bar{x} \pm \frac{ts}{\sqrt{n}}$$

여기서, $\bar{x}$: 평균
t : Student의 t값
s : 표본표준편차
n : 측정횟수

② t-시험
㉠ 두 개의 값에 우연오차가 없다고 했을 때, 계통오차가 있는지 확인하는 데 유용하다.
㉡ Student's t값을 사용한다.
• t 분포표

일방향 (One-sided)	75% (0.25)	80% (0.2)	85% (0.15)	90% (0.1)	95% (0.05)	97.5% (0.025)
양방향 (Two-sided)	50%	60%	70%	80%	90%	95%
1	1.000	1.376	1.963	3.078	6.314	12.71
2	0.816	1.080	1.386	1.886	2.920	4.303
3	0.765	0.978	1.250	1.638	2.353	3.182
4	0.741	0.941	1.190	1.533	2.132	2.776

일방향 (One-sided)	99% (0.01)	99.5% (0.005)	99.75% (0.0025)	99.9% (0.001)	99.95% (0.0005)
양방향 (Two-sided)	98%	99%	99.5%	99.8%	99.9%
1	31.82	63.66	127.3	318.3	636.6
2	6.965	9.925	14.09	22.33	31.60
3	4.541	5.841	7.453	10.21	12.92
4	3.747	4.604	5.598	7.173	8.610

3-1. 통계학적으로, 실험적으로 얻은 평균($\bar{x}$) 주위에 참 모집단 평균이 주어진 확률로 분포하는 것을 신뢰구간이라고 한다. ① 신뢰구간의 계산식과 ② 각 항이 나타내는 의미를 쓰시오.

3-2. 다음 물음에 답하시오.

① 데이터 509, 515, 516, 518, 520에서 509를 버릴지 Q-test를 이용하여 결정하시오.

데이터 수	5
90% 신뢰수준	0.642

② 95% 신뢰수준에서 참값이 있을 수 있는 신뢰구간을 구하시오.

[Student's t표(신뢰수준, 95%)]

자유도	3	4
Student's t	3.18	2.78

3-3. A물질의 함량 평균이 350이고 분산이 36일 때, 95% 신뢰수준에서 참값이 있을 수 있는 신뢰구간을 구하시오.

신뢰수준	90%	95%	99%
z	1.64	1.96	2.58

|해답|

3-1

① 계산식 : 신뢰구간 $= \bar{x} \pm \dfrac{ts}{\sqrt{n}}$

② 각 항이 나타내는 의미
- $\bar{x}$: 평균
- t : Student의 t값
- s : 표준편차
- n : 측정횟수

3-2

① Q-test

$$Q_{계산} = \frac{간격}{범위} = \frac{515-509}{520-509} = 0.545$$

$0.545(Q_{계산}) < 0.642(Q_{표})$

∴ $Q_{계산}$ 값이 $Q_{표}$ 값보다 작으므로, 509는 버리지 않는다.

② 신뢰구간

- $\bar{x} = \dfrac{509+515+516+518+520}{5} = 515.6$

- $s = \sqrt{\dfrac{\begin{array}{c}(509-515.6)^2 + (515-515.6)^2 + (516-515.6)^2 \\ + (518-515.6)^2 + (520-515.6)^2\end{array}}{5-1}}$

$= 4.1593$

∴ $\mu = \bar{x} \pm \dfrac{ts}{\sqrt{n}} = 515.6 \pm \dfrac{2.78 \times 4.1593}{\sqrt{5}} = 515.6 \pm 5.17$

3-3

- $\bar{x} = 350$
- $s = \sqrt{s^2} = \sqrt{36} = 6$

∴ $\mu = \bar{x} \pm (z \times s) = 350 \pm (1.96 \times 6) = 350 \pm 11.76$

핵심이론 01 물질안전보건자료 확인하기

① MSDS 작성항목(16개 항목)

> 1. 화학제품과 회사에 관한 정보
> - 제품명(경고표지상에 사용되는 것과 동일한 명칭 또는 분류코드를 기재한다)
> - 제품의 권고 용도와 사용상의 제한
> - 공급자 정보(제조자, 수입자, 유통업자 관계없이 해당 제품의 공급 및 물질안전보건자료 작성을 책임지는 회사의 정보를 기재하되, 수입품의 경우 문의사항 발생 또는 긴급 시 연락 가능한 국내 공급자 정보를 기재한다)
>   - 회사명
>   - 주소
>   - 긴급전화번호
> 2. 유해성·위험성
> - 유해성·위험성 분류
> - 예방조치문구를 포함한 경고표지 항목
>   - 그림문자
>   - 신호어
>   - 유해·위험문구
>   - 예방조치문구
> - 유해성·위험성 분류기준에 포함되지 않는 기타 유해성·위험성
>   예 분진 폭발 위험성 등
> 3. 구성성분의 명칭 및 함유량
>
> | 화학물질명 | 관용명 및 이명(異名) | CAS번호 또는 식별번호 | 함유량(%) |
> |---|---|---|---|
> | | | | |
>
> 4. 응급조치요령
> - 눈에 들어갔을 때
> - 피부에 접촉했을 때
> - 흡입했을 때
> - 먹었을 때
> - 기타 의사의 주의사항

> 5. 폭발·화재 시 대처방법
> - 적절한 (및 부적절한) 소화제
> - 화학물질로부터 생기는 특정 유해성(예 연소 시 발생 유해물질 등)
> - 화재 진압 시 착용할 보호구 및 예방조치
> 6. 누출사고 시 대처방법
> - 인체를 보호하기 위해 필요한 조치사항 및 보호구
> - 환경을 보호하기 위해 필요한 조치사항
> - 정화 또는 제거방법
> 7. 취급 및 저장방법
> - 안전취급요령
> - 안전한 저장방법(피해야 할 조건을 포함함)
> 8. 노출방지 및 개인보호구
> - 화학물질의 노출기준, 생물학적 노출기준 등
> - 적절한 공학적 관리
> - 개인보호구
>   - 호흡기 보호
>   - 눈 보호
>   - 손 보호
>   - 신체 보호
> 9. 물리·화학적 특성
> - 외관(물리적 상태, 색 등)
> - 냄새
> - 냄새 역치
> - pH
> - 녹는점/어는점
> - 초기 끓는점과 끓는점 범위
> - 인화점
> - 증발속도
> - 인화성(고체, 기체)
> - 인화 또는 폭발범위의 상한/하한
> - 증기압
> - 용해도
> - 증기밀도
> - 비중

- n 옥탄올/물 분배계수
- 자연발화온도
- 분해온도
- 점도
- 분자량

10. 안정성 및 반응성
- 화학적 안정성 및 유해반응의 가능성
- 피해야 할 조건(정전기 방전, 충격, 진동 등)
- 피해야 할 물질
- 분해 시 생성되는 유해물질

11. 독성에 관한 정보
- 가능성이 높은 노출경로에 관한 정보
- 건강 유해성 정보
  - 급성 독성(노출 가능한 모든 경로에 대해 기재)
  - 피부 부식성 또는 자극성
  - 심한 눈 손상 또는 자극성
  - 호흡기 과민성
  - 피부 과민성
  - 발암성
  - 생식세포 변이원성
  - 생식독성
  - 특정 표적장기 독성(1회 노출)
  - 특정 표적장기 독성(반복 노출)
  - 흡인 유해성
- ※ 가능성이 높은 노출경로에 관한 정보와 건강 유해성 정보를 합쳐서 노출경로와 건강 유해성 정보를 함께 기재할 수 있음

12. 환경에 미치는 영향
- 생태독성
- 잔류성 및 분해성
- 생물 농축성
- 토양 이동성
- 기타 유해 영향

13. 폐기 시 주의사항
- 폐기방법
- 폐기 시 주의사항(오염된 용기 및 포장의 폐기방법을 포함함)

14. 운송에 필요한 정보
- 유엔 번호
- 유엔 적정 선적명
- 운송에서의 위험성 등급

- 용기등급(해당하는 경우)
- 해양오염물질(해당 또는 비해당으로 표기)
- 사용자가 운송 또는 운송수단에 관련해 알 필요가 있거나 필요한 특별한 안전대책

15. 법적 규제현황
- 산업안전보건법에 의한 규제
- 화학물질관리법에 의한 규제
- 위험물안전관리법에 의한 규제
- 폐기물관리법에 의한 규제
- 기타 국내 및 외국법에 의한 규제

16. 그 밖의 참고사항
- 자료의 출처
- 최초 작성일자
- 개정횟수 및 최종 개정일자
- 기타

② 유해성 · 위험성 분류기준

㉠ 물리적 위험성 물질(16가지)

- 폭발성 물질 : 자체의 화학반응에 따라 주위환경에 손상을 줄 수 있는 정도의 온도 · 압력 및 속도를 가진 가스를 발생시키는 고체 · 액체 또는 혼합물을 말한다.
- 인화성 가스 : 20℃, 표준압력(101.3kPa)에서 공기와 혼합하여 인화되는 범위에 있는 가스와 54℃ 이하 공기 중에서 자연발화하는 가스를 말한다(혼합물을 포함한다).
- 인화성 액체 : 표준압력(101.3kPa에서 인화점이 93℃ 이하인 액체를 말한다.
- 인화성 고체 : 쉽게 연소되거나 마찰에 의하여 화재를 일으키거나 촉진할 수 있는 물질을 말한다.
- 에어로졸 : 재충전이 불가능한 금속 · 유리 또는 플라스틱 용기에 압축가스 · 액화가스 또는 용해가스를 충전하고 내용물을 가스에 현탁시킨 고체나 액상입자로, 액상 또는 가스상에서 폼 · 페이스트 · 분말상으로 배출되는 분사장치를 갖춘 것을 말한다.

- 물반응성 물질 : 물과 상호작용을 하여 자연발화되거나 인화성 가스를 발생시키는 고체·액체 또는 혼합물을 말한다.
- 산화성 가스 : 일반적으로 산소를 공급함으로써 공기보다 다른 물질의 연소를 더 잘 일으키거나 촉진하는 가스를 말한다.
- 산화성 액체 : 그 자체로는 연소하지 않더라도, 일반적으로 산소를 발생시켜 다른 물질을 연소시키거나 연소를 촉진하는 액체를 말한다.
- 산화성 고체 : 그 자체로는 연소하지 않더라도 일반적으로 산소를 발생시켜 다른 물질을 연소시키거나 연소를 촉진하는 고체를 말한다.
- 고압가스 : 20℃, 200kPa 이상의 압력하에서 용기에 충전되어 있는 가스 또는 냉동액화가스 형태로 용기에 충전되어 있는 가스를 말한다(압축가스, 액화가스, 냉동액화가스, 용해가스로 구분한다).
- 자기반응성 물질 : 열적(熱的)인 면에서 불안정하여 산소가 공급되지 않아도 강렬하게 발열·분해하기 쉬운 액체·고체 또는 혼합물을 말한다.
- 자연발화성 액체 : 적은 양으로도 공기와 접촉하여 5분 안에 발화할 수 있는 액체를 말한다.
- 자연발화성 고체 : 적은 양으로도 공기와 접촉하여 5분 안에 발화할 수 있는 고체를 말한다.
- 자기발열성 물질 : 주위의 에너지 공급 없이 공기와 반응하여 스스로 발열하는 물질을 말한다(자기발화성 물질은 제외한다).
- 유기과산화물 : 2가의 −O−O− 구조를 가지고 1개 또는 2개의 수소원자가 유기라디칼에 의하여 치환된 과산화수소의 유도체를 포함한 액체 또는 고체 유기물질을 말한다.
- 금속 부식성 물질 : 화학적인 작용으로 금속에 손상 또는 부식을 일으키는 물질을 말한다.

ⓛ 건강 유해성 물질(11가지)

- 급성 독성 물질 : 입 또는 피부를 통하여 1회 투여 또는 24시간 이내에 여러 차례로 나누어 투여하거나 호흡기를 통하여 4시간 동안 흡입하는 경우 유해한 영향을 일으키는 물질을 말한다.
- 피부 부식성 또는 자극성 물질 : 접촉 시 피부조직을 파괴하거나 자극을 일으키는 물질을 말한다(피부 부식성 물질 및 피부 자극성 물질로 구분한다).
- 심한 눈 손상성 또는 자극성 물질 : 접촉 시 눈 조직의 손상 또는 시력의 저하 등을 일으키는 물질을 말한다(눈 손상성 물질 및 눈 자극성 물질로 구분한다).
- 호흡기 과민성 물질 : 호흡기를 통하여 흡입되는 경우 기도에 과민반응을 일으키는 물질을 말한다.
- 피부 과민성 물질 : 피부에 접촉되는 경우 피부 알레르기 반응을 일으키는 물질을 말한다.
- 발암성 물질 : 암을 일으키거나 그 발생을 증가시키는 물질을 말한다.
- 생식세포 변이원성 물질 : 자손에게 유전될 수 있는 사람의 생식세포에 돌연변이를 일으킬 수 있는 물질을 말한다.
- 생식독성 물질 : 생식기능, 생식능력 또는 태아의 발생·발육에 유해한 영향을 주는 물질을 말한다.
- 특정 표적장기 독성 물질(1회 노출) : 1회 노출로 특정 표적장기 또는 전신에 독성을 일으키는 물질을 말한다.
- 특정 표적장기 독성 물질(반복 노출) : 반복적인 노출로 특정 표적장기 또는 전신에 독성을 일으키는 물질을 말한다.
- 흡인 유해성 물질 : 액체 또는 고체 화학물질이 입이나 코를 통하여 직접적으로 또는 구토로 인하여 간접적으로, 기관 및 더 깊은 호흡기관으로

유입되어 화학적 폐렴, 다양한 폐 손상이나 사망과 같은 심각한 급성 영향을 일으키는 물질을 말한다.

ⓒ 환경 유해성 물질(2가지)
 • 수생환경 유해성 물질 : 단기간 또는 장기간의 노출로 수생생물에 유해한 영향을 일으키는 물질을 말한다.
 • 오존층 유해성 물질 : 오존층 보호를 위한 특정물질의 제조규제 등에 관한 법률에 따른 특정물질을 말한다.

③ 화학물질 분류에 따른 그림문자
ⓐ 물리적 위험성 물질

폭발성 물질	인화성 가스	에어로졸	산화성 가스
고압가스	인화성 액체	인화성 고체	자기반응성 물질 및 혼합물
자연발화성 액체	자연발화성 고체	자기발열성 물질 및 혼합물	물반응성 물질 및 혼합물
산화성 액체	산화성 고체	유기과산화물	금속 부식성 물질

ⓑ 건강 유해성 및 환경 유해성 물질

급성 독성	피부 부식성	피부 자극성	심한 눈 손상성
눈 자극성	호흡기 과민성	피부 과민성	생식세포 변이원성
발암성	생식독성	특정 표적장기 독성 – 1회 노출	특정 표적장기 독성 – 반복 노출
흡인 유해성	수생환경 유해성	오존층 유해성	

④ 경고표지(예시)

벤젠(CAS No.71-43-2)

신호어
 • 위험

유해 · 위험문구
 • 고인화성 액체 및 증기
 • 삼키면 유해함
 • 삼켜서 기도로 유입되면 치명적일 수 있음
 • 피부에 자극을 일으킴
 • 눈에 심한 자극을 일으킴
 • 유전적인 결함을 일으킬 수 있음
 • 암을 일으킬 수 있음
 • 장기간 또는 반복 노출되면 신체 중 (중추신경계, 조혈계)에 손상을 일으킴
 • 장기적인 영향에 의해 수생생물에게 유해함

예방조치문구
예방 | • 열, 스파크, 화염, 고열로부터 멀리한다. – 금연
  • 이 제품을 사용할 때에는 먹거나, 마시거나 흡연하지 않는다.
  • 미스트, 증기, 스프레이를 흡입하지 않는다.
  • 보호장갑, 보호의, 보안경을 착용한다.
대응 | • 피부(또는 머리카락)에 묻으면 오염된 모든 의복은 벗거나 제거한다.
  피부를 물로 씻는다. / 샤워한다.
  • 눈에 묻으면 몇 분간 물로 조심해서 씻는다.
  가능하면 콘택트렌즈를 제거한 후 계속 씻는다.
  • 입을 씻어낸다.
  • 토하게 하지 않는다.
저장 | • 환기가 잘 되는 곳에 보관하고 저온으로 유지한다.
  • 잠금장치가 있는 저장장소에 저장한다.
폐기 | • (관련 법규에 명시된 내용에 따라) 내용물·용기를 폐기한다.

공급자 정보
XX상사, 서울시 OO구 OO대로 OO(02-0000-0000)

1-1. 다음 그림문자가 나타내는 물리적 위험성 물질을 각각 3가지를 쓰시오.

1-2. 시약병 외부에 붙어 있는 경고표지에 작성해야 되는 항목 6가지를 쓰시오.

1-3. MSDS 작성항목 16가지 중 6가지를 적으시오.

|해답|

1-1
① 자연발화성 물질, 인화성 물질, 물반응성 물질
② 발암성 물질, 생식독성 물질, 흡인 유해성 물질

1-2
① 제품명 ② 그림문자
③ 신호어 ④ 유해·위험문구
⑤ 예방조치문구 ⑥ 공급자 정보

1-3
① 화학제품과 회사에 관한 정보
② 유해성·위험성
③ 구성성분의 명칭 및 함유량
④ 응급조치요령
⑤ 폭발·화재 시 대처방법
⑥ 누출사고 시 대처방법
⑦ 취급 및 저장방법
⑧ 노출방지 및 개인보호구
⑨ 물리·화학적 특성
⑩ 안정성 및 반응성
⑪ 독성에 관한 정보
⑫ 환경에 미치는 영향
⑬ 폐기 시 주의사항
⑭ 운송에 필요한 정보
⑮ 법적 규제현황
⑯ 그 밖의 참고사항

핵심이론 02 화학반응 확인하기

① 폭발성 물질 안전대책
  ㉠ 사고예방단계
    • MSDS를 비치하고 교육한다.
    • 화학물질을 성상별로 분류하여 보관한다.
    • 폐액 종류별로 분리하여 보관하고, 주의사항 등 라벨을 부착한다.
    • 폭발에 대비하여 대피소를 지정한다.
  ㉡ 사고대응단계(화재, 폭발)
    • 주변 연구자들에게 사고를 전파한다.
    • 위험성이 높지 않으면 초기에 빠르게 진화한다.
    • 2차 재해에 대비하여 폭발 대피소로 신속히 대피한다.
    • 유해가스 등의 흡입을 방지하기 위한 개인보호구를 착용한다.
  ㉢ 사고복구단계
    • 사고원인조사를 위해 현장을 보존하되, 2차 사고가 발생하지 않도록 조치하는 정도로만 정리정돈한다.
    • 부상자 가족에게 사고내용을 전달하고 대응한다.
    • 피해복구 및 재발방지 대책을 마련한다.

② 독성물질 안전대책
  ㉠ 사고예방단계
    • MSDS를 비치하고 교육한다.
    • 독성가스용기는 옥외저장소 또는 실린더캐비닛 내에 설치한다.
    • 상시 가스누출검사를 실시한다.
  ㉡ 사고대응단계(독성물질 누출)
    • 독성물질 누출사실을 직원들에게 전파하고 신속히 대피한다.
    • 안전이 확보되는 범위 내에서 사고확대 방지를 위해 독성물질이 공급되는 밸브를 차단한다.
    • 대피 시 출입문, 방화문 등을 닫아 피해확산을 방지한다.

© 사고복구단계
- 사고원인조사를 위해 현장을 보존하되, 2차 사고가 발생하지 않도록 조치하는 정도로만 정리정돈한다.
- 부상자 가족에게 사고내용을 전달하고 대응한다.
- 피해복구 및 재발방지 대책을 마련한다.

핵심예제

실험실 내부에 독성물질이 누출되었을 때 취해야 할 행동에 대해 설명하시오.

|해답|
- 독성물질 누출사실을 직원들에게 전파하고 신속히 대피한다.
- 안전이 확보되는 범위 내에서 사고확대 방지를 위해 독성물질이 공급되는 밸브를 차단한다.
- 대피 시 출입문, 방화문 등을 닫아 피해확산을 방지한다.

핵심이론 03 위험요소 확인하기 – 안전보건표지

① 금지표지
  ㉠ 테두리 : 빨간색
  ㉡ 배경 : 흰색
  ㉢ 그림 : 검은색

출입금지	보행금지	차량통행금지	사용금지
탑승금지	금연	화기금지	물체이동금지

② 경고표지
  ㉠ 테두리 : 빨간색(마름모), 검은색(세모)
  ㉡ 배경 : 흰색(마름모), 노란색(세모)
  ㉢ 그림 : 검은색

인화성 물질 경고	산화성 물질 경고	폭발성 물질 경고
급성 독성 물질 경고	부식성 물질 경고	방사성 물질 경고
고압전기 경고	매달린 물체 경고	낙하물 경고
고온 경고	저온 경고	몸균형 상실 경고
레이저 광선 경고	발암성 · 변이원성 · 생식독성 · 전신독성 · 호흡기 과민성 물질 경고	위험장소 경고

③ 지시표지

　　㉠ 배경 : 파란색

　　㉡ 그림 : 흰색

보안경 착용	방독마스크 착용	방진마스크 착용
보안면 착용	안전모 착용	귀마개 착용
안전화 착용	안전장갑 착용	안전복 착용

④ 안내표지

　　㉠ 배경 : 녹색

　　㉡ 그림 : 흰색

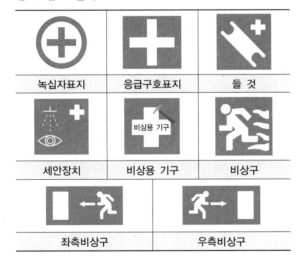

녹십자표지	응급구호표지	들 것
세안장치	비상용 기구	비상구
좌측비상구		우측비상구

다음 안전보건표지의 의미를 설명하시오.

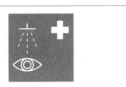

|해답|

해당 구역에 세안장치가 있음을 안내한다.

핵심이론 01 화학물질 특성 확인하기

① **노출기준**
- ㉠ 근로자가 유해인자에 노출되는 경우 노출기준 이하 수준에서는 거의 모든 근로자에게 건강상 나쁜 영향을 미치지 아니하는 기준을 말한다.
- ㉡ 표시방법
  - 1일 작업시간 동안의 시간가중평균노출기준(TWA ; Time Weighted Average)
  - 단시간노출기준(STEL ; Short Term Exposure Limit)
  - 최고노출기준(C ; Ceiling)

② **시간가중평균노출기준(TWA)**
- ㉠ 1일 8시간 작업을 기준으로 하여 유해인자의 측정치에 발생시간을 곱하여 8시간으로 나눈 값을 말한다.
- ㉡ TWA 환산값 $= \dfrac{C_1 T_1 + C_2 T_2 + \cdots + C_n T_n}{8}$

  여기서, C : 유해인자의 측정값(단위 : ppm, mg/m^3 또는 개/cm^3)

  T : 유해인자의 발생시간(단위 : h)

③ **단시간노출기준(STEL)**
- ㉠ 15분간의 시간가중평균노출값이다.
- ㉡ 노출농도가 시간가중평균노출기준(TWA)을 초과하고 단시간노출기준(STEL) 이하인 경우에는 1회 노출 지속시간이 15분 미만이어야 하고, 이러한 상태가 1일 4회 이하로 발생하여야 하며, 각 노출의 간격은 60분 이상이어야 한다.

④ **최고노출기준(C)**
- ㉠ 근로자가 1일 작업시간 동안 잠시라도 노출되어서는 아니 되는 기준을 말한다.
- ㉡ 노출기준 앞에 'C'를 붙여 표시한다.

⑤ **혼합물의 노출기준** : 화학물질이 2종 이상 혼재하는 경우에 혼재하는 물질 간에 유해성이 인체의 서로 다른 부위에 작용한다는 증거가 없는 한 유해작용은 가중되므로 노출기준은 다음 식에 따라 산출하되, 산출되는 수치가 1을 초과하지 아니하는 것으로 한다.

$$\frac{C_1}{T_1} + \frac{C_2}{T_2} + \cdots + \frac{C_n}{T_n}$$

여기서, C : 화학물질 각각의 측정치

T : 화학물질 각각의 노출기준

핵심예제

1-1. 시간가중평균노출기준의 의미를 쓰시오.

1-2. A물질을 제조하는 공장의 근로자가 10시간 근무할 때 OSHA의 보정방법을 이용하여 TWA-TLV(ppm)를 구하시오 (단, A물질의 TWA-TLV는 15ppm이다).

1-3. 화학물질이 2종 이상 혼재하는 경우의 노출기준을 산출하는 식을 C_i와 T_i를 사용해 표현하시오(단, C_i는 i물질에 대한 측정치, T_i는 i물질에 대한 노출기준을 의미한다).

| 해답 |

1-1
1일 8시간 작업을 기준으로 하여 유해인자의 측정치에 발생시간을 곱하여 8시간으로 나눈 값을 말한다.

1-2
$$15\text{ppm} \times \frac{8\,\text{h}}{10\,\text{h}} = 12\text{ppm}$$

1-3
$$\frac{C_1}{T_1} + \frac{C_2}{T_2} + \cdots + \frac{C_i}{T_i}$$

핵심이론 02 분석환경 관리하기

① 환경 조건
   ㉠ 시험실은 수행하는 시험에 적합하고, 시험설비 및 부대 물품들을 충분히 수용할 수 있도록 공간을 확보한다.
   ㉡ 시험실의 온도, 습도 등의 환경 조건
      • 온도 : $20\pm15\,^{\circ}\text{C}$
      • 습도 : 80%RH 이하
   ㉢ 측정 2시간 전까지는 환경 조건이 만족한 상태가 되어야 한다.
② 정기점검
   ㉠ 주변 잡음 : 연 2회
   ㉡ 시험장 감쇄량 : 연 2회
   ㉢ 전자계 균일성 : 연 2회/필요시 수시
   ㉣ 온도, 습도, 조도 및 기압 : 1회/일 또는 연속 기록
③ 유해 독극물 관리 : 유해 독극물은 시건장치가 있는 별도의 지정된 장소에 보관하여 표지 및 경고문구를 붙인다.

핵심예제

시험실의 일반적인 온도, 습도 환경 조건을 쓰시오.

| 해답 |
온도는 $20\pm15\,^{\circ}\text{C}$, 습도는 80%RH 이하로 관리한다.

① 폐기물 처리 수칙 및 주의사항

  ㉠ 시약은 필요한 만큼만 시약병에 덜어서 사용하고, 남은 시약은 재사용하지 않고 폐기한다.

  ㉡ 폐시약을 수집할 때는 성분별로 폐산, 폐알칼리, 폐할로젠, 폐비할로젠 유기용제, 폐유 등으로 구분하여 보관용기에 보관한다.

  ㉢ 폐시약 원액은 보관용기 자체를 변형시킬 우려가 있으므로 희석 처리하여 폐기한다.

  ㉣ 폐시약병은 내부를 세척제로 3회 이상 세척하여 냄새가 나지 않게 하고, 이물질이 없도록 하여 별도로 분리 배출한다.

  ㉤ 시약을 취급한 기구나 용기 등을 세척한 세척수도 폐액 보관용기에 보관한다.

  ㉥ 폐액 보관용기에 유리병 등 이물질을 투입하지 않는다.

  ㉦ 폐액 보관용기는 저장량을 주기적으로 확인하고 폐수 처리장에 처리한다.

  ㉧ 폐수 처리 대장을 작성 및 보관한다.

  ㉨ 폐액 처리 중 유독가스의 발생, 발열, 폭발 등의 위험을 충분히 조사하고, 폐액 보관용기에 버려지는 폐액은 소량으로 나누어 넣는다.

  ㉩ 폭발성 물질을 함유하는 폐액은 보다 조심히 취급한다.

  ㉪ 간단한 제거로 처리하기 어려운 폐액은 적당한 처리를 강구하여 무처리 상태로 방출되는 일이 없도록 주의한다.

  ㉫ 유해물질이 부착된 거름종이, 약봉지, 폐활성탄 등은 소각 등의 적당한 처리를 한 후 잔사를 보관한다.

② 폐액 보관용기 관리 수칙

  ㉠ 폐액처리 시 반드시 보호구를 착용한다.

  ㉡ 폐액 보관용기를 운반할 때는 손수레와 같은 안전한 운반구 등을 이용하여 운반하고, 반드시 2인 이상이 개인보호장구를 착용하고 운반한다.

  ㉢ 원액 폐기 시 용기 변형이 우려되므로 별도로 희석 처리 후 폐기한다.

  ㉣ 폐액은 성분별로 구분하여 폐액 보관용기에 맞게 분류한다.

  ㉤ 분류한 폐액 외에 다른 폐액의 혼합 금지 및 기타 이물질의 투입을 금지한다.

  ㉥ 폐액 유출이나 악취 차단을 위해 이중마개로 밀폐하고, 밀폐 여부를 수시로 확인한다.

  ㉦ 화기 및 열원에 안전한 지정 보관 장소를 정하고, 다른 장소로의 이동을 금지한다.

  ㉧ 직사광선을 피하고 통풍이 잘되는 곳에 보관하고 복도 및 계단 등에 방치하면 안 된다.

  ㉨ 폐액 보관용기 주변은 항상 청결히 하고 수시로 정리 정돈한다.

  ㉩ 폐액 수집량은 용기의 2/3를 넘기지 않고, 보관일은 폐기물관리법 시행규칙 [별표 5]의 규정에 따라 폐유 및 폐유기용제 등은 보관 시작일부터 최대 45일을 초과하지 않는다.

  ㉪ 폐액처리 대장을 작성하여 보관한다.

핵심예제

폐산·폐알칼리·폐유 및 폐유기용제 등은 보관이 시작된 날부터 최대 며칠을 초과하지 않아야 하는지 쓰시오.

|해답|

45일

분석결과보고서 작성

핵심이론 **01** 분석결과보고서

① 시험·검사결과의 기록방법

ㄱ 시험·검사결과값의 수치와 단위는 한 칸 띄운다.

예 12.10 g, 7.1 cm, 59 %, 25 ℃

ㄴ 약어를 단위로 사용하지 않는다.

예 5 sec (×) → 5 s

ㄷ 접두어 기호와 단위 기호는 붙여 쓰고, 접두어는 소문자로 쓴다.

예 km, mL

ㄹ 범위로 표현되는 수치는 단위를 각각 붙인다.

예 70%~80%

ㅁ 단위 리터는 L 또는 l로 쓸 수 있으나 혼동을 피하기 위해 L로 쓰는 것을 권장한다.

ㅂ ppm 등은 정확한 단위(mg/kg) 또는 백만분율(10^{-6}) 등으로 표기한다.

② 분석결과보고서 작성

ㄱ 분석결과보고서 : 정해진 시험방법에 따라 시험한 결과가 정해진 규격에 적합한지의 여부를 판정하는 문서이다.

ㄴ 분석결과보고서의 작성항목

• 품명

• 제조번호

• 제조일자

• 의뢰번호, 접수번호, 시험번호

• 시험일자

• 채취일자, 채취장소, 채취자, 채취방법

• 시험담당자

• 시험항목

• 시험기준

• 시험결과

• 판정자, 판정결과

핵심예제

1-1. 다음 중 시험·검사결과의 기록방법이 잘못된 것을 고르고, 알맞게 고치시오.

(가) 15sec   (나) 55 mL

1-2. 3.0 ppm을 백만분율로 나타내시오.

1-3. 1 ppm을 mg/kg으로 나타내시오.

1-4. 분석결과보고서의 작성항목을 6가지만 쓰시오.

1-5. 분석결과보고서 작성항목 중 채취와 관련된 항목 4가지를 쓰시오.

|해답|

1-1
(가) 15 s

1-2
3.0×10^{-6}

1-3
1 mg/kg

1-4
① 품명   ② 제조일자   ③ 시험일자
④ 시험담당자   ⑤ 시험기준   ⑥ 시험결과

1-5
① 채취일자   ② 채취장소   ③ 채취자
④ 채취방법

핵심이론 01 분석장비 검·교정하기

① 장비 검·교정 절차

㉠ 표준교정절차서

- 표준교정절차서는 국제기준에 부합하는 교정항목, 방법, 절차 및 불확도 계산 등의 교정값 처리 절차를 제공한다.
- 측정기는 일정 성능의 유지를 위해 주기적인 교정을 한다.

㉡ 장비 검·교정 절차

- 기술책임자는 고객의 요구사항을 만족시키는 규격, 시험에 적절한 샘플링 방법, 실험실의 검·교정 표준에 명시된 방법, 국제·지역·국가규격으로 발간된 규격, 규격의 최신판 이용, 일관된 적용을 보장하기 위해 추가 세부사항 규격으로 보완 등의 사항을 고려하여 적절한 검·교정 방법을 선정한다.
- 고객이 검·교정 방법을 지정하지 않은 경우에는 국제, 지역, 국가규격으로 발간된 방법이나 저명한 기술기관이 발행한 서적 등에 발표된 방법 등으로 적절한 방법을 선택한다.
- 한국생산기술연구원의 검·교정 표준에 기술되어 있는 검·교정 방법이 사용한 목적에 적합하고, 유효성을 확인한 후에 사용이 가능하다.
- 기술책임자는 검·교정 항목별 국내외 규격 및 유효화된 시험 방법을 공용 실험실별로 수립하고, 검·교정 표준에 등록된 해당 시험/교정 방법에 따라 검·교정 업무가 수행되도록 관리한다.

② 분석기기 교정

㉠ 초기교정은 분석기기가 안정화된 후 분석을 시작하기 전에 수행한다.

㉡ 초기교정에 대한 검증은 분석과정 중에 수시교정용 표준용액 또는 표준가스로 한다.

㉢ 수시교정용 표준용액 또는 표준가스에 의한 초기교정에 대한 검증이 허용기준을 초과할 경우에는 초기교정을 다시 실시하여 분석한다.

㉣ 바탕시료와 3개 이상의 농도를 만들어 검정곡선을 작성한다.

㉤ 점검 후 작성하는 문서에 포함되어야 하는 사항

- 측정기의 조작에 대한 설명
- 절차
- 교정이나 성능점검에 대한 허용기준
- 사용빈도
- 시료품질관리상태
- 유지절차 등

③ 분석기기 검정

㉠ 초기검정

- 분석대상 분석표준물질의 최소 5개 농도를 가지고 초기검정을 수행한다.
- 가장 낮은 농도는 LOQ(최소 정량한계)이어야 한다.
- 가장 높은 농도는 정량범위의 가장 높은 농도거나 그와 비슷한 농도로 한다.
- 농도범위는 실제 시료에 존재하는 농도를 내포해야 하고, 농도 간의 차이는 10배수 이하인 검정 농도를 선택한다.
- 감응인자 또는 검정인자를 사용할 경우 각각의 분석물질에 대한 RSD(상대표준편차)가 20% 이하여야 한다.

- 선형회귀방법을 사용할 경우 상관계수는 0.995 이상이어야 하고, 검정곡선이 작성되었다면 검정곡선을 이용하여 각각의 검정 점들을 다시 계산하여 그 값들은 ±20% 이내에 존재하여야 한다.
- 시료정량을 위한 것이 아니라 단지 초기검정에 대한 점검을 위해서는 수시검정 방법을 사용하고, 기기가 설치되고 수시검정 기준이 없을 때는 초기검정을 수행한다.
ⓒ 수시검정
- 검정표준용액을 분석함으로써 기기 성능이 초기검정으로부터 심각하게 변하지 않았다는 것을 주기적으로 검증하는 것이다.
- GC분석의 경우 매 10개 시료마다, GC/MS 분석의 경우에는 매 20개 시료마다 또는 매 12시간마다 또는 더 자주 수시검정을 수행한다.
- 정량범위에 있는 수시검정 표준용액의 실제 농도를 변화시키면서 초기검정에 사용했던 분석표준용액의 한 개 이상의 농도를 사용하여 수시검정을 수행한다.
- 허용기준 : 검정 표준용액의 알고 있는 값이나 기대되는 값에 비하여 ±20%(80~120% 회수율) 이내에 있어야 한다.
- 허용기준을 만족하지 않는다면 수시검정 표준용액을 다시 분석하거나 초기검정을 다시 수행한다.
④ 분석장비의 일반적인 검·교정곡선 작성 절차
ⓐ 시험방법에 따라 최적 범위 안에서 교정용 표준물질과 바탕시료를 사용해 검정곡선을 그린다.
ⓑ 계산된 상관계수에 의해 곡선의 허용 혹은 허용불가를 결정한다.
ⓒ 검정곡선을 검증하기 위해 연속교정표준물질(CCS)을 사용해 교정한다. 검증된 값의 5% 이내에 있어야 한다.

ⓓ 교정검증표준물질(CVS)을 사용해 교정한다. 이는 교정용 표준물질과 다른 것을 사용한다. 초기교정이 허용되기 위해서는 참값의 10% 이내에 있어야 한다.
ⓔ 분석법에 시료 전처리가 포함되어 있다면 바탕시료와 실험실관리표준물질(LCS)을 시료와 같은 방법으로 전처리하여 측정한다. 그 결과는 참값의 15% 이내에 있어야 한다.
ⓕ 10개 시료단위로 시료군을 만들어 분석하며, 시료군에는 바탕시료·첨가시료·복수시료 등을 포함한다.
ⓖ 10개의 시료를 분석한 후에 연속교정표준물질(CCS)로 검정곡선을 검증한다. 검증값의 5% 이내에 있어야 한다.
ⓗ 검정곡선을 교정검증표준물질(CVS)로 검증하여 그 결과가 10% 이내이면 분석을 계속한다.
ⓘ CCS 또는 CVS가 허용범위에 들지 못했을 경우 분석을 멈추고 다시 새로운 초기교정을 실시한다.
⑤ 검정곡선(Calibration Curve)
ⓐ 지시값과 측정값 사이의 관계이다.
ⓑ 측정 불확도에 관한 정보는 포함하지 않으므로 측정결과를 나타내는 것은 아니다.
ⓒ 검정곡선은 반드시 시료를 분석할 때마다 새로 작성하여야 한다.
ⓓ 한 개의 시료군의 분석이 하루를 넘길 경우라도 가능한 2일을 초과하지 않아야 하며, 3일 이상 초과한다면 검정곡선을 새로 작성한다.
ⓔ 검정곡선은 최소한 바탕시료와 표준물질 1개 이상을 사용하여 단계별 농도로서 작성한다.
ⓕ 검정곡선의 상관계수는 1에 가까울수록 좋으며, 0.9998 이상이 바람직하다.

⑥ 검정곡선 검증

　　㉠ 측정장비와 시험방법의 검정곡선 확인을 위해 시료 분석 시마다 실시한다.

　　㉡ 검정곡선 확인에 필요한 시료는 바탕시료와 측정항 목의 표준물질 한 개 농도로 최소 2개 시료로 검증 한다.

　　㉢ 모든 확인은 시료의 분석 이전에 수행하여 시스템 을 재검정한다.

　　㉣ 검정결과 관리기준 : 일반적으로 90~110%이다.

　　㉤ 실험 수행 중에는 표준용액의 이상 발생, 측정장비 의 편차나 편향을 확인하기 위해 초기 검정곡선 확 인 이후 주기적으로 검정곡선 검증을 실시한다.

　　㉥ 최초 검정곡선 검증용 표준시료(표준용액)를 시료 10개 또는 20개 단위로 검증하거나 시료군별로 실 시하고, 분석시간이 긴 경우는 8시간 간격으로 실 시한다.

교육이란 사람이 학교에서 배운 것을
잊어버린 후에 남은 것을 말한다.

-알버트 아인슈타인-

Win-Q

화학분석기사

2009~2022년   과년도 기출복원문제

2023년   최근 기출복원문제

PART

2

필답형 과년도 + 최근 기출복원문제

01 다음 ^{1}H-NMR Spectrum과 같이 0.97ppm에서 3중 봉우리, 1.64ppm에서 12중 봉우리, 2.37ppm에서 6중 봉우리, 9.76ppm에서 3중 봉우리를 나타내는 물질의 구조식을 그리시오(단, 분석물질은 분자량이 72이고, C, H, O로만 구성되어 있다).

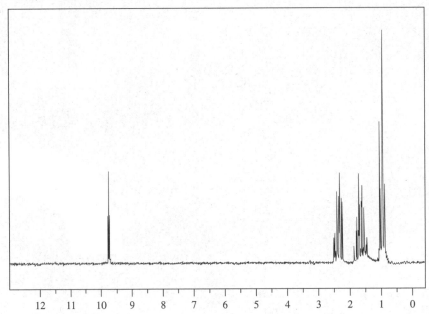

해답

02 미지시료의 농도는 A = 1.01mg/mL, B = 1.17mg/mL이고, 미지시료의 피크면적은 A = 10.1cm², B = 4.8cm²이다. 미지시료 A 10mL에 B 15mg을 넣고 증류수를 넣어 최종 부피를 30mL로 묽혔다. 그 결과 미지시료의 면적은 A = 6.00cm², B = 6.54cm²일 때 미지시료 A의 농도(mg/mL)를 구하시오.

해답

$$\frac{A_X}{A_S} = F\frac{[X]}{[S]}$$

$$\frac{10.1}{4.8} = F \times \frac{1.01}{1.17}$$

$$F = 2.44$$

따라서 미지시료 A 10mL에 B 15mg을 넣고 증류수를 넣어 최종 부피를 30mL로 묽혔을 때,
미지시료의 면적은 A = 6.00cm², B = 6.54cm²이므로

$$\frac{6.00}{6.54} = 2.44 \times \frac{[A] \times 10.0\text{mL}/30\text{mL}}{15\text{mg}/30\text{mL}}$$

$$\therefore \ [A] = 0.56\text{mg/mL}$$

03 유도결합플라스마 원자방출분광법이 원자흡수분광법보다 좋은 점 4가지를 쓰시오.

해답

① 높은 온도로 인해 원소 상호 간의 방해(화학적 방해)가 적고, 내화성 화합물을 만드는 원소로 측정할 수 있다.
② 자체흡수와 자체반전효과가 일어나지 않는다.
③ 여러 원소를 동시에 분석할 수 있다.
④ 대부분 원소들의 방출스펙트럼을 한 가지의 들뜸 조건에서 동시에 얻을 수 있다.

04 적외선 분광법에서 분자진동 중 굽힘진동의 종류 4가지를 쓰시오.

해답

① 가위질진동
② 좌우흔듦진동
③ 앞뒤흔듦진동
④ 꼬임진동

05 분광광도법에서 사용되는 시료 셀의 재료를 파장에 따라 서로 다른 재질로 사용하는 이유를 쓰시오.

해답

셀의 재료가 사용되는 영역의 복사선을 흡수하지 않아야 하기 때문이다.

06 역상 분배크로마토그래피에서 사용하는 이동상의 종류 3가지를 쓰시오(단, 물 제외).

해답

① 아세토나이트릴
② 메탄올
③ 물

07 시료의 질소 함량을 분석하기 위한 시료 채취 상수가 0.5g일 때, 이 분석에서 0.1% 시료 채취 정밀도를 얻으려면 취해야 하는 시료의 양(g)을 구하시오.

해답

$$mR^2 = K_s$$
$$m(0.1)^2 = 0.5\text{g}$$
$$\therefore \ m = \frac{0.5\text{g}}{(0.1)^2} = 50\text{g}$$

08 계통오차의 종류 3가지를 쓰고, 각각 설명하시오.

해답

① 기기오차 : 측정장치 또는 기기의 불완전성, 잘못된 검정 등으로부터 생기는 오차이다.
② 방법오차 : 분석과정 중 비정상적인 화학적 또는 물리적 성질로 인해 생기는 오차이다.
③ 개인오차 : 실험자의 부주의와 개인적인 한계 등에 의해 생기는 오차이다.

09 다음 ( ) 안에 들어갈 알맞은 용어를 쓰시오.

> Fourier 변환 분광기의 장점은 대부분의 중간 정도의 파장 범위에서 타 실험기기와 비교했을 때 한 자리 수 이상의 ( )을(를) 갖는다.

해답

신호 대 잡음비

10 다음 ①~③에 들어갈 질량분석기의 부분장치 명칭을 쓰시오.

> • 광전 증배관과 비슷한 원리 – (①)
> • 비휘발성이나 열에 민감한 시료를 직접 이온화 장치에 접근하여 도입함 – (②)
> • 자기부채꼴 장치보다 장치가 적고, 이동이 쉬우며, 사용하기 편리함 – (③)

해답

① 전자 증배관
② 직접시료주입장치
③ 사중극자 질량분석기

11 X선 검출기 중 ① 섬광계수기에서 섬광체의 역할과 ② 흔히 사용되는 섬광체를 쓰시오.

해답

① 섬광체에 전이된 복사선의 에너지를 형광 복사선의 광자 형태로 방출한다.
② NaI–TI

12 비중이 1.18이고, 37wt%인 HCl(fw = 36.5)로 2M HCl 500mL를 만들 때 필요한 HCl의 부피(mL)를 구하시오.

> **해답**

$$\text{몰농도} = \frac{1,000 \times \text{밀도} \times \%\text{농도}}{\text{분자량}} = \frac{\dfrac{1,000\text{mL}}{1\text{L}} \times 1.18\text{g/mL} \times \dfrac{37\text{g}}{100\text{g}}}{36.5\text{g/mol}} = 11.9616\text{M}$$

$MV = M'V'$ 이므로

$11.9616\text{M} \times X = 2\text{M} \times 500\text{mL}$

$\therefore \ X = 83.60\text{mL}$

13 물의 몰농도를 구하시오.

> **해답**

물의 밀도 $= 1\text{g/mL} = 1,000\text{g/L}$

$\therefore$ 물의 몰농도 $= \dfrac{1,000\text{g/L}}{18\text{g/mol}} = 55.56\text{M}$

14 다음에 해당하는 분석법을 쓰시오.

- 단백질, 우유, 곡류 및 밀가루에 존재하는 질소를 정량하는 방법이다.
- 유기화합물을 황산으로 가열분해하고 삭혀 질소를 암모니아성 질소로 만든 다음 알칼리를 넣어 유리시켜 수증기증류법에 따라 포집된 암모니아를 정량하는 방법이다.
- 분해를 촉진하기 위해 셀레늄, 황산수은(Hg_2SO_4), 황산구리($CuSO_4$)와 같은 촉매를 첨가하는 방법이다.

> **해답**

킬달분석법

2009년 제4회 과년도 기출복원문제

01 AAS에서 Sr을 정량하기 위하여 검정곡선을 그릴 때 K을 넣어 주는 이유를 쓰시오.

해답

분석원소보다 이온화를 잘 일으키는 K를 이온화 억제제로서 첨가하여 분석 정밀도를 높인다.

02 다음은 혈액시료에 들어 있는 납의 함량을 반복 측정하여 얻은 값이다. 이 측정값들에 대한 ① 평균과 ② 표준편차를 구하시오(단, 소수점 넷째자리까지 구하시오. 단위는 ppm이다).

측정값	0.234, 0.236, 0.231, 0.230, 0.239

해답

① 평균

$$\bar{x} = \frac{0.234+0.236+0.231+0.230+0.239}{5} = 0.234 \text{ppm}$$

② 표준편차

$$s = \sqrt{\frac{(0.234-0.234)^2+(0.236-0.234)^2+(0.231-0.234)^2+(0.230-0.234)^2+(0.239-0.234)^2}{5-1}}$$

$$= 0.0037 \text{ppm}$$

03 AAS를 이용하여 식품이나 무기물의 수은을 정량할 때 찬 증기화법을 사용하는 이유를 쓰시오.

해답

수은은 실온에서도 큰 증기압을 나타내어 낮은 온도에서도 쉽게 기체 원자화시킬 수 있다.

04 이온크로마토그래피에서 무기화합물을 분리분석할 때 억제칼럼을 사용하는 이유를 쓰시오.

해답

억제칼럼은 이동상으로 사용하는 용액이 이온화하는 것을 막는 장치로, 이동상 용액이 이온화되면 분석물질의 이온을 관측하는 데 방해가 될 수 있기 때문에 이를 방지하기 위하여 이온 교환체 하단에 설치한다.

05 벤젠(fw = 78.114) 31.6mg을 헥산 300mL로 희석하여 2cm의 시료 셀에 넣어 측정하였더니 256nm에서 최대 흡광도가 나타났다. 이때의 흡광도가 0.414일 때 몰흡광계수를 구하시오.

해답

$A = \varepsilon bc$

$$\therefore \varepsilon = \frac{A}{bc} = \frac{0.414}{2\text{cm} \times \left(\dfrac{0.0316\text{g}}{78.114\text{g/mol}}\right) \times \left(\dfrac{1}{0.3\text{L}}\right)} = 153.51\text{L/mol} \cdot \text{cm}$$

06 다음 광학분광기기의 일반적인 구조를 순서대로 보기의 기호(㉠~㉤)로 나열하시오.

┌보기┐
㉠ 제한된 스펙트럼을 제공하는 파장선택기
㉡ 안정된 복사 에너지 광원
㉢ 시료용기
㉣ 신호처리장치 및 판독장치
㉤ 복사선을 유용한 신호로 변환시키는 검출기

① AFS :

② UV/VIS :

③ IR :

④ AAS :

해답

① AFS : ㉡ → ㉠ → ㉢ → ㉠ → ㉤ → ㉣

② UV/VIS : ㉡ → ㉠ → ㉢ → ㉤ → ㉣

③ IR : ㉡ → ㉠ → ㉢ → ㉤ → ㉣

④ AAS : ㉡ → ㉢ → ㉠ → ㉤ → ㉣

07 시료를 전처리할 때 가리움제를 넣어 주는 이유를 쓰시오.

해답

가리움제는 시료 내의 방해화학종과 먼저 반응하여 착물을 형성해 방해를 줄이고, 분석물이 잘 반응할 수 있도록 도와준다.

08 표준용액을 만들 때 1차 표준물질의 당량 무게가 적은 것보다 큰 것을 쓰는 이유를 쓰시오.

해답

당량 무게가 클수록 mol당 상대오차가 작아지므로, 더 정확한 농도의 표준용액을 제조할 수 있다.

09 염기성 물질의 $pK_a = 10$일 때, 유기용매에서 이 염기성 물질이 추출될 수 있는 최소 pH를 구하시오.

해답

11.5

10 측정 농도의 평균이 42.2ppm이고, 표준편차가 0.81ppm인 시료를 취할 때 표준편차가 1.92ppm이라면 전체 분산값은 얼마인지 구하시오.

해답

$$S_o^2 = S_a^2 + S_s^2 = (0.81\text{ppm})^2 + (1.92\text{ppm})^2 = 4.34\text{ppm}^2$$

11 한 흡수 화학종 X가 화학반응 과정 중에 다른 흡수 화학종 Y로 변화될 때, 자외선-가시광선 흡수스펙트럼에서 화학종 X와 화학종 Y가 같은 파장에서 같은 흡광도를 나타내는 지점을 무엇이라고 하는지 쓰시오.

해답

등흡광점

12 원자흡수분광법에서 선 넓힘이 일어나는 원인 4가지를 쓰시오.

해답

① 불확정성 효과
② 압력 효과
③ 도플러 효과
④ 전기장·자기장 효과

13 HPLC에서 이동상을 ① 1가지 조성의 용매만을 사용하는 방법과 ② 2가지 이상의 조성을 사용하는 방법을 각각 무엇이라고 하는지 쓰시오.

해답

① 1가지 조성의 용매만을 사용하는 방법 : 등용매 용리법(Isocratic Elution)

② 2가지 이상의 조성을 사용하는 방법 : 기울기 용리법(Gradient Elution)

14 충치를 예방하기 위해서 1.60mg F$^-$/kg Water인 음용수의 사용을 권장한다. 이 음용수 0.8ton을 만들기 위해 필요한 NaF의 질량(g)을 구하시오(단, Na의 원자량은 23g/mol, F의 원자량은 19g/mol이다).

해답

음용수 중 F$^-$의 양 $= \dfrac{1.60\text{mg F}^-}{\text{kg Water}} \times \dfrac{1\text{g F}^-}{1{,}000\text{mg F}^-} \times \dfrac{1{,}000\text{kg}}{1\text{ton}} \times 0.8\,\text{ton Water} = 1.28\text{g F}^-$

$42\text{g NaF} : (42-23)\text{g F}^- = X : 1.28\text{g F}^-$

$\therefore\ X = 2.83\text{g NaF}$

2010년 제2회 과년도 기출복원문제

01 원자흡수분광법에서 낮은 분자량의 알코올, 에스테르, 케톤 등을 포함하는 시료용액을 사용하면 흡수 봉우리가 증가되는 이유 3가지를 쓰시오.

해답

① 용액의 표면장력을 감소시켜 더 작은 방울로 되게 하여 분무효율이 증가하므로 불꽃에 도달하는 시료의 양이 많아진다.
② 유기용매가 물보다 더 빠르게 증발하여 원자화가 잘 된다.
③ 용액의 점도를 감소시켜 분무기가 빨아올리는 효율을 좋게 만든다.

02 0.14M Al^{3+} 용액 50mL와 반응하는 데 필요한 0.32M EDTA 용액의 부피(mL)를 구하시오.

해답

Al^{3+}와 EDTA는 1 : 1로 반응한다.
$0.14M \times 50mL = 0.32M \times X$
∴ $X = 21.88mL$

03 많은 최신광도계와 분광광도계는 겹빛살 설계로 되어 있으며, 크게 공간적으로 분리되는 겹빛살기기와 시간적으로 분리되는 겹빛살기기로 구분된다. 공간적으로 분리되는 겹빛살기기의 기기구조를 개략적으로 그리시오(단, 분광광도계는 일반적으로 광원, 단색화 장치, 시료 셀, 검출기, 신호증폭기, 판독장치로 구성된다).

해답

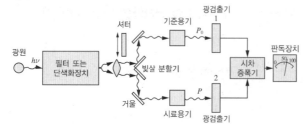

04 pH가 9로 완충되어 있는 0.04M Mg^{2+} 용액 50.0mL에 0.06M EDTA 용액 10.0mL를 가하였을 때 pMg($-\log[Mg^{2+}]$)를 구하시오(단, $K_f(MgY^{2-}) = 4.2 \times 10^8$, $\alpha = 0.29$).

해답

조건형성상수 $K'_f = \alpha \times K_f = 0.29 \times (4.2 \times 10^8) = 1.22 \times 10^8$

조건형성상수가 매우 크므로, 이 반응은 완결된다.

Mg^{2+}와 EDTA는 1:1로 반응하므로

$(0.04M \times 50.0mL) - (0.06M \times 10.0mL) = 1.4mmol$의 Mg^{2+}가 남는다.

이때, 총 부피는 60.0mL이므로

$[Mg^{2+}] = \dfrac{1.4mmol}{60.0mL} = 2.33 \times 10^{-2}M$

$\therefore \ pMg = -\log[Mg^{2+}] = -\log(2.33 \times 10^{-2}) = 1.63$

05 광학분광법은 크게 6가지 현상을 기초로 하여 이루어진다. 다음 ①~②에 들어갈 알맞은 용어를 쓰시오.

흡수(Absorption)	형광(Fluorescence)	인광(Phosphorescence)
(①)	(②)	화학발광(Chemiluminescence)

해답

① 산란(Scattering)
② 방출(Emission)

06 검출한계의 정의를 쓰시오.

해답

검체 중에 존재하는 분석대상물질의 검출 가능한 최소량이다.

07 계통오차의 종류 3가지를 쓰고, 각각 설명하시오.

해답

① 기기오차 : 측정장치 또는 기기의 불완전성, 잘못된 검정 등으로부터 생기는 오차이다.
② 방법오차 : 분석과정 중 비정상적인 화학적 또는 물리적 성질로 인해 생기는 오차이다.
③ 개인오차 : 실험자의 부주의와 개인적인 한계 등에 의해 생기는 오차이다.

08 플라스크와 피펫에 기재되어 있는 A표시 유무에 따른 차이를 쓰시오.

> 해답

A표시는 교정된 유리 기구를 나타내는 것으로, 온도에 대해 교정이 이루어진 것을 의미한다.

09 크로마토그래피에서 칼럼의 효율에 영향을 주는 속도론적 변수 4가지를 쓰시오.

> 해답
① 다중통로 항
② 세로확산 항
③ 정지상 질량 이동 항
④ 이동상 질량 이동 항

10 ICP 부품 중 분무기에 의해 분무된 시료입자들 중 작고 균일한 크기의 입자들만 플라스마에 도입하기 위하여 큰 에어로졸 방울을 효율적으로 걸러내는 장치를 쓰시오.

> 해답

방해판

11 농도를 표시하는 백분율 중 W/V%에 대하여 설명하시오.

> 해답

용액 100mL에 녹아 있는 용질의 g수를 %로 나타낸 농도이다.

12 신호 대 잡음비(S/N)에 대해 설명하시오.

해답

신호 대 잡음비는 측정신호의 평균(S)을 잡음신호(측정신호의 표준편차, N)로 나눈 값으로, 이 값이 크면 신호해석에 유리하다.

13 수소화물 생성 원자흡수분광법의 검출한계가 불꽃원자흡수분광법의 검출한계에 비해 약 1,000배 정도 낮은 이유를 쓰시오.

해답

수소화물은 휘발성이 높아 쉽게 기체화되므로, 용기 내에서 모은 후 한꺼번에 원자화 장치에 도입하여 원자화시킬 수 있어 감도가 높아지고 검출한계는 낮아진다.

14 AAS에서 높은 온도의 불꽃에 의해 분석원소가 이온화를 일으켜 중성원자가 덜 생기는 방해를 이온화 방해라고 한다. 이를 극복하는 방법을 쓰시오.

해답

분석원소보다 이온화를 잘 일으키는 원소(이온화 억제제)를 가해준다.

2010년 제4회 과년도 기출복원문제

01 펜탄올(fw = 88.15g/mol) 200mg과 3−메틸펜탄올(fw = 102.2g/mol) 230mg을 함유한 용액 10mL를 GC로 분리하여 얻은 봉우리 높이비는 X : Y = 0.88 : 1.00이다. 펜탄올을 내부표준물질(Y)로 할 때, 응답인자 F (Response Factor)를 구하시오.

해답

- $X = \dfrac{\left[\dfrac{230\text{mg}}{(102.2\text{mg/mmol})}\right]}{10\text{mL}} = 0.225\text{M}$

- $Y = \dfrac{\left[\dfrac{200\text{mg}}{(88.15\text{mg/mmol})}\right]}{10\text{mL}} = 0.227\text{M}$

$\dfrac{A_X}{A_Y} = F\,\dfrac{[X]}{[Y]}$

$\dfrac{0.88}{1.00} = F \times \dfrac{0.225}{0.227}$

$\therefore\ F = 0.89$

02 음용수 중의 중금속을 분석하기 위한 분석법 3가지를 쓰시오.

해답

① AAS

② ICP−AES

③ ICP−MS

03 0.02M KMnO₄ 50.0mL에 H₂SO₄ 10.0mL, NaNO₂ 90.0mL를 섞고 가열하여 다음의 반응식이 완결되도록 하였다. 몇 분간 가열 후 0.03M Na₂C₂O₄ 용액 10.0mL를 첨가하였더니 과망간산이온이 탈색되지 않았다. 여기에 0.03M Na₂C₂O₄ 용액 10.0mL를 추가로 가했더니 색깔이 없어졌다. 이 용액에서 과망간산이온은 모두 소모되었고, 과량의 옥살산이 존재하여 남은 옥살산을 역적정을 하였더니 0.02M KMnO₄ 1.04mL를 가해야 눈에 띌 정도의 자주색이 나타났다. 바탕 적정에서 0.02M KMnO₄ 0.03mL가 필요했다면 NaNO₂의 몰농도(M)를 구하시오.

$$5NO_2^- + 2MnO_4^- + 6H^+ \leftrightarrow 5NO_3^- + 2Mn^{2+} + 3H_2O$$
$$5C_2O_4^{2-} + 2MnO_4^- + 16H^+ \leftrightarrow 10CO_2 + 2Mn^{2+} + 8H_2O$$

해답

- KMnO₄의 몰수 = $0.02M \times (50.0 + 1.04 - 0.03)mL = 1.0202mmol$

- Na₂C₂O₄와 반응한 KMnO₄의 몰수 = $\frac{2}{5} \times 0.03M \times (10.0 + 10.0)mL = 0.24mmol$

- NaNO₂와 반응한 KMnO₄의 몰수 = $(1.0202 - 0.24)mmol = 0.7802mmol$

- NaNO₂의 몰수 = $\frac{5}{2} \times 0.7802mmol = 1.9505mmol$

∴ NaNO₂의 몰농도 = $\dfrac{1.9505mmol}{90.0mL} = 0.02M$

04 과산화물, 퀴논, 할로젠 및 나이트로기와 같은 전기음성도가 큰 작용기를 포함하는 분자에 특히 민감하게 반응하는 기체크로마토그래피의 검출기를 쓰시오.

해답

전자포획 검출기(ECD)

05 자외선-가시광선 분광법에서 금속이온을 분석하고자 할 때 특정 리간드와 착물을 형성하여 분석하는 경우가 많다. 어떤 과정으로 빛의 흡수가 일어나는지 쓰시오.

해답

전이금속이온 또는 리간드가 가지고 있는 전자를 들뜨게 하여 흡수하거나, 전이금속이온과 리간드 사이에서 전자전이가 일어나는 전하이동전이로 인해 빛이 흡수된다.

06 다음 데이터의 ① 평균값과 ② 중앙값을 구하시오.

데이터	7.23, 7.81, 8.01, 8.04, 8.05, 8.21

해답

① 평균값 : $\dfrac{7.23+7.81+8.01+8.04+8.05+8.21}{6}=7.89$

② 중앙값 : $\dfrac{8.01+8.04}{2}=8.03$

07 다음 ①~②에 들어갈 알맞은 용어를 쓰시오.

분광광도계의 구조로 광원 – 시료 셀 – (①) – (②) – 신호처리장치 및 판독장치가 있다.

해답

① 파장선택기
② 검출기

08 매트릭스 효과란 무엇인지 쓰시오.

해답

매트릭스란 분석물질을 제외한 나머지 성분을 의미하며, 이 매트릭스가 분석과정을 방해하여 분석신호의 변화가 있는 것을 매트릭스 효과라고 한다.

09 다음에 해당하는 분석법의 명칭을 쓰시오.

• 단백질, 우유, 곡류 및 밀가루에 존재하는 질소를 정량하는 방법이다.
• 유기화합물을 황산으로 가열분해하고 삭혀 질소를 암모니아성 질소로 만든 다음 알칼리를 넣어 유리시켜 수증기증류법에 따라 포집된 암모니아를 정량하는 방법이다.
• 분해를 촉진하기 위해 셀레늄, 황산수은(Hg_2SO_4), 황산구리($CuSO_4$)와 같은 촉매를 첨가하는 방법이다.

해답

킬달분석법

10 자외선-가시광선 분광법에서 유리큐벳은 350nm 이하의 파장에서는 사용할 수 없다. ① 그 이유와 ② 350nm 이하의 파장에서 사용할 수 있는 큐벳의 재질을 쓰시오.

해답

① 이유 : 셀의 재료가 사용되는 영역의 복사선을 흡수하기 때문이다.

② 350nm 이하의 파장에서 사용할 수 있는 큐벳의 재질 : 석영 또는 용융 실리카 재질

11 물질 A, B, C가 섞여 있는 혼합물을 ① 역상 크로마토그래피를 사용할 때 크로마토그램을 그리고, ② 용매의 극성이 감소하면 크로마토그램이 ①에 비해 어떻게 되는지 그리시오(단, 용질 극성은 A > B > C이다).

해답

① 극성 용매

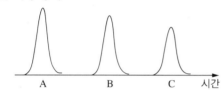

② ①의 용매보다 극성 감소

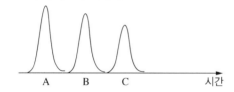

12 전기분해 시 농도의 편극을 줄이기 위한 실험적인 방법 6가지를 쓰시오.

해답

① 전극의 표면적을 넓게 한다.

② 용액의 온도를 높인다.

③ 전해질 농도를 감소시킨다.

④ 반응물 농도를 증가시킨다.

⑤ 전류를 크게 한다.

⑥ 기계적으로 잘 저어준다.

13 다음을 계산하시오(단, Planck 상수 = 6.626×10^{-34}J · s, 1Å = 10^{-10}m이다).

① 530Å의 X선 광자 에너지

② 530nm의 가시복사선 에너지

해답

① 530Å의 X선 광자 에너지

$$E = \frac{hc}{\lambda} = \frac{(6.626 \times 10^{-34}\text{J} \cdot \text{s}) \times (3 \times 10^8 \text{m/s})}{530 \times 10^{-10}\text{m}} = 3.75 \times 10^{-18}\text{J}$$

② 530nm의 가시복사선 에너지

$$E = \frac{hc}{\lambda} = \frac{(6.626 \times 10^{-34}\text{J} \cdot \text{s}) \times (3 \times 10^8 \text{m/s})}{530 \times 10^{-9}\text{m}} = 3.75 \times 10^{-19}\text{J}$$

14 파장이 450nm인 복사선 입자 0.6몰의 에너지(kJ/mol)를 구하시오.

해답

$$E = \frac{hc}{\lambda} = \frac{(6.626 \times 10^{-34}\text{J} \cdot \text{s}) \times (3 \times 10^8 \text{m/s})}{450 \times 10^{-9}\text{m}} \times \frac{6.02 \times 10^{23}}{\text{mol}} = 265.92\text{kJ/mol}$$

15 킬레이트 효과에 대하여 쓰시오.

해답

여러 자리 리간드(킬레이트)가 유사한 한 자리 리간드가 여러 개 모여 착물을 형성하는 것보다 더 안정한 금속 착물을 형성하는 능력이다.

2011년 제1회 과년도 기출복원문제

01 시료의 질소 함량을 분석하기 위한 시료 채취 상수가 0.9g일 때, 이 분석에서 0.1% 시료 채취 정밀도를 얻으려면 취해야 하는 시료의 양(g)을 구하시오.

해답

$$mR^2 = K_s$$
$$m(0.1)^2 = 0.9\text{g}$$
$$\therefore\ m = \frac{0.9\text{g}}{(0.1)^2} = 90\text{g}$$

02 ① 흡수분광계와 ② 방출형광분광계의 기기구조를 순서대로 나타내시오(단, 분광광도계는 광원, 시료 셀, 단색화 장치, 검출기로 구성된다).

해답

① 흡수분광계
- 원자흡수 : 광원 → 시료 셀 → 단색화 장치 → 검출기
- 분자흡수 : 광원 → 단색화 장치 → 시료 셀 → 검출기

② 방출형광분광계

광원
↓
단색화 장치
↓
시료 셀 → 단색화 장치 → 검출기

03 자외선-가시광선 분광법에서 용매의 차단점(Cut-off Point)에 대해 설명하시오.

해답

- 파장한계라고도 하며, 물을 기준으로 용매의 흡광도가 1에 가까운 값을 가질 때의 가장 낮은 파장을 말한다.
- 차단점 아래의 파장에서는 용매의 흡광도가 매우 크기 때문에 분석물의 흡수 파장은 용매의 차단점보다 커야 한다.

04 유기화합물로 구성된 미지시료를 적외선 분광법으로 분석할 때, 고체상태 알갱이 시료가 압력이나 Grinding에 의해 변성되지 않을 때의 측정방법 2가지를 쓰시오.

해답

① 시료를 KBr과 같은 고체 매트릭스에 혼합하여 잘 갈아서 균일하게 만든 후 펠렛으로 만들어 측정한다.
② 시료를 Nujol(탄화수소 오일)과 같은 액체 매트릭스에 혼합하여 잘 갈아서 멀(Mull)을 만들어 측정한다.

05 액체크로마토그래피에서 이동상이 극성이고, 이동상의 극성이 증가할수록 분리시간이 증가하는 크로마토그래피의 종류를 쓰시오.

해답

역상 크로마토그래피

06 미세전극은 지름이 수 μm 이하인 전극이며, 주어진 실험조건하에서 그 크기가 확산층 정도이거나 또는 이보다 작은 전극이다. 미세전극을 전압전류법에서 사용할 때 장점 4가지를 쓰시오.

해답

① 생물세포와 같이 매우 작은 크기의 시료에도 사용할 수 있다.
② 옴 손실이 적어 저항이 큰 용액이나 비수용매에 유용하다.
③ 빠른 전압 주사로 수명이 짧은 화학종의 연구가 가능하다.
④ 전극 크기가 작아 충전전류가 작아져서 감도가 수천 배 높다.

07 불꽃원자흡수분광법과 전열원자흡수분광법에서 일어나는 두 가지 방해 중 하나인 ① 스펙트럼 방해에 대해 설명하고, ② 다른 하나는 어떤 방해인지 쓰고, 이에 대해 설명하시오.

> **해답**
> ① 스펙트럼 방해 : 분석물질과 방해물질의 흡수선이 겹치거나 너무 가까워 단색화 장치로 분리할 수 없을 때 생긴다.
> ② 다른 방해 : 화학적 방해로, 분석물과 반응해 휘발성이 작은 화합물을 만들어 분석물이 원자화되는 효율을 감소시키는 음이온에 의한 방해이다.

08 미지시료 2g을 진한 황산에 넣어 완전히 분해하여 모든 질소를 NH_4^+로 만들고, 이 용액에 NaOH를 가해 염기성으로 만들어 모든 NH_4^+를 NH_3로 만든 후 이를 증류하여 0.5M HCl 용액 10mL에 모은다. 그 다음 이 용액을 0.3M NaOH 용액으로 적정하였더니 9mL가 적가되었다. 이 미지시료에 들어 있는 단백질의 함량(w/w%)을 구하시오(단, 단백질의 질소 함량은 16.2%이다).

> **해답**
> N의 mol = NH_3의 mol = NH_3와 반응한 HCl의 mol
> NaOH와 HCl은 1 : 1로 반응하므로, $(0.5M \times 10mL) - (0.3M \times 9mL) = 2.3mmol$의 HCl이 남는다.
> N의 질량 = N의 몰수 × N의 원자량 = $2.3mmol \times 14mg/mmol = 32.2mg$
>
> 단백질의 질량 = $32.2mg \times \dfrac{100}{16.2} = 198.77mg$
>
> $\therefore$ 단백질의 함량 $= \dfrac{198.77\,mg}{2,000\,mg} \times 100\% = 9.94\%$

09 EDTA 적정 시 알칼리성 용액에서 보조 착화제가 하는 역할을 쓰시오.

> **해답**
> 보조 착화제는 EDTA 적정을 방해하는 금속양이온과 먼저 결합하여 방해 침전물이 생기지 않도록 하여 EDTA 적정을 잘 할 수 있게 도와준다.

10 실험기구에 표기되어 있는 ① TD 20℃와 ② TC 20℃에 대하여 설명하시오.

해답

① TD 20℃ : To Deliver이라는 의미로, 20℃에서 피펫이나 뷰렛과 같은 기구를 이용하여 다른 용기로 옮겨진 용액의 부피를 의미한다.

② TC 20℃ : To Contain이라는 의미로, 20℃에서 부피플라스크와 같은 용기에 표시된 눈금까지 액체를 채웠을 때의 부피를 의미한다.

11 다음은 반복 측정하여 얻은 값이다. 이 측정값들에 대한 ① 평균, ② 표준편차, ③ 변동계수를 구하시오(단, 소수점 셋째자리까지 구하시오. 단위는 ppm이다).

측정값	0.62, 0.63, 0.59, 0.74

해답

① 평균

$$\bar{x} = \frac{0.62 + 0.63 + 0.59 + 0.74}{4} = 0.645\text{ppm}$$

② 표준편차

$$s = \sqrt{\frac{(0.62 - 0.645)^2 + (0.63 - 0.645)^2 + (0.59 - 0.645)^2 + (0.74 - 0.645)^2}{4 - 1}} = 0.066\text{ppm}$$

③ 변동계수

$$CV = \frac{0.066\text{ppm}}{0.645\text{ppm}} \times 100\% = 10.233\%$$

12 8.0μg/mL F⁻이온이 들어 있는 수돗물 표준시료를 직접 전위차법으로 측정하였더니 7.9, 7.7, 8.1, 8.3, 8.2 μg/mL를 얻었다. 측정값들의 평균의 상대오차를 구하시오.

해답

$$\bar{x} = \frac{7.9 + 7.7 + 8.1 + 8.3 + 8.2}{5} = 8.04\mu\text{g/mL}$$

$$\therefore \text{상대오차} = \frac{|\text{측정값} - \text{참값}|}{\text{참값}} \times 100\% = \frac{|8.04 - 8.0|}{8.0} \times 100\% = 0.5\%$$

13 정량분석 시 재현성을 측정하는 방법을 설명하시오.

해답

서로 다른 시험자가 시험장비, 시험일 등을 서로 다르게 적용하여 분석한 결과에 대한 표준편차 및 상대표준편차를 계산하여 평가한다.

14 데이터 310, 323, 324, 327, 328에서 310을 버릴지 Q-test를 이용하여 결정하시오.

데이터 수	4	5	6
90% 신뢰수준	0.76	0.64	0.56

해답

$$Q_{계산} = \frac{간격}{범위} = \frac{323 - 310}{328 - 310} = 0.72$$

$$0.72(Q_{계산}) > 0.64(Q_{표})$$

∴ $Q_{계산}$값이 $Q_{표}$값보다 크므로, 310은 버린다.

15 0.04M Al^{3+} 용액 50mL와 반응하는 데 필요한 0.06M EDTA 용액의 부피(mL)를 구하시오.

해답

Al^{3+}와 EDTA는 1:1로 반응한다.

$$0.04M \times 50mL = 0.06M \times X$$

∴ $X = 33.33mL$

2011년 제4회 과년도 기출복원문제

01 산-염기 반응에서 종말점을 검출해 내는 방법 3가지를 쓰시오.

> **해답**
> ① 지시약법
> ② 전기전도법
> ③ pH 미터를 이용한 방법

02 580nm에서 최대 흡수파장(λ_{max})을 나타내는 물질의 몰흡광계수는 5.95×10^3L/mol · cm, 셀의 길이는 20.0mm, 농도는 8.04×10^{-4}M일 때 흡광도를 구하시오.

> **해답**
> $A = \varepsilon bc = (5.95 \times 10^3 \text{L/mol} \cdot \text{cm}) \times 2.00\text{cm} \times (8.04 \times 10^{-4}\text{mol/L}) = 9.57$

03 $BaCl_2 \cdot 2H_2O$(fw = 244.3g/mol)로 0.1592M Cl^- 용액 300mL를 만드는 방법을 설명하시오.

> **해답**
> 0.1592M Cl^- 용액 300mL에 존재하는 Cl^- 몰수는 다음과 같다.
> $$\frac{0.1592\text{mol Cl}^-}{\text{L}} \times \frac{\text{L}}{1,000\text{mL}} \times 300\text{mL} = 0.04776\text{mol}$$
> $BaCl_2$ 1몰에 Cl^- 2몰이 존재한다.
> $$0.04776\text{mol Cl}^- \times \frac{1\text{mol BaCl}_2 \cdot 2\text{H}_2\text{O}}{2\text{mol Cl}^-} = 0.02388\text{mol BaCl}_2 \cdot 2\text{H}_2\text{O}$$
> $0.02388\text{mol} \times (244.3\text{g/mol}) = 5.83\text{g}$
> ∴ 5.83g의 $BaCl_2 \cdot 2H_2O$를 300mL 부피플라스크에 넣고 증류수를 넣어 300mL로 한다.

04 미지시료의 I^- 25mL에 0.30M $AgNO_3$ 용액 100mL를 넣었다. 반응하고 남은 Ag^+에 Fe^{3+} 지시약을 넣고 0.1M KSCN으로 적정했을 때 60mL 적가되었다면, 미지시료의 I^-의 몰농도(M)를 구하시오.

해답

I^-의 몰수 = $AgNO_3$의 몰수 − KSCN의 몰수 = $(0.30M \times 100mL) - (0.1M \times 60mL) = 24mmol$

$\therefore I^-$의 몰농도(M) $= \dfrac{24mmol}{25mL} = 0.96M$

05 원자흡수분광법에서 불꽃 원자화 장치 등으로 원자화를 한다. 이때 사용되는 유리관에 네온과 아르곤 등이 1~5torr 압력으로 채워진 텅스텐 양극과 원통 음극으로 이루어진 광원을 무엇이라고 하는지 쓰시오.

해답

속 빈 음극등

06 X선 분광법에서 이용되는 기체충전형 변환기의 종류 3가지를 쓰시오.

해답

① 이온화 상자
② 비례계수기
③ Geiger관

07 신호 대 잡음비(S/N)에 대해 설명하시오.

해답
신호 대 잡음비는 측정신호의 평균(S)을 잡음신호(측정신호의 표준편차, N)로 나눈 값으로, 이 값이 크면 신호해석에 유리하다.

08 전압전류법에서 ① 산소의 환원에 대한 2가지 연속반응식과 ② 방해 방지를 위한 전처리 과정을 쓰시오.

해답
① 산소의 환원에 대한 2가지 연속반응식
- $O_2(g) + 2H^+ + 2e^- \leftrightarrow H_2O_2$
- $H_2O_2 + 2H^+ + 2e^- \leftrightarrow 2H_2O$

② 방해 방지를 위한 전처리 과정 : N_2 기체를 용액에 수 분 동안 불어 넣어 O_2를 제거한다.

09 A물질의 함량 평균이 325이고 분산이 21일 때, 95% 신뢰수준에서 참값이 있을 수 있는 신뢰구간을 구하시오.

신뢰수준	90%	95%	99%
z	1.64	1.96	2.58

해답
- $\overline{x} = 325$
- $s = \sqrt{s^2} = \sqrt{21}$

$\therefore \ \mu = \overline{x} \pm (z \times s) = 325 \pm (1.96 \times \sqrt{21}) = 325 \pm 8.98$

10 1차 표준물질이 가져야 할 7가지 요건을 쓰시오.

해답

① 순도가 99.9% 이상으로 매우 순수해야 한다.

② 적정용액에서 용해도가 커야 한다.

③ 공기 중에서 반응성이 없어야 한다. 즉, 안정해야 한다.

④ 비교적 큰 화학식량을 가지고 있어야 한다.

⑤ 가열하거나 진공으로 건조시켰을 때 안정해야 한다.

⑥ 상대습도의 변화에 의해 조성이 변하지 않도록 수화된 물이 없어야 한다.

⑦ 적당한 가격으로 쉽게 구할 수 있어야 한다.

11 데이터 7.55, 7.57, 7.64, 7.29, 7.89, 7.48 중 버려야 할 데이터가 있다면 그 데이터가 무엇인지 쓰고, 그 이유를 설명하시오.

데이터 수	4	5	6
90% 신뢰수준	0.76	0.64	0.56

해답

데이터를 순서대로 배열하면 7.29, 7.48, 7.55, 7.57, 7.64, 7.89이며, 가장 떨어져 있는 데이터는 7.89이다.

$$Q_{계산} = \frac{간격}{범위} = \frac{7.89 - 7.64}{7.89 - 7.29} = 0.42$$

$0.42(Q_{계산}) < 0.56(Q_{표})$

∴ 7.89는 버리지 않는다(즉, 버려야 할 데이터가 없다).

12 질량분석법의 원리에 대하여 쓰시오.

해답

시료를 기체화한 후 이온으로 만들어 가속시켜 질량 대 전하비(m/z)에 따라 분리하여 검출기를 통해 질량스펙트럼을 얻는다.

13 Nernst식을 이용해 포화칼로멜전극이나 은-염화은 전극의 전위가 일정하게 유지되는 원리를 설명하시오.

해답

- 포화칼로멜전극

  $Hg_2Cl_2(s) + 2e^- \leftrightarrow 2Hg(l) + 2Cl^-$

  $E = E° - \dfrac{0.05916}{2} \log[Cl^-]^2$

  Hg와 Hg_2Cl_2의 혼합물이 포화 KCl 용액에 담겨 있는 형태의 반쪽전지로, 전위가 Cl^-의 농도에 의존한다.

  KCl이 포화된 전극의 경우, 25℃에서 $E° = +0.268V$이다.

- 은-염화은 전극

  $AgCl(s) + e^- \leftrightarrow Ag(s) + Cl^-$

  $E = E° - 0.05916 \log[Cl^-]$

  KCl과 AgCl로 포화된 용액에 AgCl 고체가 담겨 있는 형태의 반쪽전지로, 전위가 Cl^-의 농도에 의존한다.

  KCl이 포화된 전극의 경우, 25℃에서 $E° = +0.222V$이다.

∴ 포화된 KCl에 의해 $KCl \leftrightarrow K^+ + Cl^-$로 나타나게 되고 Cl^-의 농도는 일정하게 유지되므로, 결국 전극전위가 일정하게 유지된다.

14 불꽃원자흡수분광법으로 금속시료를 분석할 때의 ① 화학적 방해와 ② 이를 극복하는 방법을 쓰시오.

해답

① 화학적 방해 : 분석물과 반응해 휘발성이 작은 화합물을 만들어 분석물이 원자화되는 효율을 감소시키는 음이온에 의한 방해이다.

② 이를 극복하는 방법 : 높은 온도의 불꽃을 사용하거나, 해방제 또는 보호제를 첨가하거나, 이온화 억제제를 사용한다.

2012년 제1회 과년도 기출복원문제

01 시료 전처리 과정에 포함되는 주요 3가지 조작을 차례대로 설명하시오.

해답

① 시료 취하기 : 벌크시료 취하기, 실험시료 취하기, 반복시료 만들기의 과정이 있다. 벌크시료는 전체시료의 불균일성을
유지할 수 있는 최소 입자개수를 취해 만들고, 실험시료는 벌크시료의 입자를 작게 하여 양을 줄이고, 반복시료는 소량으로
여러 개 취하여 얻는다.

② 용액시료 만들기 : 시료를 용매에 녹여 분석 가능한 상태로 만든다. 고체시료는 무기물, 유기물에 따라 방법이 달라지며
건식 · 습식 재 만들기, 융제 사용 등을 통해 용액상태로 만들며, 액체시료나 기체시료는 이동상으로 용액상태로 만든다.

③ 방해물질 제거하기 : 방해물질을 제거하거나 무력화시키기 위해 가리움제나 매트릭스 변형제 등을 첨가한다.

02 0.14M Ca^{2+} 용액 25mL와 반응하는 데 필요한 0.02M EDTA 용액의 부피(mL)를 구하시오.

해답

Ca^{2+}와 EDTA는 1 : 1로 반응한다.

$0.14M \times 25mL = 0.02M \times X$

$\therefore \ X = 175mL$

03 불꽃 원자화 장치는 액체시료를 미세한 안개 또는 에어로졸로 만들어 불꽃 속으로 공급하는 기체 분무기로
구성되어 있다. 가장 일반적인 분무기는 동심관 형태로, 액체시료는 관 끝 주위를 흐르는 높은 압력의 기체에
의해서 모세관을 통해 빨려 들어가는 흡인(Aspiration) 운반과정을 거친다. 이 일반적인 분무기는 무엇인지
쓰시오.

해답

기압식 분무기

04 기체크로마토그래피에 질량 검출기(MSD)가 부착되어 있다. 분석물질이 탄화수소화합물일 때 분석물질의 분자량을 측정할 수 있는 가장 적합한 이온화 방법을 쓰시오.

해답

화학적 이온화(CI)

05 흡수분광법에서 사용하는 빛살형은 홑빛살형(Single Beam)과 겹빛살형(Double Beam)이 있다. 바탕시료와 분석시료를 동시에 보정할 수 있는 빛살형은 무엇인지 쓰시오.

해답

겹빛살형(Double Beam)

06 시료성분 중 극성이 작은 물질이 먼저 용리되고, 이동상의 극성이 증가할수록 용리시간이 감소되는 액체크로마토그래피의 종류를 쓰시오.

해답

정상 크로마토그래피

07 X-Ray Fluorescence(XRF)로 첨단 무기재료 중 100mg/kg의 Pb을 분석하려고 한다. ICP를 이용했을 때와 비교했을 때 XRF의 단점을 1가지만 쓰시오.

해답

XRF의 검출한계가 더 커서 ICP의 정량분석보다 신뢰도가 떨어진다.

08 다음은 화학자들이 주로 쓰는 분석법에 대한 설명이다. ①~④에 들어갈 분석법을 쓰시오.

> • (①) : 화학적으로 처리하여 시료의 질량을 유추해내는 방법이다.
> • (②) : 화학적으로 분석하여 시료의 부피를 유추해내는 방법이다.
> • (③) : 전압, 전류, 저항 등을 이용하여 시료의 상태를 알아내는 방법이다.
> • (④) : 시료의 전자기 복사선 파장의 흡수 또는 방출 정도를 측정하여 화합물의 농도를 알아내는 방법이다.

해답

① 무게법
② 부피법
③ 전기분석법
④ 분광광도법

09 ① 정확도와 ② 정밀도에 대해 각각 설명하시오.

해답

① 정확도 : 측정값 또는 측정값의 평균이 참값에 얼마나 가까이 있는지의 정도를 말하며 절대오차, 상대오차로 나타낸다.
② 정밀도 : 정확히 똑같은 양을 똑같은 방법으로 측정하여 얻은 측정값들이 일치하는 정도를 말하며, 평균에 얼마나 가까이 모여 있는지 나타낸다.

10 순수한 Fe_2O_3(fw = 159.69)로부터 750mg Fe/L(fw = 55.847) 용액 500mL를 만들 때 필요한 Fe_2O_3의 양(g)을 구하시오.

해답

1L에 750mg Fe가 들어 있으면, 500mL에는 375mg의 Fe가 들어 있다.
375mg Fe : $X Fe_2O_3$ = 55.847 × 2 : 159.69
∴ X = 0.54g

11 전열원자흡수분광법에서 사용하는 매트릭스 변형제(Matrix Modifier)에 대해 설명하시오.

> **해답**
>
> 매트릭스 변형제는 매트릭스와 반응하여 매트릭스가 분석물보다 더 잘 휘발하게 하거나 또는 분석물과 반응하여 분석물의 휘발성을 낮추고 비교적 높은 온도의 회화과정에서 매트릭스만 휘발시켜 제거하여 분석물이 손실되는 것을 방지하는 역할을 한다.

12 $BaCl_2 \cdot 2H_2O$(fw = 244.3g/mol)로 0.1592M Cl^- 용액 300mL를 만드는 방법을 설명하시오.

> **해답**
>
> 0.1592M Cl^- 용액 300mL에 존재하는 Cl^- 몰수는 다음과 같다.
>
> $$\frac{0.1592\text{mol } Cl^-}{L} \times \frac{L}{1,000\text{mL}} \times 300\text{mL} = 0.04776\text{mol}$$
>
> $BaCl_2$ 1몰에 Cl^- 2몰이 존재한다.
>
> $$0.04776\text{mol } Cl^- \times \frac{1\text{mol } BaCl_2 \cdot 2H_2O}{2\text{mol } Cl^-} = 0.02388\text{mol } BaCl_2 \cdot 2H_2O$$
>
> $$0.02388\text{mol} \times (244.3\text{g/mol}) = 5.83\text{g}$$
>
> $\therefore$ 5.83g의 $BaCl_2 \cdot 2H_2O$를 300mL 부피플라스크에 넣고 증류수를 넣어 300mL로 한다.

13 원자흡수분광법에서 칼슘의 정량 시 다량의 인산이온이 흡광도를 떨어트리는 ① 이유와 ② 해결방법을 쓰시오.

> **해답**
>
> ① 이유 : 인산이온이 칼슘과 반응하여 비휘발성 염이 생성되어 원자화 효율을 감소시키기 때문이다.
> ② 해결방법 : 해방제를 넣어 방해물질과 우선적으로 반응시켜 분석물질을 해방시킨다.

14 전기화학을 이용한 분석에 있어 재현성 있는 한계전류를 빠르게 얻기 위해 유체역학 전압전류법을 많이 도입한다. 유체역학 전압전류법을 수행할 수 있는 방법 4가지를 쓰시오.

> **해답**
>
> ① 미소전극을 고정시키고 용액을 격렬하게 저어준다.
> ② 미소전극을 일정한 속도로 회전시킨다.
> ③ 미소전극이 설치된 관을 통해 분석물 용액을 흐르게 한다.
> ④ 수은 막 미세전극을 사용한다.

2012년 제4회 과년도 기출복원문제

01 글리세린(fw = 92g/mol)이 들어 있는 미지시료 용액 500mg에 0.11M Ce^{4+} 용액 50mL를 첨가하였다. 글리세린과 반응하고 남아 있는 Ce^{4+}를 0.04M Fe^{2+}로 역적정하였더니 21mL가 적가되었다. 미지시료 500mg 중 들어 있는 글리세린의 무게백분율을 구하시오.

해답
• 글리세린과 반응에 사용된 Ce^{4+}의 몰수 = Ce^{4+}의 첨가량 − Fe^{2+}와 반응에 사용된 Ce^{4+}의 몰수
$$= (0.11M \times 50mL) - (0.04M \times 21mL) = 4.66mmol$$
글리세린과 Ce^{4+}는 1 : 8로 반응하므로,

• 글리세린의 몰수 $= \dfrac{4.66mmol}{8} = 0.5825mmol$

• 글리세린의 양 $= 0.5825mmol \times \dfrac{92mg}{1mmol} = 53.59mg$

∴ 글리세린의 무게(%) $= \dfrac{53.59mg}{500mg} \times 100\% = 10.72\%$

02 정량분석의 정확도(Accuracy)를 측정하는 방법 3가지를 쓰시오.

해답
① 시료에 일정량의 표준물질을 첨가하여 표준물질이 회수된 회수율을 구하여 확인한다.
② 분석을 통해 얻어낸 평균과 참값을 이용하여 절대오차와 상대오차를 통해 구한다.
③ 표준기준물질(SRM)을 측정하여 SRM의 인증값과 측정값이 허용 신뢰수준 내에서 오차가 있는지 t−시험을 통해 확인한다.

03 EDTA 적정에서 역적정이 필요한 경우 3가지를 쓰시오.

해답
① 분석물질이 EDTA와 반응하기 전에 침전을 형성하는 경우
② 적정 조건에서 EDTA와 너무 천천히 반응하는 경우
③ 만족할 만한 지시약이 없는 경우

04 대표시료는 편리성과 경제성을 따져 볼 때 정확한 무게를 달아 사용하는 것이 바람직하다. 대표시료의 무게를 결정하는 주요 요인 3가지를 쓰시오.

해답

① 전체시료의 불균일도
② 불균일성이 나타나기 시작하는 입자의 크기
③ 전체시료의 조성과 대표시료의 조성의 차이

05 0.01M 약산(pK_a = 6.46) 100mL에 0.2M NaOH 용액 7.0mL를 가했을 때의 pH를 구하시오.

해답

약산과 NaOH는 1:1로 반응하므로
$(0.2M \times 7.0mL) - (0.01M \times 100mL) = 0.4$mmol의 NaOH가 남는다.
이때, 총 부피는 107mL이므로
$[OH^-] = \dfrac{0.4mmol}{107mL} = 3.74 \times 10^{-3}M$
$\therefore \ pH = 14 - (-\log[OH^-]) = 14 - (-\log(3.74 \times 10^{-3})) = 11.57$

06 철광석 시료 0.5918g 중 철을 정량할 때 시료를 HCl에 넣어 용해시키고 NH_3로 삭여 $Fe_2O_3 \cdot H_2O$로 만든 후, 강열하여 Fe_2O_3(fw = 159.69) 0.2180g을 만들었다. 시료 중의 Fe(fw = 55.847)의 무게백분율을 구하시오.

해답

$159.69g \ Fe_2O_3 : 2 \times 55.847g \ Fe = 0.2180g \ Fe_2O_3 : X$
$X = 0.1525g \ Fe$

$\therefore \ Fe의 \ 무게백분율 = \dfrac{0.1525g}{0.5918g} \times 100\% = 25.77\%$

07 분유 중 멜라민(fw = 126.12g/mol) 500ppm은 몇 mM인지 구하시오(단, 밀도는 1g/mL로 가정한다).

해답

$$\frac{500\text{mg/L}}{126.12\text{mg/mmol}} = 3.96\text{mM}$$

08 분광분석기는 광전 증배관 검출기로 한 번에 주사(Scan)한다. 그러나 주사 없이 한 번에 스펙트럼을 얻는 것은 어떤 검출기인지 쓰시오.

해답

광다이오드 배열 검출기(PDA)

09 고체시료를 분쇄(Grinding)하였을 때 장점 2가지를 쓰시오.

해답

① 입자의 크기가 작아지면 시료의 균일도가 커져 벌크시료에서 취해야 하는 실험시료의 무게를 줄일 수 있다.
② 입자의 크기가 작아지면 비표면적이 증가하여 시약과 반응을 잘 할 수 있어 용해 또는 분해가 쉽게 일어날 수 있다.

10 S/N를 향상시키는 방법 중 하드웨어 장치를 이용한 방법 4가지를 쓰시오.

[해답]
① 접지와 가로막기
② 시차 및 기기증폭장치
③ 아날로그 필터
④ 변조

11 파장범위가 3~5μm이고 이동거울의 움직이는 속도가 0.2cm/s일 때, 간섭그림에서 측정할 수 있는 주파수의 범위를 구하시오.

[해답]
$$f = \frac{2\,V_M}{\lambda}$$

• 3μm일 때
$$f = \frac{2 \times 0.2\mathrm{cm/s}}{3\mu\mathrm{m} \times \dfrac{\mathrm{cm}/10^{-2}\mathrm{m}}{\mu\mathrm{m}/10^{-6}\mathrm{m}}} = 1{,}333.33\mathrm{Hz}$$

• 15μm일 때
$$f = \frac{2 \times 0.2\mathrm{cm/s}}{15\mu\mathrm{m} \times \dfrac{\mathrm{cm}/10^{-2}\mathrm{m}}{\mu\mathrm{m}/10^{-6}\mathrm{m}}} = 266.67\mathrm{Hz}$$

$\therefore$ 266.67~1,333.33Hz

12 $CH_3{}^a CH_2{}^b OH^c$ 분자의 고분해능 ^1H-NMR에서 a 수소 봉우리의 ① 다중도와 ② 상대적 면적비(적분비)를 구하시오.

[해답]
① 다중도 : 3
② 적분비 : 1 : 2 : 1

13 적외선 분광법에서 사용되는 광원 4가지를 쓰시오.

[해답]

① Nernst 백열등
② Globar 광원
③ 백열선 광원
④ 텅스텐 필라멘트등
⑤ 수은 아크 램프
⑥ 이산화탄소 레이저 광원

14 기체크로마토그래피에서는 시료주입법이 중요하며, 주입방법에는 분할주입과 비분할주입이 있다. 비분할주입의 특징 4가지를 쓰시오.

[해답]

① 시료의 대부분이 칼럼에 전달되므로, 감도가 우수하고 정량적 재현성이 우수하다.
② 묽은 농도의 시료로 분석이 가능하다.
③ 분리능이 좋다.
④ 끓는점이 높은 용질을 미량분석하는 데 유용하다.
⑤ 빠른 칼럼 유량을 설정할 수 있다.

2013년 제1회 과년도 기출복원문제

01 유리전극으로 pH를 측정할 때 영향을 주는 오차 6가지를 쓰시오.

해답

① 산 오차
② 알칼리 오차
③ 탈수
④ 낮은 이온세기 용액에서의 오차
⑤ 접촉전위의 변화
⑥ 표준완충용액의 pH 오차

02 산업폐수에 있는 Cl^-이온을 무게분석법으로 분석하는 방법을 설명하시오.

해답

산업폐수에 $AgNO_3$를 가하여 Cl^-이온을 $AgCl$으로 침전시키고, $AgCl$을 취하여 세척과 건조의 과정을 거쳐 무게를 측정한다. $AgCl$의 양으로부터 Cl^-의 양을 계산한다.

03 약한 알칼리 용액에서 Ni^{2+}만 침전시킬 때 사용하는 유기물질을 쓰시오.

해답

다이메틸글리옥심(Dimethylglyoxime)

04 $Na_2C_2O_4$(fw = 134) 0.5g을 $KMnO_4$로 적정하는 데 75mL가 사용되었다. $KMnO_4$의 몰농도(M)를 구하시오.

해답

- $C_2O_4^{2-} \rightarrow 2CO_2 + 2e^-$ (2당량)
- $MnO_4^- \rightarrow Mn^{2+}$ (2 − 7 = 5당량)

$Na_2C_2O_4$의 몰수 = $\dfrac{0.5g}{134g/mol} = 3.73 \times 10^{-3}mol$

$NV = N'V'$

$2eq/mol \times 3.73 \times 10^{-3}mol = 5eq/mol \times X \times 0.075L$

$\therefore \ X = 0.02M$

05 불꽃원자흡수분광법을 이용하여 철이온을 측정하는데 황산이온이 존재하지 않을 때보다 존재할 때 철의 농도가 낮았다. 그 이유를 설명하시오.

해답

화학적 방해가 발생했기 때문이다. 불꽃에서 철이온이 황산이온과 결합하여 비교적 안정한 화합물을 만들기 때문에 철이온이 효과적으로 기체 중성원자를 만들지 못한다.

06 24.5mg의 화합물을 연소시켰을 때 CO_2 40.02mg과 H_2O 6.49mg이 생성되었다. 시료 중에 있는 ① C와 ② H의 무게백분율을 구하시오.

해답

① C의 무게백분율

$C = 40.02mg \ CO_2 \times \dfrac{12mg \ C}{44mg \ CO_2} = 10.91mg \ C$

$\therefore \ C(\%) = \dfrac{10.91mg \ C}{24.5mg \ 화합물} \times 100\% = 44.53\%$

② H의 무게백분율

$H = 6.49mg \ H_2O \times \dfrac{2mg \ H}{18mg \ H_2O} = 0.72mg \ H$

$\therefore \ H(\%) = \dfrac{0.72mg \ H}{24.5mg \ 화합물} \times 100\% = 2.94\%$

07 검출한계의 정의를 쓰시오.

> [해답]

검체 중에 존재하는 분석대상물질의 검출 가능한 최소량이다.

08 데이터 9.96, 9.98, 10.09, 10.12, 10.48에서 10.48을 버릴지 Q-test를 이용하여 결정하시오.

데이터 수	4	5	6
90% 신뢰수준	0.76	0.64	0.56

> [해답]

$$Q_{계산} = \frac{간격}{범위} = \frac{10.48 - 10.12}{10.48 - 9.96} = 0.69$$

$0.69(Q_{계산}) > 0.64(Q_{표})$

$\therefore \ Q_{계산}$값이 $Q_{표}$값보다 크므로, 10.48은 버린다.

09 5℃에서 수용액 50mL를 취하였다. 10℃에서의 부피(mL)를 소수점 넷째자리까지 구하시오(단, 묽은 수용액에 대한 팽창계수는 0.025%/℃이다).

> [해답]

$\Delta V = \alpha \times V \times \Delta T = (0.00025/℃) \times 50\mathrm{mL} \times 5℃ = 0.0625\mathrm{mL}$

$\therefore \ V = V_0 + \Delta V = 50\mathrm{mL} + 0.0625\mathrm{mL} = 50.0625\mathrm{mL}$

10 1번 측정했을 때 신호 대 잡음비는 5이다. 100번 측정하여 평균화하였을 때 신호 대 잡음비를 구하시오.

> [해답]

$$\mathrm{S/N} = \frac{S_x}{N_x} \times \sqrt{n} = 5 \times \sqrt{100} = 50$$

11 내부표준물 Mg을 사용하여 Ca을 정량하려고 한다. 1.0ppm의 Ca과 Mg의 각각 흡광도는 0.5와 0.4이다. 미지시료 30mL에 4ppm Mg 10mL를 가하여 각각 흡광도를 측정하였더니 Ca은 0.5, Mg은 0.7이었다. 시료 내 Ca의 농도(ppm)를 구하시오.

해답

$$\frac{A_X}{A_S} = F\frac{[X]}{[S]}$$

$$\frac{0.5}{0.4} = F \times \frac{1.0}{1.0}$$

$$F = 1.25$$

미지시료 30mL에 4ppm Mg 10mL를 가했을 때,

$$\frac{0.5}{0.7} = 1.25 \times \frac{[C_X] \times \frac{30}{40}}{4\text{ppm} \times \frac{10}{40}}$$

$$\therefore \ C_X = 0.76\text{ppm}$$

12 전형적인 단백질은 16.2wt%의 질소를 함유하고 있다. 단백질 용액 12mL를 삭여서 유리시킨 NH_3를 0.5M HCl 10.00mL 속으로 증류시킨다. 미반응으로 HCl을 적정하는데 0.4M NaOH가 2.52mL 필요하다. 원래 시료에 존재하는 단백질의 농도(mg 단백질/mL)를 구하시오.

해답

단백질의 N의 몰수는 생성된 NH_3의 몰수와 같고, NH_3의 적정에 소비된 HCl의 몰수와 같다.
NaOH와 HCl은 1 : 1로 반응하므로
$(0.5\text{M} \times 10.00\text{mL}) - (0.4\text{M} \times 2.52\text{mL}) = 3.992\text{mmol}$ HCl
따라서 NH_3의 적정에 소비된 HCl의 몰수는 3.992mmol이다.

• 질소의 무게 $= 3.992\text{mmol} \times 14\text{mg/mmol} = 55.888\text{mg N}$

• 단백질의 무게 $= \dfrac{55.888\text{mg N}}{0.162\text{mg N/mg 단백질}} = 344.99\text{mg}$

$\therefore$ 단백질의 농도 $= \dfrac{344.99\text{mg}}{12\text{mL}} = 28.75\text{mg/mL}$

13 XRF에 사용되는 파장은 0.1~25Å 이다. 이 파장의 전압 에너지(eV)를 구하시오(단, Planck 상수 = 6.626 × 10^{-34}J · s, 빛의 속도 = 2.998 × 10^8m/s, 1Å = 10^{-10}m, 1eV = 1.602 × 10^{-19}J이다).

해답

• 0.1Å일 때

$$E = \frac{hc}{\lambda} = \frac{(6.626 \times 10^{-34}\text{J} \cdot \text{s}) \times (2.998 \times 10^8\text{m/s})}{(0.1\,\text{Å}) \times (10^{-10}\text{m}/\text{Å})} \times \frac{1\text{eV}}{1.602 \times 10^{-19}\text{J}} = 1.24 \times 10^5\text{eV}$$

• 25Å일 때

$$E = \frac{hc}{\lambda} = \frac{(6.626 \times 10^{-34}\text{J} \cdot \text{s}) \times (2.998 \times 10^8\text{m/s})}{(25\,\text{Å}) \times (10^{-10}\text{m}/\text{Å})} \times \frac{1\text{eV}}{1.602 \times 10^{-19}\text{J}} = 4.96 \times 10^2\text{eV}$$

∴ 4.96×10^2~1.24×10^5eV

14 수산화나트륨은 공기 중에서 일부 탄산염을 생성하는데 ① OH^-와 ② CO_3^{2-}를 정량하는 방법을 쓰시오.

해답

① OH^- : 산-염기 적정법을 이용해 지시약으로 종말점을 확인하여 정량한다.

② CO_3^{2-} : Ca^{2+}를 첨가하여 $CaCO_3$로 만들어 침전시킨 후 무게를 측정한다.

2013년 제4회 과년도 기출복원문제

01 물의 몰농도를 구하시오.

해답

물의 밀도 $= 1\mathrm{g/mL} = 1{,}000\mathrm{g/L}$

$\therefore$ 물의 몰농도 $= \dfrac{1{,}000\mathrm{g/L}}{18\mathrm{g/mol}} = 55.56\mathrm{M}$

02 농도를 모르는 페놀 용액 100mL의 흡광도는 0.3이었고, 이 페놀 용액에 0.25M 페놀 표준용액 3mL를 첨가한 후의 흡광도는 0.4이었다. 이 페놀의 몰농도(M)를 소수점 넷째자리까지 구하시오.

해답

$\dfrac{0.3}{0.4} = \dfrac{[X]}{[X](100/103) + 0.25 \times (3/103)} = \dfrac{[X]}{0.971[X] + 0.0073}$

$0.2913[X] + 0.00219 = 0.4[X]$

$\therefore [X] = \dfrac{0.00219}{0.4 - 0.2913} = 0.020\mathrm{M}$

03 0.03M NaOH 용액 100mL에 0.4M HCl 용액 3mL를 첨가하였을 때의 pH를 구하시오.

해답

NaOH와 HCl은 1 : 1로 반응한다.

$(0.03\mathrm{M} \times 100\mathrm{mL}) - (0.4\mathrm{M} \times 3\mathrm{mL}) = 1.8\mathrm{mmol}$의 NaOH가 남는다.

이때, 총 부피는 103mL이므로

$\dfrac{1.8\mathrm{mmol}}{103\mathrm{mL}} = 0.01748\mathrm{M}$

$\therefore \mathrm{pH} = 14 - (-\log[\mathrm{OH^-}]) = 14 - (-\log 0.01748) = 12.24$

04 ICP를 이용하여 정량분석할 때 내부표준물법을 사용하는 이유 1가지를 쓰시오.

해답

시료가 분무되어 공급되는 양이 약간씩 변동하므로 내부표준물법을 통해 정확도를 향상시킬 수 있다.

05 장탈착법을 사용하는 이유를 쓰시오.

해답

높은 전리전극을 이용하여 휘발성이 낮거나 열에 불안정한 분석물을 이온화시킬 수 있다.

06 한 착물 내의 금속이온과 리간드가 결합하는 몰비율을 몰비법으로 구하는 방법을 설명하시오.

해답

금속이온의 농도를 일정하게 유지하고 리간드의 농도를 연속적으로 변화시키면서 생성되는 착물의 흡광도를 측정한다. 이 흡광도를 리간드 대 금속이온의 몰비로 도시하여 얻은 두 직선이 만나는 지점이 리간드 대 금속이온의 몰비율에 해당한다.

07 자연수시료 10mL 분취량을 여러 개 취해 50.0mL 부피플라스크에 각각 넣는다. 각 부피플라스크에 15.0ppm의 Fe^{3+}가 함유된 표준용액을 0.00mL, 5.00mL, 10.00mL, 15.00mL, 20.00mL를 가한 후 $Fe(SCN)^{2+}$의 적색 착물을 만들기 위해 과량의 SCN^-을 가한다. 눈금까지 묽힌 후 5개의 용액의 각각의 기기감응을 비색계로 측정한 값은 각각 0.262, 0.458, 0.642, 0.828, 0.999이었다. 자연수시료의 Fe^{3+}의 농도(ppm)를 구하시오.

해답

표준물첨가법

	X	Y
STD1	0.00	0.262
STD2	5.00	0.458
STD3	10.00	0.642
STD4	15.00	0.828
STD5	20.00	0.999

계산기를 이용하여 회귀방정식을 구한다.

회귀방정식 $y = mx + b = 0.03688x + 0.269$

$$\therefore \ C_x = \frac{b}{m} \times \frac{C_s}{V_x} = \frac{0.269}{0.03688} \times \frac{15.0}{10} = 10.94 \text{ppm} \ Fe^{3+}$$

08 기체크로마토그래피를 150℃에서 했을 때 작은 분자량을 갖는 분자는 분리가 잘 안 되고 큰 분자량을 갖는 분자는 느리게 나와 분리가 똑바로 일어나지 않았다. 이때 온도를 어떻게 조절해야 하는지 설명하시오.

해답

온도를 50~250℃ 범위에서 매분 일정하게 올리는 온도프로그래밍을 사용하면 모든 화합물들이 용리되고, 봉우리들 사이의 분리 정도가 매우 일정해진다. 단, 온도를 너무 높여 분석물질과 정지상이 열분해가 일어나지 않도록 주의해야 한다.

09 다음에 해당하는 광원을 무엇이라고 하는지 쓰시오.

- 3개의 동심형 석영관으로 이루어진 토치를 이용한다.
- Ar 기체를 사용한다.
- 라디오파 전류에 의해 유도코일에서 자기장이 형성된다.
- Tesla 코일에서 생긴 스파크에 의해 Ar이 이온화된다.
- Ar^+와 전자가 자기장에 붙들어 큰 저항열을 발생하는 플라스마를 만든다.

해답

유도결합플라스마(ICP)

10 $Y_2(OH)_5Cl \cdot nH_2O$의 화학식을 가진 물질을 TGA 분석 시 150℃에서 감량된 양이 20%일 경우 n을 정수로 구하시오(단, $Y_2(OH)_5Cl \cdot nH_2O = 388.44g/mol$, $HCl = 36.45g/mol$, $H_2O = 18.00g/mol$).

해답

150℃에서 감량된 양 20%는 H_2O의 양과 같고, 남은 80%는 $Y_2(OH)_5Cl$의 양과 같다.

$100\% : 20\% = 388.44g : X$

$X = 77.688g$

$\therefore$ H_2O의 몰수 $= \dfrac{77.688g}{18.00g/mol} = 4.316mol ≒ 4mol \rightarrow n = 4$

11 전열원자흡수분광법에서 Cl^-과 같은 할로젠 원소가 존재하면 안 되는 이유를 설명하시오.

해답

염화이온이 금속 또는 매트릭스 내의 금속과 결합하여 만들어지는 화합물이 전기 흑연로에서 연기 형태로 증발되어 빛을 산란시켜 흡광도 측정에 오차를 일으키기 때문이다. 대표적으로 $NaCl$과 같은 화합물이 만들어질 때 이런 현상이 일어난다.

12 ICP 광원의 장점 8가지를 쓰시오.

해답

① 높은 온도로 인해 화학적 방해가 적다.
② 플라스마에 전자가 풍부하여 이온화 방해가 거의 일어나지 않는다.
③ 산화물이 생성되지 않아 수명이 길어진다.
④ 정량 농도범위가 매우 크다.
⑤ 높은 온도로 인해 원자화가 잘 일어난다.
⑥ 자체흡수·자체반전효과가 일어나지 않는다.
⑦ 여러 원소를 동시에 분석할 수 있다.
⑧ 대부분 원소들의 방출스펙트럼을 한 가지의 들뜸 조건에서 동시에 얻을 수 있다.

13 KHP(fw = 204g/mol) 0.5g을 적정하는데 NaOH 50mL가 사용될 때, NaOH 용액의 몰농도(M)를 구하시오.

해답

KHP와 NaOH은 1 : 1로 반응한다.

$$\frac{0.5\text{g}}{204\text{g/mol}} = X \times 0.05\text{L}$$

$$\therefore \ X = 0.05\text{M}$$

14 표준용액을 만들 때 1차 표준물질의 당량 무게가 적은 것보다 큰 것을 쓰는 이유를 쓰시오.

해답

당량 무게가 클수록 mol당 상대오차가 작아지므로, 더 정확한 농도의 표준용액을 제조할 수 있다.

2014년 제1회 과년도 기출복원문제

01 다음 물음에 답하시오.

① 데이터 123, 140, 144, 147, 150에서 123을 버릴지 Q-test를 이용하여 결정하시오.

데이터 수	5
90% 신뢰수준	0.642

② 95% 신뢰수준에서 참값이 있을 수 있는 신뢰구간을 구하시오.

[Student's t표(신뢰수준, 95%)]

자유도	3	4
Student's t	3.18	2.78

해답

① Q-test

$$Q_{계산} = \frac{간격}{범위} = \frac{140-123}{150-123} = 0.63$$

$$0.63(Q_{계산}) < 0.642(Q_{표})$$

∴ $Q_{계산}$값이 $Q_{표}$값보다 작으므로, 123은 버리지 않는다.

② 신뢰구간

• $\bar{x} = \dfrac{123+140+144+147+150}{5} = 140.8$

• $s = \sqrt{\dfrac{(123-140.8)^2+(140-140.8)^2+(144-140.8)^2+(147-140.8)^2+(150-140.8)^2}{5-1}} = 10.62$

∴ $\mu = \bar{x} \pm \dfrac{ts}{\sqrt{n}} = 140.8 \pm \dfrac{2.78 \times 10.62}{\sqrt{5}} = 140.8 \pm 13.20$

02 0.1M HCl 용액 50mL에 0.25M NaOH 용액 5mL를 가했을 때의 pH를 구하시오.

해답

NaOH와 HCl은 1 : 1로 반응한다.

$(0.1M \times 50mL) - (0.25M \times 5mL) = 3.75mmol$의 HCl이 남는다.

$$\frac{3.75mmol}{55mL} = 0.0682M$$

∴ $pH = -\log[H^+] = -\log 0.0682 = 1.17$

03 공동침전의 종류 4가지를 쓰시오.

해답
① 표면 흡착
② 혼성 결정 생성
③ 내포
④ 기계적 포획

04 HPLC에서 사용되는 검출기의 종류 4가지를 쓰시오.

해답
① 자외선-가시광선 검출기(UV-VIS Detector)
② 형광검출기(FLD)
③ 굴절률 검출기(RID)
④ 질량분석 검출기(MS)

05 적외선 분광계에 빈 시료용기를 넣고 스펙트럼을 얻었을 때 파장 5~15μm에서 11개의 간섭 봉우리가 나타났다. 시료용기의 빛살 통과길이(cm)를 구하시오.

해답
$$\bar{\nu} = \frac{1}{\lambda}$$

• 5μm일 때
$$\bar{\nu_1} = \frac{1}{5 \times 10^{-4}\text{cm}} = 2,000/\text{cm}$$

• 15μm일 때
$$\bar{\nu_2} = \frac{1}{15 \times 10^{-4}\text{cm}} = 666.67/\text{cm}$$

$$\therefore \ b = \frac{\Delta N}{2(\bar{\nu_1} - \bar{\nu_2})} = \frac{11}{2(2,000 - 666.67)/\text{cm}} = 4.13 \times 10^{-3}\text{cm}$$

06 신호 대 잡음비(S/N)에 대해 설명하시오.

> 해답

신호 대 잡음비는 측정신호의 평균(S)을 잡음신호(측정신호의 표준편차, N)로 나눈 값으로, 이 값이 크면 신호해석에 유리하다.

07 약산을 강염기로 적정했을 때 얻어지는 다음의 적정곡선으로부터 약산의 pK_a 값과 구하는 과정을 서술하시오.

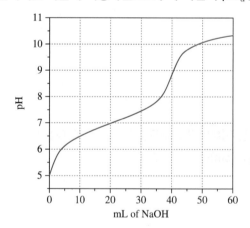

> 해답

$HA + NaOH \rightarrow NaA + H_2O$

약산을 강염기로 적정할 때, 당량점까지 적가된 부피(40mL)의 $\dfrac{1}{2}$ 의 부피(20mL)에 해당하는 반당량점(pH = 7)에서는 [HA] = [A⁻]가 된다.

$pH = pK_a + \log\left(\dfrac{[A^-]}{[HA]}\right)$ 이므로, 반당량점에서는 $pH = pK_a$ 가 된다. 따라서, 반당량점에서의 pH는 약산의 pK_a 가 된다.

∴ $pK_a = pH = 7$

08 50mL Cl⁻ 용액에 과량의 $AgNO_3$를 가하여 AgCl(fw = 143.321g/mol) 침전 0.9982g을 얻었다. Cl⁻의 몰농도(M)를 구하시오.

[해답]

$$Cl^-의\ 몰농도 = \frac{\dfrac{0.9982g}{143.321g/mol}}{0.05L} = 0.14M$$

09 액체크로마토그래피에서 사용되는 등용매 용리(Isocratic Elution)를 설명하시오.

[해답]

분석시간 동안 이동상의 조성의 변화가 없는 것을 말한다.

10 산으로 초자를 세척한 후 산이 남아 있는지 확인하는 방법을 쓰시오.

[해답]

pH 시험지를 사용하여 색상을 확인한다.

11 van Deemter식인 $H = A + \dfrac{B}{u} + C_S u + C_M u$을 이용하여 액체크로마토그래피와 기체크로마토그래피의 van Deemter 도시를 비교하시오.

해답

H값이 최소가 되는 지점의 이동상 흐름속도는 HPLC가 GC보다 작다.

주로 세로 확산 때문에 최소점이 나타나며, 기체의 확산계수가 액체의 확산계수보다 더 크기 때문에 LC에서 더 낮은 흐름속도에서 최소점이 나타난다.

12 ① C_6H_4BrCl과 ② $C_6H_4Br_2$의 질량스펙트럼에서 M^+, $(M+2)^+$, $(M+4)^+$ 봉우리의 높이비를 구하시오(단, 동위원소 상대적 존재비는 다음과 같다. $^{35}Cl : {}^{37}Cl = 100 : 32.5$, $^{79}Br : {}^{81}Br = 100 : 98$).

해답

① C_6H_4BrCl
- M^+는 ^{35}Cl, ^{79}Br일 때이므로 두 원소의 존재비를 곱해 주어야 한다.
  $(100 \times 1) \times (100 \times 1) = 10,000$
- $(M+2)^+$는 ^{37}Cl, ^{79}Br 또는 ^{35}Cl, ^{81}Br일 때이므로 각각 두 원소의 존재비를 곱해준 다음 이들을 더해 주어야 한다.
  $(32.5 \times 1) \times (100 \times 1) + (100 \times 1) \times (98 \times 1) = 13,050$
- $(M+4)^+$는 ^{37}Cl, ^{81}Br일 때이므로 두 원소의 존재비를 곱해 주어야 한다.
  $(32.5 \times 1) \times (98 \times 1) = 3,185$
  ∴ $M^+ : (M+2)^+ : (M+4)^+ = 10,000 : 13,050 : 3,185$

② $C_6H_4Br_2$
- M^+는 ^{79}Br, ^{79}Br일 때이므로 두 원소의 존재비를 곱해 주어야 한다.
  $(100 \times 1) \times (100 \times 1) = 10,000$
- $(M+2)^+$는 ^{79}Br, ^{81}Br 또는 ^{81}Br, ^{79}Br일 때이므로 각각 두 원소의 존재비를 곱해준 다음 이들을 더해 주어야 한다.
  $(100 \times 1) \times (98 \times 1) + (98 \times 1) \times (100 \times 1) = 19,600$
- $(M+4)^+$는 ^{81}Br, ^{81}Br일 때이므로 두 원소의 존재비를 곱해 주어야 한다.
  $(98 \times 1) \times (98 \times 1) = 9,604$
  ∴ $M^+ : (M+2)^+ : (M+4)^+ = 10,000 : 19,600 : 9,604$

13 다음 측정된 흡광도를 이용하여 분석물의 몰농도(M)를 구하시오(단, 셀의 길이는 2cm이다).

	몰농도(M)	분석물의 흡광도	바탕용액의 흡광도
표준용액	0.4×10^{-5}	0.324	0.004
시료용액	x	0.287	

해답

	분석물의 보정 흡광도
표준용액	0.320
시료용액	0.283

$A = \varepsilon bc$ 식을 이용한다.
- 표준용액

  $0.320 = \varepsilon \times 2cm \times (0.4 \times 10^{-5}M)$

  $\varepsilon = 40,000/cm \cdot M$
- 시료용액

  $0.283 = (40,000/cm \cdot M) \times 2cm \times x$

  $\therefore \ x = 3.54 \times 10^{-6}M$

14 $Ce^{4+} + Fe^{2+} \rightarrow Ce^{3+} + Fe^{3+}$ 산화-환원 반응식을 ① 산화반응식과 환원반응식으로 구분하여 쓰고, ② 산화제와 환원제는 어떤 것인지 각각 쓰시오.

해답
① 산화반응식 : $Fe^{2+} \rightarrow Fe^{3+} + e^-$, 환원반응식 : $Ce^{4+} + e^- \rightarrow Ce^{3+}$
② 산화제 : Ce^{4+}, 환원제 : Fe^{2+}

2014년 제4회 과년도 기출복원문제

01 염기성 물질의 pK_a = 10일 때, 유기용매에서 이 염기성 물질이 추출될 수 있는 최소 pH를 구하시오.

해답

11.5

02 전처리 과정을 모두 한 다음 측정된 미지시료의 흡광도는 0.526이었다. 같은 전처리를 한 다음 측정한 표준물의 흡광도는 표준물의 농도가 0.5ppm일 때 0.691이었고, 0.3ppm일 때 0.421이었다. Beer 법칙을 따른다고 할 때 미지시료의 농도(ppm)를 구하시오.

해답

$$\frac{y - y_o}{x - x_o} = \frac{y_1 - y_o}{x_1 - x_o}$$

$$\therefore \ x = x_o + (x_1 - x_o) \times \frac{y - y_o}{y_1 - y_o}$$

$$= 0.3\text{ppm} + (0.5\text{ppm} - 0.3\text{ppm}) \times \frac{0.526 - 0.421}{0.691 - 0.421} = 0.38\text{ppm}$$

03 ① 거울반사와 ② 확산반사를 설명하시오.

해답

① 거울반사 : 빛이 거울과 같이 매끄러운 표면에 입사하여 반사할 때 입사각과 같은 반사각으로 정반대 방향으로 고르게 반사되는 것이다.

② 확산반사 : 빛이 매끄럽지 않은 표면에 입사하여 반사할 때 반사각이 일정하지 않고 마구잡이로 반사하는 것이다. 적외선 반사분광법에서는 확산반사를 이용한다.

04 NMR 분광법에서 가능한 한 센 자기장을 갖는 자석을 사용하는 이유를 쓰시오.

> **해답**
>
> 자기장의 세기가 증가하면 바닥 상태와 들뜬 상태의 차이가 더 커져 감도가 증가하고, $\frac{\Delta\nu}{J}$ 비가 증가하여 스펙트럼을 해석하기가 더 쉬워진다.

05 GC 검출기인 FID의 장점 5가지를 쓰시오.

> **해답**
>
> ① 탄화수소류에 대해 높은 감도를 나타낸다.
> ② 바탕잡음이 적다.
> ③ 고장이 별로 없다.
> ④ 사용하기 편리하다.
> ⑤ 대부분의 운반기체와 물에 대한 감도가 매우 낮다.

06 GC에서 사용하는 열린 모세관 칼럼(Open Tubular Column)의 종류 4가지를 쓰시오.

> **해답**
>
> ① 벽도포 모세관(WCOT)
> ② 지지체도포 모세관(SCOT)
> ③ 다공질층 모세관(PLOT)
> ④ 용융 실리카 모세관(FSOT)

07 헥세인과 노네인의 조절 머무름 시간이 각각 11.3분과 20.8분이고, 미지시료의 조절 머무름 시간이 17.9분일 때 이 미지시료의 머무름 지수를 구하시오.

> **해답**
>
> $$I_x = 100 \times \left[6 + (9-6) \times \frac{\log 17.9 - \log 11.3}{\log 20.8 - \log 11.3} \right] = 826.17$$

08 불꽃에서 3가지 영역의 이름을 안쪽부터 순서대로 쓰시오.

해답

일차연소영역, 내부불꽃영역, 이차연소영역

09 ICP 방출분광법의 감도를 결정하는 인자 또는 파라미터 4가지를 쓰시오.

해답

① 높은 온도로 인해 화학적 방해가 거의 없어 감도가 높다.
② 높은 온도로 인해 원자화와 들뜬 상태 효율이 좋아 감도가 높다.
③ 플라스마에 전자가 풍부하여 이온화 방해가 거의 없어 감도가 높다.
④ 플라스마에서 산화물을 만들지 않으므로 감도가 높다.
⑤ 들뜬 원자가 플라스마에 머무는 시간이 비교적 길어 감도가 높다.

10 1차 표준물질(Primary Standard)이 가져야 할 4가지 요건을 쓰시오.

해답

① 순도가 99.9% 이상으로 매우 순수해야 한다.
② 적정용액에서 용해도가 커야 한다.
③ 공기 중에서 반응성이 없어야 한다. 즉, 안정해야 한다.
④ 비교적 큰 화학식량을 가지고 있어야 한다.
⑤ 가열하거나 진공으로 건조시켰을 때 안정해야 한다.
⑥ 상대습도의 변화에 의해 조성이 변하지 않도록 수화된 물이 없어야 한다.
⑦ 적당한 가격으로 쉽게 구할 수 있어야 한다.

11 EDTA 적정법에 사용되는 지시약이며 $pK_{a2} = 6.3$, $pK_{a3} = 11.6$이고, pH에 따라 유리지시약의 색깔이 붉은색, 파란색, 오렌지색을 나타내는 금속이온 지시약을 쓰시오.

해답

에리오크롬 블랙 T(EBT ; Eriochrome Black T)

12 $Na_2C_2O_4$(fw = 134) 0.5g을 $KMnO_4$로 적정하는 데 75mL가 사용되었다. $KMnO_4$의 몰농도(M)를 구하시오.

해답

$Na_2C_2O_4$의 몰수 $= \dfrac{0.5g}{134g/mol} = 3.73 \times 10^{-3}mol$

$nMV = n'M'V'$

$2 \times 3.73 \times 10^{-3} = 5 \times X \times 0.075$

$\therefore \ X = 0.02M$

13 0.02g의 1차 표준물 KIO_3와 과량의 KI가 들어 있는 용액을 이용하여 $Na_2S_2O_3$ 용액을 표준화하였다. 이때 $Na_2S_2O_3$ 용액의 적가 부피가 50.02mL일 때 $Na_2S_2O_3$ 용액의 몰농도(M)를 구하시오(단, KIO_3의 화학식량은 214g/mol이다).

해답

• $IO_3^- + 5I^- + 6H^+ \rightarrow 3I_2 + 3H_2O$

• $I_2 + 2S_2O_3^{2-} \rightarrow 2I^- + S_4O_6^{2-}$

반응계수비는 $IO_3^- : I_2 : S_2O_3^{2-} = 1 : 3 : 6$이다.

$\therefore \ Na_2S_2O_3$ 용액의 몰농도 $= \dfrac{0.02g}{214g/mol \ KIO_3} \times \dfrac{6mol \ Na_2S_2O_3}{1mol \ KIO_3} \times \dfrac{1}{0.05002L} = 1.12 \times 10^{-2}M$

14 광물에 Fe_2O_3가 20% 존재하며, 광물을 용해할 때 Fe_2O_3가 4mg 손실되었다. 광물 0.3g을 용해할 때 Fe_2O_3의 상대오차를 구하시오.

해답

광물의 Fe_2O_3 양 $= 0.3g \times 0.2 = 0.06g = 60mg$

$\therefore \ $ 상대오차 $= \dfrac{손실된 \ Fe_2O_3 \ 질량}{광물의 \ Fe_2O_3 \ 양} \times 100\% = \dfrac{4mg}{60mg} \times 100\% = 6.67\%$

2015년 제1회 과년도 기출복원문제

01 표준물첨가법을 이용하여 정량분석하는 방법을 설명하시오.

해답

복잡한 매트릭스의 조성이 알려지지 않았을 때 사용하고, 알고 있는 농도의 표준물을 미지시료에 첨가하여 증가된 신호의 크기를 보고 미지시료에 들어 있는 분석물의 농도를 알아낸다.

02 반복시료의 ① 정의를 쓰고, ② 이를 사용하는 이유에 대해 설명하시오.

해답

① 정의 : 둘 이상의 시료를 같은 지점에서 동일한 시각에 동일한 방법으로 채취한 것이다.
② 사용하는 이유 : 반복시료를 이용하여 얻은 분석 데이터는 정확도와 정밀도가 높아 신뢰도도 높다.

03 x축을 적가액(t)의 부피(mL), y축을 흡광도로 나타낸 그래프를 그리고, 당량점을 표시하시오(단, 분석물의 몰흡광계수 ε_a와 생성물의 몰흡광계수 ε_p는 0이고, 적가액의 몰흡광계수는 ε_t > 0이다).

해답

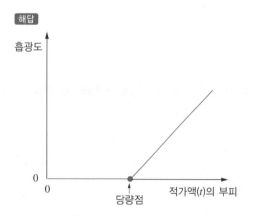

04 산-염기 지시약이 산성 용액과 염기성 용액에서 각각 HIn과 In⁻가 되는 원리를 설명하시오.

해답

산-염기 지시약은 약산(HIn) 또는 약염기(In⁻)의 형태로 되어 있으며, 이들은 물에서 다음과 같은 반응으로 평형을 이룬다고 볼 수 있다.

$HIn + H_2O \leftrightarrow H_3O^+ + In^-$

• 산성 용액에서 평형이 왼쪽으로 진행되어 HIn이 많아진다.
• 염기성 용액에서 평형이 오른쪽으로 진행되어 In⁻가 많아진다.

05 원자흡수분광법으로 철강 내에 들어 있는 미량의 Pb를 정량하려고 할 때 철(Fe)이 방해한다. 철(Fe)의 방해를 제거하는 방법을 쓰시오.

해답

수소화물 생성법

06 고전부피분석법과 비교했을 때 전기량법 적정의 실질적인 장점 7가지를 쓰시오.

해답

① 전기분해의 선택성을 높여준다.
② 감도가 높다.
③ 보통의 부피분석보다 더 정확하고 정밀한 결과를 얻을 수 있다.
④ 단 하나의 일정 전류원을 사용하여 침전법, 착화법, 산화-환원법 또는 중화법에 필요한 시약을 생성할 수 있다.
⑤ 전류를 쉽게 조절할 수 있어 측정의 자동화가 쉽다.
⑥ 표준용액을 만들어 보관할 필요가 없다.
⑦ 적은 양의 시약이 사용되어야 하는 경우에 유용하다.

07 산성 용액에서 환원전극으로 Zn을 석출할 때 수소기체가 빠르게 발생하는데, 실제로 수소기체를 발생시키지 않고 Zn을 석출할 수 있는 방법을 쓰시오.

해답

수은전극을 사용한다. 산성 용액에서 환원될 때는 Zn이 석출되기 전에 H_2 기체가 먼저 발생하지만, 전극으로 무른 금속 수은(Hg)을 사용하면 무른 금속으로 인한 전하이동 과전압과 H_2 기체 발생에 대한 전하이동 과전압이 더해져 H_2 기체를 발생시키지 않고 Zn을 석출할 수 있다.

08 HPLC 분배크로마토그래피에서 보호칼럼이 사용되는 목적 2가지를 쓰시오.

해답

① 이동상에 있는 오염물질을 제거하고 분석칼럼에서 정지상이 손상되는 것을 최소화한다.
② 입자상 물질, 오염물질, 기포, 정지상에 지나치게 오랫동안 머무르거나 용리되지 않는 시료 성분으로부터 분석칼럼을 보호하여 수명을 연장하기 위해 사용한다.

09 다음 ( ) 안에 들어갈 용어를 쓰시오.

질량분석기는 이온 화학종을 (   )에 따라 분리한다.

해답

질량 대 전하비

10 72개의 탄소로 되어 있는 유기화합물에서 ^{13}C의 원자수 ① 평균과 ② 표준편차를 구하시오(단, ^{12}C = 98.89%, ^{13}C = 1.11%이다).

해답
① 평균 : $np = 72 \times 0.0111 = 0.7992 ≒ 80$개
② 표준편차 : $\sqrt{npq} = \sqrt{np(1-p)} = \sqrt{72 \times 0.0111 \times (1-0.0111)} = 0.8890 ≒ 89$개

11 묽은 염산으로 녹인 시료 내의 Ni^{2+}의 농도는 pH 5.5에서 Zn^{2+} 표준용액으로 역적정하면 얻을 수 있다. 시료용액 25mL를 NaOH 용액으로 중화시킨 다음 아세트산 완충용액으로 pH를 5.5로 완충시키고, 0.0672M의 EDTA-2Na 표준용액 30mL를 가하고 자일레놀 오렌지 지시약을 몇 방울 가한 후 0.01997M Zn^{2+} 표준용액을 14.32mL 적가하였을 때 종말점에서 노란색으로 변하였다. Ni^{2+}의 몰농도(M)를 소수점 넷째자리까지 구하시오.

해답
Ni^{2+}의 몰수 = EDTA-2Na의 몰수 - Zn^{2+}의 몰수
$= (0.0672M \times 30mL) - (0.01997M \times 14.32mL) = 1.73mmol$
$\therefore Ni^{2+}$의 몰농도 $= \dfrac{1.73mmol}{25mL} = 0.0692M$

12 ① 분광광도계와 ② 광도계의 구조적 차이를 쓰시오.

해답
① 분광광도계 : 파장을 선택하기 위해 단색화 장치 또는 다색화 장치를 이용하며, 여러 파장을 선택할 수 있다.
② 광도계 : 파장을 선택하기 위해 필터를 가지고 있으며, 여러 파장으로 이루어진 하나의 스펙트럼을 선택할 수 있다.

13 데이터 7.55, 7.57, 7.64, 7.29, 7.89, 7.48 중에서 버려야 할 데이터가 있다면 그 데이터가 무엇인지 쓰고, 그 이유를 설명하시오.

데이터 수	4	5	6
90% 신뢰수준	0.76	0.64	0.56

해답

데이터를 순서대로 배열하면 7.29, 7.48, 7.55, 7.57, 7.64, 7.89이며, 가장 떨어져 있는 데이터는 7.89이다.

$$Q_{계산} = \frac{간격}{범위} = \frac{7.89 - 7.64}{7.89 - 7.29} = 0.42$$

$0.42(Q_{계산}) < 0.56(Q_{표})$

∴ 7.89는 버리지 않는다(즉, 버려야 할 데이터가 없다).

14 다음 ①~②에 들어갈 알맞은 용어를 쓰시오.

분석 중 무엇이 들어 있는지를 분석하는 것을 (①)이라고 하며, 얼마나 들어 있는지를 분석하는 것을 (②)이라고 한다.

해답
① 정성분석
② 정량분석

2015년 제4회 과년도 기출복원문제

01 다음 데이터의 ① 평균값과 ② 중앙값을 구하시오.

데이터	17, 35, 81, 92

해답

① 평균값 : $\dfrac{17+35+81+92}{4}=56.25$

② 중앙값 : $\dfrac{35+81}{2}=58$

02 자외선-가시광선을 흡수하는 불포화 유기 작용기를 무엇이라고 하는지 쓰시오.

해답

발색단

03 고체 흡착제 또는 고분자물질이 결합되어 있는 용융 실리카 섬유가 주사기 바늘 속에 들어 있다. 주사기 바늘을 시료용기에 꽂은 다음 이 섬유를 바늘로부터 나오게 하여 시료물질 속에 넣고, 분석물이 섬유에 흡착되면 이 섬유를 다시 주사기 속에 들어 오게 하며, 이 추출된 분석물을 크로마토그래피에 주입하고 분리분석을 한다. 보통 미량의 비극성이며 휘발성인 물질을 분리추출하는 데 이용하는 추출방법을 쓰시오.

해답

고체상 미량 추출법(SPME)

04 해수 200mL를 전처리하여 이중 일부를 100mL 부피플라스크에 취한 후 묽혔다. 이 묽힌 용액에 들어 있는 칼슘을 표준물첨가법을 이용하여 정량분석하는 방법에 대해 설명하시오(단, 표준물을 넣었을 때 칼슘의 농도는 0~10μg/mL이었다).

해답

칼슘이 함유된 기지의 시료를 이용하여 증가된 신호를 분석하면 농도를 구할 수 있다. C_x 농도의 칼슘 시료용액을 V_x 부피만큼 분취하여 4개 이상의 100mL 부피플라스크에 넣는다. 칼슘 표준용액을 이용하여 칼슘의 농도가 0~10μg/mL가 되게 하고, 표시선까지 증류수로 채운다. 분석기기로 신호를 측정하고, 흡광도(S)와 표준용액 부피(V_s)에 대한 그래프를 그려 기울기와 y절편을 구하여 최소제곱법 $C_x = \dfrac{b}{m} \times \dfrac{C_s}{V_x}$ 를 이용하여 분석물의 농도 C_x를 구한다.

05 0.14M Al^{3+} 용액 50mL와 반응하는 데 필요한 0.32M EDTA 용액의 부피(mL)를 구하시오.

해답

Al^{3+}와 EDTA는 1 : 1로 반응한다.
$0.14M \times 50mL = 0.32M \times X$
$\therefore X = 21.88mL$

06 역상 분배크로마토그래피에서 일반적으로 사용하는 이동상의 종류 3가지를 쓰시오.

해답

① 물
② 아세토나이트릴
③ 메탄올

07 질산–과염소산을 이용하여 유기물질을 분해하는 ① 방법과 과염소산을 사용할 때의 ② 주의사항에 대해 설명하시오.

해답

① 방법 : 유기물질을 과염소산 없이 질산으로 끓을 때까지 서서히 가열한다. 질산 용액은 거의 건조할 정도로 끓여서 산화가 용이한 물질을 완전히 산화시킨다. 그 후 새 질산을 가하고 증발시키는 과정을 반복하고, 상온에서 식힌 후 과염소산을 가하여 가열한다.

② 주의사항 : 과염소산은 유기물질과 폭발적으로 반응하므로, 유기물질에 직접 가하지 않고 질산으로 먼저 산화시킨다. 과염소산을 사용할 때에는 폭발 차폐를 사용하여야 한다.

08 플루오린화수소산(HF)을 사용하여 규산염(Silicate)을 전처리할 때 다음의 물음에 답하시오.

① 플루오린화수소산을 사용하는 방법에 대해 설명하시오.

② 전처리를 한 후 잔류되어 남아 있는 플루오린화수소산을 제거하는 방법에 대해 설명하시오.

해답

① 플루오린화수소산은 유리를 녹이므로 테플론, 폴리에틸렌, 은, 백금용기에서 사용해야 하며, 시료에 주는 오염을 최소화하려면 최상급의 산을 사용해야 한다.

② 과량의 플루오린화수소산은 H_2SO_4나 $HClO_4$를 가하고 가열하여 제거한다.

09 다음 ①~②에 들어갈 알맞은 용어를 쓰시오.

> 평균이 $\bar{x}$일 때 모집단 평균이 평균 근처에 일정한 확률로 존재하는 한계를 (①)라 하고, 그 구간의 이름을 (②)이라고 한다.

해답

① 신뢰한계

② 신뢰구간

10 BaCl$_2 \cdot$2H$_2$O(fw = 244.3g/mol)로 0.1592M Cl$^-$ 용액 300mL를 만드는 방법을 설명하시오.

해답

0.1592M Cl$^-$ 용액 300mL에 존재하는 Cl$^-$ 몰수는 다음과 같다.

$$\frac{0.1592\text{mol Cl}^-}{\text{L}} \times \frac{\text{L}}{1,000\text{mL}} \times 300\text{mL} = 0.04776\text{mol}$$

BaCl$_2$ 1몰에 Cl$^-$ 2몰이 존재한다.

$$0.04776\text{mol Cl}^- \times \frac{1\text{mol BaCl}_2 \cdot 2\text{H}_2\text{O}}{2\text{mol Cl}^-} = 0.02388\text{mol BaCl}_2 \cdot 2\text{H}_2\text{O}$$

$$0.02388\text{mol} \times (244.3\text{g/mol}) = 5.83\text{g}$$

∴ 5.83g의 BaCl$_2 \cdot$2H$_2$O를 300mL 부피플라스크에 넣고 증류수를 넣어 300mL로 한다.

11 미지시료 10mL를 7μg/mL 농도의 내부표준물질 S 5mL와 섞어서 50mL가 되게 묽혔다. 이때 신호비(신호X/ 신호S)는 1.85이다. 똑같은 농도와 부피를 갖는 X와 S를 가진 시료의 신호비가 0.754일 때, 미지시료의 농도 (μg/mL)를 구하시오.

해답

$$\text{신호비 } \frac{S_X}{S_S} = 0.754 = F(\text{감응인자}) \times \frac{[X]}{[S]} = F \times 1 = F$$

$$\frac{S_X'}{S_S'} = 1.85 = 0.754 \times \frac{[X]'}{[S]'} = 0.754 \times \frac{[X]_i \times \dfrac{10\text{mL}}{50\text{mL}}}{(7\mu\text{g/mL}) \times \dfrac{5\text{mL}}{50\text{mL}}}$$

$$\therefore [X]_i = \frac{1.85 \times (7\mu\text{g/mL}) \times 5\text{mL}}{0.754 \times 10\text{mL}} = 8.59\mu\text{g/mL}$$

12 전자포획 검출기를 사용할 때 상대적으로 덜 민감하게 작용하는 것을 보기에서 골라 쓰시오.

> ┤보기├
>
> 알코올, 과산화물, 아민, 퀴논, 탄화수소, 할로젠, 나이트로기를 가지고 있는 물질

해답

알코올, 아민, 탄화수소

13 시료 전처리 과정에 포함되는 주요 3가지 조작을 차례대로 설명하시오.

해답

① 시료 취하기 : 벌크시료 취하기, 실험시료 취하기, 반복시료 만들기의 과정이 있다. 벌크시료는 전체시료의 불균일성을 유지할 수 있는 최소 입자개수를 취해 만들고, 실험시료는 벌크시료의 입자를 작게 하여 양을 줄이고, 반복시료는 소량으로 여러 개 취하여 얻는다.

② 용액시료 만들기 : 시료를 용매에 녹여 분석 가능한 상태로 만든다. 고체시료는 무기물, 유기물에 따라 방법이 달라지며 건식·습식 재 만들기, 융제 사용 등을 통해 용액상태로 만들며, 액체시료나 기체시료는 이동상으로 용액상태로 만든다.

③ 방해물질 제거하기 : 방해물질을 제거하거나 무력화시키기 위해 가리움제나 매트릭스 변형제 등을 첨가한다.

14 시료를 전처리할 때 가리움제를 넣어 주는 이유를 쓰시오.

해답

가리움제는 시료 내의 방해화학종과 먼저 반응하여 착물을 형성해 방해를 줄이고, 분석물이 잘 반응할 수 있도록 도와준다.

2016년 제1회 과년도 기출복원문제

01 밀도가 1.42g/mL인 60%(w/w) HNO₃(fw = 63.01g/mol) 용액의 몰농도(M)를 구하시오.

> 해답

$$\dfrac{\dfrac{1,000\text{mL}}{1\text{L}} \times 1.42\text{g/mL} \times \dfrac{60\text{g}}{100\text{g}}}{63.01\text{g/mol}} = 13.52\text{M}$$

02 적외선 분광법에서 분자진동 중 굽힘진동의 종류 4가지를 쓰시오.

> 해답

① 가위질진동
② 좌우흔듦진동
③ 앞뒤흔듦진동
④ 꼬임진동

03 자외선-가시광선 분광법으로 분석할 때 보통 검정곡선법을 사용하나, 시료 내에 들어 있는 금속이나 토양 등에 의해 방해를 받아서 생기는 오차를 없애기 위해 사용하는 검정방법의 명칭을 쓰시오.

> 해답

표준물첨가법

04 계통오차의 종류 3가지를 쓰고, 각각 설명하시오.

> 해답

① 기기오차 : 측정장치 또는 기기의 불완전성, 잘못된 검정 등으로부터 생기는 오차이다.
② 방법오차 : 분석과정 중 비정상적인 화학적 또는 물리적 성질로 인해 생기는 오차이다.
③ 개인오차 : 실험자의 부주의와 개인적인 한계 등에 의해 생기는 오차이다.

05 데이터 310, 323, 324, 327, 328에서 310을 버릴지 Q-test를 이용하여 결정하시오.

데이터 수	4	5	6
90% 신뢰수준	0.76	0.64	0.56

해답

$$Q_{계산} = \frac{간격}{범위} = \frac{323-310}{328-310} = 0.72$$

$0.72(Q_{계산}) > 0.64(Q_{표})$

∴ $Q_{계산}$값이 $Q_{표}$값보다 크므로, 310은 버린다.

06 질량분석법의 원리를 쓰시오.

해답

시료를 기체화한 후 이온으로 만들어 가속시켜 질량 대 전하비(m/z)에 따라 분리하여 검출기를 통해 질량스펙트럼을 얻는다.

07 전류법 적정을 할 때 적가 부피에 따른 전류의 변화를 나타내는 그래프를 그리시오.

해답

• 분석물만 환원될 때

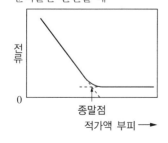

• 적가시약만 환원될 때

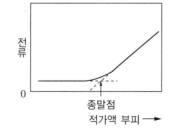

• 분석물과 적가시약 둘 다 환원될 때

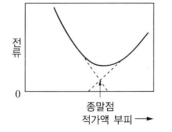

08 C = 12.011(±0.001), H = 1.00794(±0.00007)일 때, $C_{10}H_{20}$에 대한 분자량(±불확정도)을 구하시오.

> 해답
>
> · 10C $= 10 \times 12.011(\pm 0.001) = 120.11(\pm 0.01)$
> · 20H $= 20 \times 1.00794(\pm 0.00007) = 20.1588(\pm 0.0014)$
>
> 10C + 20H $= 120.11 + 20.1588(\pm S_y)$
>
> $S_y = \sqrt{(\pm 0.01)^2 + (\pm 0.0014)^2} = 0.0101$
>
> ∴ 10C + 20H $= 140.27(\pm 0.01)$

09 시료 내의 유기물을 분해할 때 질산과 황산을 이용하는데, ① 질산과 황산의 어떠한 특성을 이용하는지 쓰고, ② 분해가 완결된 지점을 확인하는 방법을 쓰시오.

> 해답
>
> ① 질산과 황산의 어떠한 특성을 이용하는지 : 시료 내의 유기물을 분해할 때 질산은 유기물을 산화 분해시키는 산화제로서의 역할을 하고, 황산은 생성된 물을 흡수하는 건조제(탈수제) 역할을 하면서 유기물을 잘 분해시킨다.
> ② 분해가 완결된 지점을 확인하는 방법 : 시료 내의 유기물을 분해할 때 질산의 경우 적갈색의 NO_2 기체가 생성되지만, 모든 유기물이 완전히 분해된 후에는 적갈색의 NO_2 기체가 발생하지 않는다. 황산의 경우 백색의 SO_3 기체가 발생한다.

10 Purge and Trap Concentrator에 대해 설명하시오.

> 해답
>
> 시료 속에 존재하는 휘발성 유기화합물(VOCs) 분석을 위한 GC 전처리 장비이다. 비활성 기체로 시료를 퍼지(Purge)하여 휘발된 VOCs를 농축시켜 GC(또는 GC/MS)로 주입하는 농축기(Concentrator)이다.

11 고체시료를 분쇄(Grinding)하였을 때 장점 2가지를 쓰시오.

> 해답
>
> ① 입자의 크기가 작아지면 시료의 균일도가 커져 벌크시료에서 취해야 하는 실험시료의 무게를 줄일 수 있다.
> ② 크기가 작아지면 비표면적이 증가하여 시약과 반응을 잘 할 수 있어 용해 또는 분해가 쉽게 일어날 수 있다.

12 정밀도는 우연오차 또는 불가측오차에 의해 나타나는데, 분석법의 정밀도를 나타내는 성능계수 파라미터 4가지를 쓰시오.

> **해답**
> ① 분산 또는 가변도
> ② 표준편차
> ③ 상대표준편차 또는 변동계수
> ④ 평균의 신뢰구간

13 크로마토그래피에서 머무름 시간(t_R ; Retention Time)에 대해 설명하시오.

> **해답**
> 시료를 주입한 후 칼럼에서 용리되어 검출기에 도달하는 시간이다.

14 다음 산화-환원 반응식을 완결하시오.

$$MnO_4^- + NO_2^- \rightarrow Mn^{2+} + NO_3^-$$

> **해답**
> $2MnO_4^- + 5NO_2^- + 6H^+ \rightarrow 2Mn^{2+} + 5NO_3^- + 3H_2O$

2016년 제4회 과년도 기출복원문제

01 유도결합플라스마 원자방출분광법이 원자흡수분광법보다 좋은 점 4가지를 쓰시오.

해답

① 높은 온도로 인해 원소 상호 간의 방해(화학적 방해)가 적고, 내화성 화합물을 만드는 원소로 측정할 수 있다.

② 자체흡수와 자체반전효과가 일어나지 않는다.

③ 여러 원소를 동시에 분석할 수 있다.

④ 대부분 원소들의 방출스펙트럼을 한 가지의 들뜸 조건에서 동시에 얻을 수 있다.

02 메탄올의 C-O 신축진동 봉우리는 1,034cm^{-1}에서 나타난다. 이 봉우리의 파수를 파장(μm)으로 나타내시오.

해답

$$\lambda = \frac{1}{\nu} = \frac{1}{1,034\text{cm}^{-1}} = 9.67 \times 10^{-4}\text{cm} = 9.67\mu\text{m}$$

03 다음 무리의 화합물을 가장 잘 분리할 수 있는 액체크로마토그래피의 종류를 쓰고, 그 방법으로 분리할 때 가장 먼저 용리되는 이온 또는 분자를 쓰시오.

① Ca^{2+}, Sr^{2+}, Fe^{3+}

② C_4H_9COOH, $C_5H_{11}COOH$, $C_6H_{13}COOH$

③ $C_{20}H_{41}COOH$, $C_{22}H_{45}COOH$, $C_{24}H_{49}COOH$

④ 1,2-다이브로모벤젠, 1,3-다이브로모벤젠

해답

① Ca^{2+}, Sr^{2+}, Fe^{3+} : 이온크로마토그래피, Ca^{2+}

② C_4H_9COOH, $C_5H_{11}COOH$, $C_6H_{13}COOH$: 정상 분배크로마토그래피, $C_6H_{13}COOH$

③ $C_{20}H_{41}COOH$, $C_{22}H_{45}COOH$, $C_{24}H_{49}COOH$: 역상 분배크로마토그래피, $C_{20}H_{41}COOH$

④ 1,2-다이브로모벤젠, 1,3-다이브로모벤젠 : 흡착크로마토그래피, 1,2-다이브로모벤젠

04 산-염기 지시약인 메틸오렌지(Methyl Orange)의 ① 변색범위와 ② 산성일 때의 색깔을 쓰시오.

해답

① 변색범위 : 3.1~4.4

② 붉은색

※ 산-염기 지시약

지시약	pH 범위	산성 색깔	염기성 색깔
티몰블루	1.2~2.8	빨간색	노란색
메틸오렌지	3.1~4.4	빨간색	오렌지색
브로모크레졸그린	3.8~5.4	노란색	파란색
메틸레드	4.2~6.3	빨간색	노란색
페놀레드	6.8~8.4	노란색	빨간색
페놀프탈레인	8.3~10	무색	빨간색

05 플루오린화수소산(HF)을 사용하여 규산염(Silicate)을 전처리할 때 다음의 물음에 답하시오.

① 플루오린화수소산을 사용하는 방법에 대해 설명하시오.

② 전처리를 한 후 잔류되어 남아 있는 플루오린화수소산을 제거하는 방법에 대해 설명하시오.

해답

① 플루오린화수소산은 유리를 녹이므로 테플론, 폴리에틸렌, 은, 백금용기에서 사용해야 하며, 시료에 주는 오염을 최소화하려면 최상급의 산을 사용해야 한다.

② 과량의 플루오린화수소산은 H_2SO_4나 $HClO_4$를 가하고 가열하여 제거한다.

06 다음의 각 분석을 수행하는 데 가장 적합한 방법을 보기에서 1가지씩 골라 쓰시오.

┤보기├

적외선 투과분광법, 적외선 반사분광법, 근적외선 반사분광법, NMR, UV-VIS 분광법, Raman 분광법, 형광분광법

① 수용액 중 소량의 벤젠 불순물의 정량

② 대기시료 중의 낮은 농도의 CO_2 정량

③ 1,2-Dichlorobenzene, 1,3-Dichlorobenzene

④ 수용액 중에 들어 있는 Fe^{3+} 정량

해답

① 수용액 중 소량의 벤젠 불순물의 정량 : 형광분광법

② 대기시료 중의 낮은 농도의 CO_2 정량 : 적외선 투과분광법

③ 1,2-Dichlorobenzene, 1,3-Dichlorobenzene : 적외선 투과분광법 또는 NMR

④ 수용액 중에 들어 있는 Fe^{3+} 정량 : UV-VIS 분광법

07 불꽃원자흡수분광법으로 금속시료를 분석할 때의 ① 화학적 방해와 ② 이를 극복하는 방법을 쓰시오.

해답

① 화학적 방해 : 분석물과 반응해 휘발성이 작은 화합물을 만들어 분석물이 원자화되는 효율을 감소시키는 음이온에 의한 방해이다.

② 이를 극복하는 방법 : 높은 온도의 불꽃을 사용하거나, 해방제 또는 보호제를 첨가하거나, 이온화 억제제를 사용한다.

08 시판되고 있는 많은 기체크로마토그래피 기기에는 보통 2가지 검출기가 부착되어 있다. 이 2가지 검출기를 쓰시오.

해답

① 불꽃이온화 검출기(FID)

② 열전도도 검출기(TCD)

09 미세전극은 지름이 수 μm 이하인 전극이며, 주어진 실험조건하에서 그 크기가 확산층 정도이거나 또는 이보다 작은 전극이다. 미세전극을 전압전류법에서 사용할 때 장점 4가지를 쓰시오.

해답
① 생물세포와 같이 매우 작은 크기의 시료에도 사용할 수 있다.
② 옴 손실이 적어 저항이 큰 용액이나 비수용매에 유용하다.
③ 빠른 전압 주사로 수명이 짧은 화학종의 연구가 가능하다.
④ 전극 크기가 작아 충전전류가 작아져서 감도가 수천 배 높다.

10 철광석 시료 0.5918g 중 철을 정량할 때 시료를 HCl에 넣어 용해시키고 NH_3로 삭여 $Fe_2O_3 \cdot H_2O$로 만든 후, 강열하여 Fe_2O_3(fw = 159.69) 0.2180g을 만들었다. 시료 중의 Fe(fw = 55.847)의 무게백분율을 구하시오.

해답
$159.69g\ Fe_2O_3 : 2 \times 55.847g\ Fe = 0.2180g\ Fe_2O_3 : X$
$X = 0.1525g\ Fe$

$\therefore$ Fe의 무게백분율 $= \dfrac{0.1525g}{0.5918g} \times 100\% = 25.77\%$

11 5℃에서 수용액 50mL를 취하였다. 15℃에서의 부피(mL)를 소수점 둘째자리까지 구하시오(단, 묽은 수용액에 대한 팽창계수는 0.025%/℃이다).

해답
$\Delta V = \alpha \times V \times \Delta T = (0.00025/℃) \times 50mL \times 10℃ = 0.125mL$
$\therefore V = V_0 + \Delta V = 50mL + 0.125mL = 50.13mL$

12 산화제인 Ce^{4+}를 적가하여 철의 함량을 측정하려고 한다. 철을 1M $HClO_4$로 전처리하여 Fe^{2+}이온으로 용해시키고, 수소기준전극과 백금전극을 사용하여 전압을 측정한다. 당량점에서 측정되는 전압(V)을 구하시오(단, 당량점에서 $[Ce^{3+}] = [Fe^{3+}]$, $[Ce^{4+}] = [Fe^{2+}]$이다).

$$Fe^{3+} + e^- \leftrightarrow Fe^{2+} \qquad E° = 0.767V$$
$$Ce^{4+} + e^- \leftrightarrow Ce^{3+} \qquad E° = 1.70V$$

해답

- $E_+ = 0.767\,V - \dfrac{0.05916}{1} \log \dfrac{[Fe^{2+}]}{[Fe^{3+}]} \quad \cdots \text{㉠}$

- $E_+ = 1.70\,V - \dfrac{0.05916}{1} \log \dfrac{[Ce^{3+}]}{[Ce^{4+}]} \quad \cdots \text{㉡}$

㉠과 ㉡을 더하면

$$2E_+ = 0.767\,V - \dfrac{0.05916}{1} \log \dfrac{[Fe^{2+}]}{[Fe^{3+}]} + 1.70\,V - \dfrac{0.05916}{1} \log \dfrac{[Ce^{3+}]}{[Ce^{4+}]}$$

$$= 2.467\,V - 0.05916 \log \dfrac{[Fe^{2+}][Ce^{3+}]}{[Fe^{3+}][Ce^{4+}]}$$

당량점에서 $[Ce^{3+}] = [Fe^{3+}]$, $[Ce^{4+}] = [Fe^{2+}]$이기 때문에 log항에서 농도비는 1이다.

따라서 대수항은 0이 되므로,

$2E_+ = 2.467\,V$

$E_+ = 1.23\,V$

∴ 전지전압 $E = E_+ - E(\text{수소전위}) = 1.23\,V - 0.00\,V = 1.23\,V$

13 다음은 혈액시료에 들어 있는 납의 함량을 반복 측정하여 얻은 값이다. 이 측정값들에 대한 ① 평균과 ② 표준편차를 구하시오(단, 소수점 넷째자리까지 구하시오. 단위는 ppm이다).

측정값	0.234, 0.236, 0.231, 0.230, 0.239

해답

① 평균

$$\bar{x} = \frac{0.234 + 0.236 + 0.231 + 0.230 + 0.239}{5} = 0.234 \text{ppm}$$

② 표준편차

$$s = \sqrt{\frac{(0.234-0.234)^2 + (0.236-0.234)^2 + (0.231-0.234)^2 + (0.230-0.234)^2 + (0.239-0.234)^2}{5-1}}$$
$$= 0.0037 \text{ppm}$$

14 몰랄농도(m)의 정의를 쓰시오.

해답

용매 1kg에 녹아 있는 용질의 몰수이다.

$$\text{몰랄농도(m)} = \frac{\text{용질의 몰수(mol)}}{\text{용매(1kg)}}$$

2017년 제1회 과년도 기출복원문제

01 분광광도법에서 사용되는 시료 셀의 재료를 파장에 따라 서로 다른 재질로 사용하는 이유를 쓰시오.

> **해답**
> 셀의 재료가 사용되는 영역의 복사선을 흡수하지 않아야 하기 때문이다.

02 $Y_2(OH)_5Cl \cdot nH_2O$의 화학식을 가진 물질을 TGA 분석 시 150℃에서 감량된 양이 20%일 경우 n을 정수로 구하시오(단, $Y_2(OH)_5Cl \cdot nH_2O$ = 388.44g/mol, HCl = 36.45g/mol, H_2O = 18.00g/mol).

> **해답**
> 150℃에서 감량된 양 20%는 H_2O의 양과 같고, 남은 80%는 $Y_2(OH)_5Cl$의 양과 같다.
> $100\% : 20\% = 388.44g : X$
> $X = 77.688g$
> $\therefore$ H_2O의 몰수 $= \dfrac{77.688g}{18.00g/mol} = 4.316mol \fallingdotseq 4mol \rightarrow n = 4$

03 이론단수를 단 높이와 칼럼의 길이의 관계식으로 나타내시오.

> **해답**
> $N = \dfrac{L}{H}$
> • N : 이론단수
> • L : 칼럼의 길이
> • H : 단 높이

04 다음 원인에 의해 생기는 계통오차의 종류를 쓰시오.

① 분석물의 비정상적인 화학적 또는 물리적 성질에 의한 영향

② 분석장비의 불완전성, 잘못된 검정, 분석장비 전력 공급방법의 잘못

③ 실험 부주의, 무관심, 개인적인 잘못

해답

① 분석물의 비정상적인 화학적 또는 물리적 성질에 의한 영향 : 방법오차

② 분석장비의 불완전성, 잘못된 검정, 분석장비 전력 공급방법의 잘못 : 기기오차

③ 실험 부주의, 무관심, 개인적인 잘못 : 개인오차

05 시료의 질소 함량을 분석하기 위한 시료 채취 상수가 0.9g일 때, 이 분석에서 0.1% 시료 채취 정밀도를 얻으려면 취해야 하는 시료의 양(g)을 구하시오.

해답

$$mR^2 = K_s$$
$$m(0.1)^2 = 0.9\text{g}$$
$$\therefore\ m = \frac{0.9\text{g}}{(0.1)^2} = 90\text{g}$$

06 5℃에서 수용액 50mL를 취하였다. 10℃에서의 부피(mL)를 소수점 넷째자리까지 구하시오(단, 묽은 수용액에 대한 팽창계수는 0.025%/℃이다).

해답

$$\Delta V = \alpha \times V \times \Delta T = (0.00025/\text{℃}) \times 50\text{mL} \times 5\text{℃} = 0.0625\text{mL}$$
$$\therefore\ V = V_0 + \Delta V = 50\text{mL} + 0.0625\text{mL} = 50.0625\text{mL}$$

07 전열원자흡수분광법에서 사용하는 매트릭스 변형제(Matrix Modifier)에 대해 설명하시오.

해답

매트릭스 변형제는 매트릭스와 반응하여 매트릭스가 분석물보다 더 잘 휘발하게 하거나 또는 분석물과 반응하여 분석물의 휘발성을 낮추고 비교적 높은 온도의 회화과정에서 매트릭스만 휘발시켜 제거하여 분석물이 손실되는 것을 방지하는 역할을 한다.

08 1,000mg/L 표준시약으로 ① 100mg/L, ② 10mg/L, ③ 1mg/L 표준시약을 만드는 방법을 쓰시오.

> **해답**
> ① 100mg/L 표준시약 : 1,000mg/L 표준시약 100mL를 1L 부피플라스크에 넣고 증류수를 넣어 1L로 한다.
> ② 10mg/L 표준시약 : 1,000mg/L 표준시약 10mL를 1L 부피플라스크에 넣고 증류수를 넣어 1L로 한다.
> ③ 1mg/L 표준시약 : 1,000mg/L 표준시약 1mL를 1L 부피플라스크에 넣고 증류수를 넣어 1L로 한다.

09 황산납(Ⅱ)(Lead(Ⅱ) Sulfate) 250mg 속에 들어 있는 납(Lead)의 질량(mg)을 구하시오(단, Lead(Ⅱ) Sulfate = 303.3g/mol, Lead(Ⅱ) = 207.2g/mol이다).

> **해답**
> $$납의\ 질량 = 250\text{mg PbSO}_4 \times \frac{207.2\text{mg Pb}}{303.3\text{mg PbSO}_4} = 170.79\text{mg Pb}$$

10 다음 ①~④에 들어갈 알맞은 용어를 쓰시오.

> • 시료의 양이 0.1g 이상인 경우 분석하는 방법을 (①)분석이라고 한다.
> • 시료의 양이 0.01~0.1g인 경우 분석하는 방법을 (②)분석이라고 한다.
> • 시료의 양이 0.001~0.01g인 경우 분석하는 방법을 (③)분석이라고 한다.
> • 시료의 양이 0.0001~0.001g인 경우 분석하는 방법을 (④)분석이라고 한다.

> **해답**
> ① 보통량
> ② 준미량
> ③ 미량
> ④ 초미량

11 다음에 해당하는 광원을 무엇이라고 하는지 쓰시오.

> - 3개의 동심형 석영관으로 이루어진 토치를 이용한다.
> - Ar 기체를 사용한다.
> - 라디오파 전류에 의해 유도코일에서 자기장이 형성된다.
> - Tesla 코일에서 생긴 스파크에 의해 Ar이 이온화된다.
> - Ar^+와 전자가 자기장에 붙들어 큰 저항열을 발생하는 플라스마를 만든다.

해답

유도결합플라스마(ICP)

12 코발트와 니켈을 동시에 정량하고자 한다. 365nm에서 Co는 3,529, Ni은 3,228의 최대 몰흡광계수를 갖고, 700nm에서 Co는 428.9, Ni은 10.2의 최대 몰흡광계수를 갖는다. 용액 중의 니켈과 코발트의 몰농도(M)를 구하시오(단, 이 혼합물의 흡광도는 365nm에서 0.598이고, 700nm에서 0.039이다).

해답

$A = (\varepsilon_{Co} \times b \times c_{Co}) + (\varepsilon_{Ni} \times b \times c_{Ni})$

- 700nm에서 $0.039 = (428.9 \times 1 \times c_{Co}) + (10.2 \times 1 \times c_{Ni})$ ⋯ ㉠
- 365nm에서 $0.598 = (3,529 \times 1 \times c_{Co}) + (3,228 \times 1 \times c_{Ni})$ ⋯ ㉡

가감법 또는 대입법을 이용한 연립방정식으로 미지수를 구한다.

㉠에서 c_{Co}에 대하여 정리하면 다음과 같다.

$428.9c_{Co} = 0.039 - 10.2c_{Ni}$

$c_{Co} = 9.0930 \times 10^{-5} - 0.0238c_{Ni}$

c_{Co}를 ㉡에 대입하여 c_{Ni}를 구한다.

$0.598 = [3,529 \times 1 \times (9.0930 \times 10^{-5} - 0.0238c_{Ni})] + (3,228 \times 1 \times c_{Ni}) = 0.3209 - 83.9902c_{Ni} + 3,228c_{Ni}$

$3,144.0098c_{Ni} = 0.2771$

$\therefore c_{Ni} = 8.8135 \times 10^{-5} ≒ 8.81 \times 10^{-5}M$

c_{Ni}를 ㉠에 대입하여 c_{Co}를 구한다.

$0.039 = (428.9 \times 1 \times c_{Co}) + (10.2 \times 1 \times 8.81 \times 10^{-5}) = 428.9c_{Co} + (8.9862 \times 10^{-4})$

$428.9c_{Co} = 0.0381$

$\therefore c_{Co} = 8.8831 \times 10^{-5} ≒ 8.88 \times 10^{-5}M$

13 흡광도 A를 측정하여 농도를 구할 수 있는 ① 식을 쓰고, 이 식에 있는 각 ② 변수들에 대해 설명하시오.

해답

① 식 : $A = \varepsilon bc$
② 변수
- A : 흡광도
- ε : 몰흡광계수
- b : 셀의 길이
- c : 시료의 농도

14 다음 (   ) 안에 들어갈 용어를 쓰시오.

> 푸리에 변환 분광기(FT/IR)의 장점은 대부분의 중간 정도의 파장 범위에서 타 실험기기와 비교했을 때 한 자리 수 이상의
> (   )을(를) 갖는다.

해답

신호 대 잡음비

01 유체역학 전압전류법에서 용액을 세게 저어주었을 때 미세전극(작업전극) 주위에서의 용액의 흐름 3가지를 그림으로 나타내고 간단히 설명하시오.

> **해답**

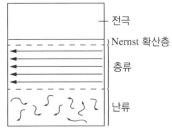

① Nernst 확산층 : 액체와 전극 사이의 마찰로 인해 전혀 움직이지 않는 얇은 용액층이다.
② 층류 : 흐름속도가 느리며, 매끄럽고 규칙적인 운동을 한다. 전극 표면 가까이에서 전극 표면과의 마찰로 인해 평행한 방향으로 미끄러져 나란히 움직인다.
③ 난류 : 불규칙적인 파동형 운동을 한다.

02 50mL Cl^- 용액에 과량의 $AgNO_3$를 가하여 $AgCl(fw = 143.321g/mol)$ 침전 0.9982g을 얻었다. Cl^-의 몰농도(M)를 구하시오.

> **해답**

$AgCl$의 몰농도 = Cl^-의 몰농도

$$\therefore \ Cl^- \text{의 몰농도} = \frac{\dfrac{0.9982g}{143.321g/mol}}{0.05L} = 0.14M$$

03　NMR 분광계를 구성하고 있는 대표적인 부분장치 5가지를 쓰시오.

> 해답
> ① 송신기 코일(라디오파 펄스 생성기)
> ② 수신기 코일(검출기)
> ③ 자석
> ④ 시료 탐침
> ⑤ 신호처리장치(컴퓨터)

04　표준용액을 만들 때 1차 표준물질의 당량 무게가 적은 것보다 큰 것을 쓰는 이유를 쓰시오.

> 해답
> 당량 무게가 클수록 mol당 상대오차가 작아지므로, 더 정확한 농도의 표준용액을 제조할 수 있다.

05　ICP 광원을 쓸 때 불꽃방출법보다 이온화 방해가 적게 일어나는 이유를 쓰시오.

> 해답
> 플라스마 내에 아르곤의 이온화로 생성되는 전자의 농도가 시료성분의 이온화로 생성되는 전자의 농도보다 크므로 분석물질의 이온화가 억제된다.

06　HCl(fw = 36.46) 시료용액에 0.5M NaOH 용액 2.49mL를 가했을 때 반응이 완결되었다면, 이 시료에 들어 있는 HCl의 무게(mg)를 구하시오.

> 해답
> NaOH와 HCl은 1 : 1로 반응한다.
> $$\frac{X}{36.46\,\mathrm{mg/mmol}} = (0.5\mathrm{mmol/mL}) \times 2.49\mathrm{mL}$$
> $\therefore\ X = 45.39\mathrm{mg}$

07 대표시료는 편리성과 경제성을 따져 볼 때 정확한 무게를 달아 사용하는 것이 바람직하다. 대표시료의 무게를 결정하는 주요 요인 3가지를 쓰시오.

해답
① 전체시료의 불균일도
② 불균일성이 나타나기 시작하는 입자의 크기
③ 전체시료의 조성과 대표시료의 조성의 차이

08 적외선, 자외선, 마이크로파, X선 중 스펙트럼의 파장이 큰 것부터 작아지는 순서대로 나열하시오.

해답
마이크로파, 적외선, 자외선, X선

09 ① 정밀도와 ② 정확도에 대해 설명하시오.

해답
① 정밀도 : 정확히 똑같은 양을 똑같은 방법으로 측정하여 얻은 측정값들이 일치하는 정도를 말하며, 평균에 얼마나 가까이 모여 있는지 나타낸다.
② 정확도 : 측정값 또는 측정값의 평균이 참값에 얼마나 가까이 있는지의 정도를 말하며 절대오차, 상대오차로 나타낸다.

10 흡수분광광도계를 구성하는 부분장치의 순서는 다음과 같다. ①~⑥에 들어갈 부분장치의 명칭을 쓰시오.

- AAS : 광원 → (①) → (②) → (③) → 신호처리장치 및 판독장치
- UV-VIS, IR : 광원 → (④) → (⑤) → (⑥) → 신호처리장치 및 판독장치

해답
① 시료용기　　　　　② 파장선택기　　　　　③ 검출기
④ 파장선택기　　　　　⑤ 시료용기　　　　　⑥ 검출기

11 약한 알칼리 용액에서 Ni^{2+}만 침전시킬 때 사용하는 유기물질을 쓰시오.

> 해답

다이메틸글리옥심(Dimethylglyoxime)

12 파장범위가 3~5μm이고 이동거울의 움직이는 속도가 0.2cm/s일 때, 간섭그림에서 측정할 수 있는 주파수의 범위를 구하시오.

> 해답

$$f = \frac{2V_M}{\lambda}$$

• 3μm일 때

$$f = \frac{2 \times 0.2\text{cm/s}}{3\mu\text{m} \times \dfrac{\text{cm}/10^{-2}\text{m}}{\mu\text{m}/10^{-6}\text{m}}} = 1,333.33\text{Hz}$$

• 15μm일 때

$$f = \frac{2 \times 0.2\text{cm/s}}{15\mu\text{m} \times \dfrac{\text{cm}/10^{-2}\text{m}}{\mu\text{m}/10^{-6}\text{m}}} = 266.67\text{Hz}$$

∴ 266.67~1,333.33Hz

13 적외선 분광법에서 사용되는 광원 6가지를 쓰시오.

> 해답

① Nernst 백열등
② Globar 광원
③ 백열선 광원
④ 수은 아크 램프
⑤ 텅스텐 필라멘트등
⑥ 이산화탄소 레이저 광원

14 정상 분배크로마토그래피와 역상 분배크로마토그래피의 특징을 보기에서 골라 표에 기호(㉠~㉫)로 적어 넣으시오.

┤보기├

㉠ 크다.
㉡ 작다.
㉢ 비극성이 먼저 용리
㉣ 극성이 먼저 용리
㉤ 용리시간 증가
㉥ 용리시간 감소

	정상 분배크로마토그래피	역상 분배크로마토그래피
이동상의 극성		
정지상의 극성		
용리 순서		
이동상의 극성이 증가하는 경우		

해답

	정상 분배크로마토그래피	역상 분배크로마토그래피
이동상의 극성	㉡	㉠
정지상의 극성	㉠	㉡
용리 순서	㉢	㉣
이동상의 극성이 증가하는 경우	㉥	㉤

15 원자흡수분광법에서 Sr을 정량하기 위하여 검정곡선을 그릴 때 K을 넣어 주는 이유를 쓰시오.

해답

분석원소보다 이온화를 잘 일으키는 K를 이온화 억제제로서 첨가하여 분석 정밀도를 높인다.

2018년 제1회 과년도 기출복원문제

01 원자흡수분광법에서 불꽃 원자화 장치 등으로 원자화를 한다. 이때 사용되는 유리관에 네온과 아르곤 등이 1~5torr 압력으로 채워진 텅스텐 양극과 원통 음극으로 이루어진 광원을 무엇이라고 하는지 쓰시오.

> **해답**
>
> 속 빈 음극등

02 이산화탄소의 진동수를 구하는 ① 근거를 쓰고, ② 진동수를 구하시오.

> **해답**
>
> ① 근거 : 이산화탄소는 선형이다.
> ② 진동수 : $3N-5=(3\times3)-5=4$

03 검출한계의 정의를 쓰시오.

> **해답**
>
> 검체 중에 존재하는 분석대상물질의 검출 가능한 최소량이다.

04 매트릭스 변형제(Matrix Modifier)의 역할을 설명하시오.

> **해답**
>
> 매트릭스 변형제는 매트릭스와 반응하여 매트릭스가 분석물보다 더 잘 휘발하게 하거나 또는 분석물과 반응하여 분석물의 휘발성을 낮추고 비교적 높은 온도의 회화과정에서 매트릭스만 휘발시켜 제거하여 분석물이 손실되는 것을 방지하는 역할을 한다.

05 미지시료 내 M^{3+}가 옥살산($H_2C_2O_4$) 25mL와 반응하여 $M_2(C_2O_4)_3$으로 된다고 할 때, 옥살산($H_2C_2O_4$)을 0.0026M $KMnO_4$로 적정하였더니 11.1mL에서 종말점이 나타났다. 이때 미지시료 내 M^{3+}의 농도(mM)를 구하시오.

해답
- 옥살산($H_2C_2O_4$)의 농도

$NV = N'V' \rightarrow nMV = n'M'V'$

$5\text{eq/mol} \times 2.6\text{mM} \times 11.1\text{mL} = 2\text{eq/mol} \times X \times 25\text{mL}$

$\therefore \ X = 2.886\text{mM}$

- 미지시료 내 M^{3+}의 농도

$3\text{eq/mol} \times Y = 2\text{eq/mol} \times 2.886\text{mM}$

$\therefore \ Y = 1.924\text{mM}$

06 일반적으로 쓰는 단색화 장치(Monochromator) 2가지를 쓰시오.

해답
① 회절격자
② 프리즘

07 ① 정밀성과 ② 정확성에 대해 각각 설명하시오.

해답
① 정밀성 : 균일한 검체를 여러 번 채취하여 정해진 조건에 따라 측정하였을 때 각각의 측정값들 사이의 근접성(분산 정도)이다.
② 정확성 : 측정값이 이미 알고 있는 참값이나 표준값에 근접한 정도이다.

08 다음 분석실험 과정들을 순서대로 기호(①~⑥)로 나열하시오.

① 검정곡선 작성	② 분석신호 측정
③ 분석결과 계산	④ 분석방법 선택
⑤ 시료 취하기	⑥ 시료 처리

해답

④ → ⑤ → ⑥ → ② → ① → ③

09 비중이 1.18인 35%(w/w) HCl(fw = 36.5) 용액의 몰농도(M)를 구하시오.

해답

$$\frac{1.18 \text{g·용액}}{\text{mL·용액}} \times \frac{1{,}000 \text{mL}}{1 \text{L}} \times \frac{35 \text{g HCl}}{100 \text{g·용액}} \times \frac{1 \text{mol HCl}}{36.5 \text{g HCl}} = \frac{11.32 \text{mol HCl}}{\text{L·용액}} = 11.32 \text{M}$$

10 신호 대 잡음비(S/N)에 대해 설명하시오.

해답

신호 대 잡음비는 측정신호의 평균(S)을 잡음신호(측정신호의 표준편차, N)로 나눈 값으로, 이 값이 크면 신호해석에 유리하다.

11 회절발에 1mm당 1,450개의 홈이 있다고 한다. 법선에 대한 입사각은 40°이고, 25°에서 1차 회절복사선이 관찰되었을 때 해당 회절복사선의 파장(nm)을 구하시오.

해답

$$n\lambda = d(\sin i + \sin r)$$

$$d = \frac{1 \text{mm}}{1{,}450 \text{홈}} \times (10^6 \text{nm/mm}) = 689.66 \text{nm}$$

$$\therefore \ \lambda = \frac{d(\sin i + \sin r)}{n} = \frac{689.66 \text{nm} \times (\sin 40° + \sin 25°)}{1} = 734.77 \text{nm}$$

12 GC에서 전처리로써 시료를 유도체화(Derivatization)하는 이유 2가지를 쓰시오.

해답
① 분석대상물질의 검출감도 향상
② 분리 특성의 개선

13 원자흡수분광기(AAS)에서 일반적으로 사용하는 원자화 장치 5가지를 쓰시오.

해답
① 불꽃 원자화 장치
② 전열 원자화 장치
③ 글로방전 원자화 장치
④ 수소화물 생성 원자화 장치
⑤ 찬 증기 원자화 장치

14 다음에 제시된 Ce^{4+}와 Fe^{2+} 사이의 산화-환원 반응식을 ① 산화반응식과 환원반응식으로 구분하여 쓰고, ② 산화제와 환원제는 어떤 것인지 각각 쓰시오.

$$Ce^{4+} + Fe^{2+} \rightarrow Ce^{3+} + Fe^{3+}$$

해답
① 산화반응식 : $Fe^{2+} \rightarrow Fe^{3+} + e^-$, 환원반응식 : $Ce^{4+} + e^- \rightarrow Ce^{3+}$
② 산화제 : Ce^{4+}, 환원제 : Fe^{2+}

2018년 제4회 과년도 기출복원문제

01 피로카테콜 바이올렛은 EDTA 적정에서 금속이온 지시약으로 사용되며, 실험과정은 다음과 같다. 다음 물음에 답하시오.

> • 금속이온 용액에 일정한 과량의 EDTA를 가하여 금속이온과 반응시킨다.
> • 적절한 완충용액을 넣어 pH를 조절하고 지시약을 넣는다.
> • 여분의 킬레이트제를 Al^{3+} 표준용액으로 역적정한다.
> • pH Buffer에서 유리지시약의 색깔은 다음과 같다.
>
> | pH | 6~7 | 7~8 | 8~9 | 9~10 |
> |---|---|---|---|---|
> | 색깔 | 적색 | 노란색 | 보라색 | 자주색 |
>
> • 금속이온과 지시약의 착물의 색깔은 파란색이다.

① 가장 적합한 완충용액의 pH를 쓰시오.
② 다음 (   ) 안에 들어갈 종말점에서의 색 변화를 쓰시오.

> 노란색 → (   )

해답
① 가장 적합한 완충용액의 pH : 7~8
② 종말점에서의 색 변화 : 파란색

02 B는 약염기로, 물에 대한 용해성이 낮아 과염소산으로 적정하기 힘들다. B를 ① 아세트산, 피리딘 중 어디에 녹여야 하는지 쓰고, ② 그 이유를 쓰시오.

해답
① 아세트산, 피리딘 중 어디에 녹여야 하는지 : 아세트산
② 이유 : 약염기를 산성용매에 녹이면 수소에 의해 염기성이 강해져 적정이 쉬워진다.

03 유효숫자를 고려하여 다음을 계산하시오.

$$7.8 + 0.127 + 5.93$$

해답

$7.8 + 0.127 + 5.93 = 13.9$

04 유기용매, 산, 산화제로 초자를 세척한 후 세척액이 남아 있는지 확인하는 방법을 각각 쓰시오.

해답

① 유기용매 : 극성이 다른 유기용매를 사용하여 두 개의 층이 생기는지 확인한다.
② 산 : 만능 pH 시험지를 사용하여 색상을 확인한다.
③ 산화제 : 루미놀을 이용하여 색상을 확인한다.

05 일반적인 크로마토그래피에서 칼럼의 길이가 2배 증가했을 때 분리능은 어떻게 변하는지 쓰시오.

해답

$\sqrt{2}$ 배 증가한다.

06 pH가 9로 완충되어 있는 0.04M Mg^{2+} 용액 50.0mL에 0.06M EDTA 용액 10.0mL를 가하였을 때 pMg($-\log[Mg^{2+}]$)를 구하시오(단, $K_f(MgY^{2-}) = 4.2 \times 10^8$, $\alpha = 0.29$).

해답

$K_f{}' = \alpha \times K_f = 0.29 \times (4.2 \times 10^8) = 1.22 \times 10^8$

조건형성상수가 매우 크므로, 이 반응은 완결된다.

Mg^{2+}와 EDTA는 1 : 1로 반응하므로

$(0.04M \times 50.0mL) - (0.06M \times 10.0mL) = 1.4mmol$의 Mg^{2+}가 남는다.

이때, 총 부피는 60.0mL이므로

$[Mg^{2+}] = \dfrac{1.4mmol}{60.0mL} = 2.33 \times 10^{-2}M$

$\therefore \ pMg = -\log[Mg^{2+}] = -\log(2.33 \times 10^{-2}) = 1.63$

07 원자흡수분광법에 선 넓힘이 일어나는 원인 4가지를 쓰시오.

해답

① 불확정성 효과

② 압력 효과

③ 도플러 효과

④ 전기장·자기장 효과

08 다음 708hours, 713hours, 719hours, 724hours의 표준편차를 구하시오.

해답

• 평균 $= \dfrac{708 + 713 + 719 + 724}{4} = 716\text{hours}$

• 분산 $= \dfrac{(708-716)^2 + (713-716)^2 + (719-716)^2 + (724-716)^2}{4-1} = 48.67\text{hours}^2$

$\therefore$ 표준편차 $= \sqrt{48.67\,\text{hours}^2} = 6.98\text{hours}$

09 다음 ( ) 안에 들어갈 숫자를 쓰시오.

염기성 물질의 pK_a가 10일 때, 유기용매에서 이 염기성 물질이 추출될 수 있는 최소 pH는 ( )이다.

해답
11.5

10 다음 ①~②에 들어갈 용어를 쓰시오.

전열 원자화 장치에서 원자화 단계는 시료를 낮은 온도에서 증발해서 (①)시키고, 전기적으로 가열된 흑연관 또는 흑연컵의 약간 높은 온도에서 (②)한 후 전류를 수백 A까지 빠르게 증가시켜 온도를 2,000~3,000℃로 한다.

해답
① 건조
② 회화

11 불꽃원자흡수분광법과 전열원자흡수분광법에서 일어나는 방해는 크게 2가지이며, 이 중 스펙트럼 방해는 방해 화학종의 흡수선 또는 방출선이 분석선에 너무 가까이 있거나 겹쳐서 단색화 장치에 의하여 분리가 불가능한 경우에 생긴다. 다음 물음에 답하시오.
① 스펙트럼 방해가 아닌 다른 하나의 방해를 쓰시오.
② 다른 하나의 방해가 나타나는 원인을 쓰시오.

해답
① 다른 하나의 방해 : 화학적 방해
② 다른 하나의 방해가 나타나는 원인 : 분석물과 반응해 휘발성이 작은 화합물을 만들어 분석물이 원자화되는 효율을 감소시키는 음이온에 의한 방해이다.

12 24.5mg의 화합물을 연소시켰을 때 CO_2 40.02mg과 H_2O 6.49mg이 생성되었다. 시료 중에 있는 ① C와 ② H의 무게백분율을 구하시오.

> **해답**
> ① C의 무게백분율
>
> $$C = 40.02mg\ CO_2 \times \frac{12mg\ C}{44mg\ CO_2} = 10.91mg\ C$$
>
> $$\therefore\ C(\%) = \frac{10.91mg\ C}{24.5mg\ 화합물} \times 100\% = 44.53\%$$
>
> ② H의 무게 백분율
>
> $$H = 6.49mg\ H_2O \times \frac{2mg\ H}{18mg\ H_2O} = 0.72mg\ H$$
>
> $$\therefore\ H(\%) = \frac{0.72mg\ H}{24.5mg\ 화합물} \times 100\% = 2.94\%$$

13 다음 ①~②에 들어갈 용어를 쓰시오.

> 분자분광법에서 분자가 흡수하는 파장의 빛을 분자에 쬐었을 때, 분자는 이 빛을 흡수하여 일부 방출하게 된다. 하지만 이러한 빛을 흡수하고 재방출하는 과정에서 흡수하는 빛의 파장은 짧아지게 되는데, 이는 분자 내 에너지 전이과정에서 (①)과 (②)에 기여하기 때문이다.

> **해답**
> ① 회전
> ② 진동

14 매트릭스 효과란 무엇인지 쓰시오.

> **해답**
> 매트릭스란 분석물질을 제외한 나머지 성분을 의미하며, 이 매트릭스가 분석과정을 방해하여 분석신호의 변화가 있는 것을 매트릭스 효과라고 한다.

2019년 제1회 과년도 기출복원문제

01 무게분석법 순서는 다음과 같다. ①~③에 들어갈 용어를 쓰시오.

> 용액 준비 – (①) – 삭임 – (②) – 씻기 – 건조 및 강열 – (③) – 계산

해답
① 침전
② 거르기
③ 무게달기

02 물의 몰농도를 구하시오.

해답
물의 밀도 $= 1g/mL = 1,000g/L$

$\therefore$ 물의 몰농도 $= \dfrac{1,000g/L}{18g/mol} = 55.56M$

03 다음 ①~③에 들어갈 내용을 쓰시오.

> 기기검출한계는 한 시료의 분취량을 (①) 측정하여 구하고, 방법검출한계는 시료를 (②) 측정하여 구한다. 방법검출한계가 기기검출한계보다 (③).

해답
① 여러 번
② 한 번씩
③ 크다

04 광학분광법은 크게 6가지 현상을 기초로 하여 이루어진다. 다음 ①~②에 들어갈 알맞은 용어를 쓰시오.

흡수(Absorption)	형광(Fluorescence)	인광(Phosphorescence)
(①)	(②)	화학발광(Chemiluminescence)

해답

① 산란(Scattering)

② 방출(Emission)

05 카드뮴, 니켈의 벗김분석에서 예상되는 반응식과 전압-전류곡선을 그래프로 나타내시오.

$$Cd^{2+} + 2e^- \rightarrow Cd(s) \qquad V = -0.403V$$
$$Ni^{2+} + 2e^- \rightarrow Ni(s) \qquad V = -0.250V$$

해답

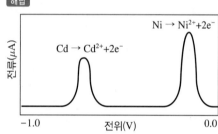

06 산-염기 지시약(HIn, In⁻)의 변색원리를 설명하시오.

해답

산-염기 지시약은 pH에 따라 H^+를 해리하거나 결합하여 분자 내 전자배치 구조가 바뀌며 색의 변화가 일어난다.

07 Gas Chromatography-Mass Spectroscopy 사용 시 Matrix에 의하여 감도가 좋지 않을 때 획기적으로 정성·정량하는 방법을 쓰시오.

해답

SIM Mode

08 불꽃 원자화 장치는 액체시료를 미세한 안개 또는 에어로졸로 만들어 불꽃 속으로 공급하는 기체 분무기로 구성되어 있다. 가장 일반적인 분무기는 동심관 형태로, 액체시료는 관 끝 주위를 흐르는 높은 압력의 기체에 의해서 모세관을 통해 빨려 들어가는 흡인(Aspiration) 운반과정을 거친다. 이 일반적인 분무기는 무엇인지 쓰시오.

해답

기압식 분무기

09 다음 전해전지의 저항이 $20\,\Omega$ 일 때, 5mA의 전류가 흐르기 위해 필요한 전위(V)를 구하시오.

> $Ag \mid AgCl(s), Cl^-(0.20M) \parallel Cd^{2+}(0.005M) \mid Cd(s)$
> $AgCl(s) + e^- \rightarrow Ag(s) + Cl^-(aq)$ $E° = 0.222V$
> $Cd^{2+} + 2e^- \rightarrow Cd(s)$ $E° = -0.403V$

해답

$E = E_+ - E_- - IR$

$\quad = -0.403 - 0.222 - \dfrac{0.05916}{2} \log\left(\dfrac{1}{0.005 \times (0.20)^2}\right) - 0.005 \times 20$

$\quad = -0.83V$

10 파장이 $4.9\mu m$일 때 파수(cm^{-1})를 구하시오.

해답

$\bar{\nu} = \dfrac{1}{\lambda} = \dfrac{1}{4.9\mu m} \times \dfrac{\mu m}{10^{-4} cm} = 2,040.82 cm^{-1}$

11 $3.3 \times 10^{-4}M$의 농도를 가진 $KMnO_4$를 셀 길이 2.0cm, 525nm에서 측정하였을 때 투과도는 42.9%이었다. 이때 ① 흡광도(유효숫자 셋째자리까지)와 ② 몰흡광계수를 구하시오.

해답

① 흡광도

$\quad A = -\log T = -\log 0.429 = 0.368$

② 몰흡광계수

$\quad A = \varepsilon bc$

$\quad 0.368 = \varepsilon \times 2.0cm \times (3.3 \times 10^{-4} mol/L)$

$\quad \therefore \varepsilon = 557.58 L/mol \cdot cm$

12 GC 검출기인 FID의 장점 5가지를 쓰시오.

> 해답

① 탄화수소류에 대해 높은 감도를 나타낸다.
② 선형 질량 감응 범위가 넓다.
③ 바탕잡음이 적다.
④ 고장이 별로 없고, 사용하기 편리하다.
⑤ 대부분의 운반기체(Carrier Gas)와 물에 대한 감도가 매우 낮다.

13 $BaCl_2 \cdot 2H_2O$(fw = 244.3g/mol)로 0.1592M Cl^- 용액 300mL를 만드는 방법을 설명하시오.

> 해답

0.1592M Cl^- 용액 300mL에 존재하는 Cl^- 몰수는 다음과 같다.

$$\frac{0.1592\text{mol Cl}^-}{\text{L}} \times \frac{\text{L}}{1,000\text{mL}} \times 300\text{mL} = 0.04776\text{mol}$$

$BaCl_2$ 1몰에 Cl^- 2몰이 존재한다.

$$0.04776\text{mol Cl}^- \times \frac{1\text{mol BaCl}_2 \cdot 2\text{H}_2\text{O}}{2\text{mol Cl}^-} = 0.02388\text{mol BaCl}_2 \cdot 2\text{H}_2\text{O}$$

$0.02388\text{mol} \times (244.3\text{g/mol}) = 5.83\text{g}$

∴ 5.83g의 $BaCl_2 \cdot 2H_2O$를 300mL 부피플라스크에 넣고 증류수를 넣어 300mL로 한다.

14 0.03M NaOH 용액 100mL에 0.4M HCl 용액 3mL를 첨가하였을 때의 pH를 구하시오.

> 해답

NaOH와 HCl은 1 : 1로 반응한다.

(0.03M × 100mL) − (0.4M × 3mL) = 1.8mmol의 NaOH가 남는다.

이때, 총 부피는 103mL이므로

$$\frac{1.8\text{mmol}}{103\text{mL}} = 0.01748\text{M}$$

∴ pH = 14 − (−log[OH^-]) = 14 − (−log0.01748) = 12.24

01 미지혼합물 A의 농도는 1.01mg/mL, B의 농도는 1.17mg/mL이고, 피크면적은 A = 10.1cm², B = 4.8cm²이었다. 미지시료 A 10mL에 B를 15mg 첨가하고 증류수를 넣어 최종 부피를 30mL로 묽혔고, 그 결과 피크면적은 A = 6.00cm², B = 6.54cm²였을 때 미지시료 A의 농도(mg/mL)를 구하시오.

해답

$$\frac{A_X}{A_S} = F\frac{[X]}{[S]}$$

$$\frac{10.1}{4.8} = F \times \frac{1.01}{1.17}$$

$$F = 2.44$$

따라서 미지시료 A 10mL에 B 15mg을 첨가하고 증류수를 넣어 최종 부피를 30mL로 묽혔을 때,

피크면적은 A = 6.00cm², B = 6.54cm²이므로

$$\frac{6.00}{6.54} = 2.44 \times \frac{[A] \times 10.0\text{mL}/30\text{mL}}{15\text{mg}/30\text{mL}}$$

$$\therefore \ [A] = 0.56\text{mg/mL}$$

02 데이터 9.96, 9.98, 10.09, 10.12, 10.48에서 10.48을 버릴지 Q-test를 이용하여 결정하시오.

데이터 수	4	5	6
90% 신뢰수준	0.76	0.64	0.56

해답

$$Q_{계산} = \frac{간격}{범위} = \frac{10.48 - 10.12}{10.48 - 9.96} = 0.69$$

$$0.69(Q_{계산}) > 0.64(Q_{표})$$

$\therefore \ Q_{계산}$값이 $Q_{표}$값보다 크므로, 10.48은 버린다.

03 다음 ①~②에 들어갈 용어를 쓰시오.

> 분석화학에서 (①)은 시료 중에 어떠한 화학종이 함유되어 있는가를 확인하는 시험이고, (②)은 시료 중에 각 성분물질의 양적 관계를 구하는 시험이다.

해답
① 정성분석
② 정량분석

04 AAS에서 Smith-Hieftje 바탕 보정에 대하여 설명하시오.

해답
큰 전류로 작동할 때 속 빈 음극등에서 방출하는 복사선의 자체반전이나 자체흡수현상에 바탕을 두는 보정법이다.

05 어떤 물질의 몰흡광계수는 25.5L/mol·cm이고 몰농도는 0.0012M일 때, 셀 길이 2.0cm에서 ① 흡광도와 ② 투광도(%)를 구하시오.

해답
① 흡광도
$$A = \varepsilon bc = (25.5\text{L/mol}\cdot\text{cm}) \times 2.0\text{cm} \times (0.0012\text{mol/L}) = 0.06$$
② 투광도(%)
$$A = -\log T$$
$$T = 10^{-A} = 10^{-0.06} = 0.8710$$
$$\therefore T(\%) = T \times 100\% = 0.8710 \times 100\% = 87.10\%$$

06 원자흡수분광법에서 가장 많이 사용되는 광원을 쓰시오.

 해답

속 빈 음극등(Hollow Cathode Lamp)

07 시료 A에 T를 첨가하면 P가 생성된다. 이때, A와 P의 몰흡광계수는 0이고 T의 몰흡광계수가 > 0일 때, 적가 부피에 따른 흡광도의 그래프를 그리고, 당량점을 표시하시오.

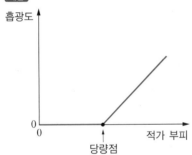 해답

08 다음 ①~③에 들어갈 SI 단위를 쓰시오.

	기본 단위	SI 단위
진동수	Hz	s^{-1}
힘	N	$kg \cdot m \cdot s^{-2}$
압력	Pa	①
에너지	J	②
일률	W	③

해답

① $kg \cdot m^{-1} \cdot s^{-2}$

② $kg \cdot m^{2} \cdot s^{-2}$

③ $kg \cdot m^{2} \cdot s^{-3}$

09 다음 물음에 답하시오.

① 비중이 1.18인 37%(w/w) HCl(fw = 36.5g/mol) 9mL에 증류수를 넣어 1L로 하였을 때 몰농도(M)를 구하시오.

② Na_2CO_3(fw = 106g/mol) 0.2345g을 염산용액으로 적정할 때 당량점에서 소비된 부피가 25.51mL였다. 이때 염산용액의 몰농도(M)를 구하시오.

[해답]

① 몰농도(M)

$$몰농도 = \frac{1{,}000 \times 밀도 \times \%농도}{분자량} = \frac{\dfrac{1{,}000mL}{1L} \times 1.18g/mL \times \dfrac{37g}{100g}}{36.5g/mol} = 11.9616M$$

$MV = M'V'$ 이므로

$11.9616M \times 9mL = X \times 1{,}000mL$

$\therefore X = 0.11M$

② 염산용액의 몰농도(M)

Na_2CO_3의 몰수 $= \dfrac{0.2345g}{106g/mol} = 2.21 \times 10^{-3}mol$

$NV = N'V' \rightarrow$ 당량수 $\times MV(mol) =$ 당량수$' \times M'V'(mol)$

$2eq/mol \times (2.21 \times 10^{-3}mol) = 1eq/mol \times X \times 0.02551L$

$\therefore X = 0.17M$

10 크로마토그래피에서 칼럼의 효율에 영향을 주는 속도론적 변수 6가지를 쓰시오.

[해답]

① 이동상의 선형속도
② 이동상에서의 확산계수
③ 정지상에서의 확산계수
④ 머무름 인자
⑤ 충전물 입자의 지름
⑥ 정지상 표면에 입힌 액체막의 두께

11 플라스크와 피펫에 기재되어 있는 A표시 유무에 따른 차이를 쓰시오.

[해답]

A표시는 교정된 유리 기구를 나타내는 것으로, 온도에 대해 교정이 이루어진 것을 의미한다.

12 상대표준편차가 1.0%일 때 상대표준편차를 0.05%로 낮추려면 몇 번의 측정이 필요한지 구하시오.

[해답]

나중 상대표준편차 $= \dfrac{\text{처음 상대표준편차}}{\sqrt{\text{측정횟수}}}$

$\sqrt{\text{측정횟수}} = \dfrac{1.0}{0.05} = 20$

$\therefore$ 측정횟수 $= 400$번

13 약산 0.5918g을 0.8214M의 NaOH로 적정할 때 종말점의 소비량은 18.77mL였다. 이때 약산의 당량당 무게를 구하시오.

[해답]

NaOH의 몰수 $= 0.8214\text{M} \times 18.77\text{mL} \times \dfrac{1\text{L}}{1{,}000\text{mL}} = 1.54 \times 10^{-2}\text{mol}$

$NV = N'V' \rightarrow$ 당량수 $\times MV(\text{mol}) =$ 당량수$' \times M'V'(\text{mol})$

$X\text{eq/mol} \times \dfrac{0.5918\text{g}}{MW\text{g/mol}} = 1\text{eq/mol} \times (1.54 \times 10^{-2}\text{mol})$

$\therefore \dfrac{MW\text{g}}{X\text{eq}} = \dfrac{0.5918\text{g}}{1 \times 1.54 \times 10^{-2}\text{eq}} = 38.43\text{g/eq}$

14 기체크로마토그래피를 150℃에서 했을 때 작은 분자량을 갖는 분자는 분리가 잘 안 되고 큰 분자량을 갖는 분자는 느리게 나와 분리가 똑바로 일어나지 않았다. 이때 온도를 어떻게 조절해야 하는지 설명하시오.

[해답]

온도를 50~250℃ 범위에서 매분 일정하게 올리는 온도프로그래밍을 사용하면 모든 화합물들이 용리되고, 봉우리들 사이의 분리 정도가 매우 일정해진다. 단, 온도를 너무 높여 분석물질과 정지상이 열분해가 일어나지 않도록 주의해야 한다.

2019년 제4회 과년도 기출복원문제

01 질량분석법의 측정원리(방법)에 대하여 설명하시오.

> 해답

시료를 기체화한 후 이온으로 만들어 가속시켜 질량 대 전하비(m/z)에 따라 분리하여 검출기를 통해 질량스펙트럼을 얻는다.

02 측정 농도의 평균이 42.2ppm이고, 표준편차가 0.81ppm인 시료를 취할 때 표준편차가 1.92ppm이라면 전체 분산값은 얼마인지 구하시오.

> 해답

$$S_o^2 = S_a^2 + S_s^2 = (0.81\text{ppm})^2 + (1.92\text{ppm})^2 = 4.34\text{ppm}^2$$

03 0.052M Na$^+$ 표준물질 500mL를 만들 때 필요한 Na$_2$CO$_3$(fw = 105.99g/mol)의 질량(g)을 구하시오.

> 해답

$$\frac{0.052\text{mol Na}^+}{\text{L}} \times 0.5\text{L} \times \frac{1\text{mol Na}_2\text{CO}_3}{2\text{mol Na}^+} \times \frac{105.99\text{g Na}_2\text{CO}_3}{1\text{mol Na}_2\text{CO}_3} = 1.38\text{g}$$

04 비중이 1.18이고, 37wt%인 HCl(fw = 36.5)로 2M HCl 500mL를 만들 때 필요한 HCl의 부피(mL)를 구하시오.

해답

$$몰농도 = \frac{1,000 \times 밀도 \times \%농도}{분자량} = \frac{\frac{1,000mL}{1L} \times 1.18g/mL \times \frac{37g}{100g}}{36.5g/mol} = 11.9616M$$

$MV = M'V'$ 이므로

$11.9616M \times X = 2M \times 500mL$

$\therefore X = 83.60mL$

05 음용수 중의 중금속을 분석하기 위한 분석법 3가지를 쓰시오.

해답

① AAS
② ICP-AES
③ ICP-MS

06 계통오차의 종류 3가지를 쓰고, 각각 설명하시오.

해답

① 기기오차 : 측정장치 또는 기기의 불완전성, 잘못된 검정 등으로부터 생기는 오차이다.
② 방법오차 : 분석과정 중 비정상적인 화학적 또는 물리적 성질로 인해 생기는 오차이다.
③ 개인오차 : 실험자의 부주의와 개인적인 한계 등에 의해 생기는 오차이다.

07 메틸오렌지를 사용하여 0.5M H_2SO_4 ① 표정방법을 1차 표준물질과 화학양론비를 명시하여 설명하고, ② 취급방법을 쓰시오.

해답

① 1차 표준물질인 탄산나트륨을 정확히 달아서 만든 용액에 메틸오렌지 지시약을 넣고 적정하여 표준화한다.
   0.5M H_2SO_4 1L = Na_2CO_3 52.995g
② 증발하지 않도록 밀폐용기에 보관한다.

08 데이터 9.96, 9.98, 10.09, 10.12, 10.48에서 10.48을 버릴지 Q-test를 이용하여 결정하시오.

데이터 수	4	5	6
90% 신뢰수준	0.76	0.64	0.56

해답

$$Q_{계산} = \frac{간격}{범위} = \frac{10.48 - 10.12}{10.48 - 9.96} = 0.69$$

$0.69(Q_{계산}) > 0.64(Q_{표})$

∴ $Q_{계산}$값이 $Q_{표}$값보다 크므로, 10.48은 버린다.

09 X선을 이용한 분석법 4가지를 쓰시오.

해답

① XRD
② XRR
③ XRF
④ XRS

10 원자흡수분광법과 원자방출분광법에서 쓰이는 원자화 방법 5가지를 쓰시오.

해답

① 불꽃 원자화
② 전열 원자화
③ 글로방전 원자화
④ 수소화물 생성 원자화
⑤ 찬 증기 원자화

11 해수 속에 Pb과 NaCl이 있다. 이때 NaCl Matrix의 방해로 인하여 제대로 된 분석이 어렵다. Pb만 분석하기 위하여 NaCl Matrix를 용매추출법으로 제거하는 방법을 쓰시오.

해답

해수 중의 유기물을 질산으로 분해시키고, Pb을 다이싸이존-클로로폼 용액을 이용하여 착화합물을 형성시킨 후 추출하여 NaCl Matrix를 제거한다.

12 0.34M의 OH⁻를 만들려면 0.5M NaOH 50mL에 추가해야 하는 0.15M Ba(OH)₂의 양(L)을 구하시오(단, 물에서 강염기는 100% 해리된다).

해답

$0.34\text{mol OH}^-/\text{L} \times (0.05\text{L} + X\text{L}) = (0.5\text{mol OH}^-/\text{L} \times 0.05\text{L}) + (2 \times 0.15\text{mol OH}^-/\text{L} \times X\text{L})$

$0.017\text{mol OH}^- + 0.34X\text{mol OH}^- = 0.025\text{mol OH}^- + 0.3X\text{mol OH}^-$

$0.04X\text{mol OH}^- = 0.008\text{mol OH}^-$

$\therefore X = 0.2\text{L}$

13 572ppm의 Cu^{2+} 100mL를 만들 때 필요한 $CuSO_4 \cdot 5H_2O$의 양(mg)을 구하시오(단, Cu의 원자량은 63.55g/mol, 용액의 밀도는 1g/mL이다).

해답

$572\text{ppm Cu}^{2+} = 572\text{mg Cu}^{2+}/\text{L} = 57.2\text{mg Cu}^{2+}/100\text{mL}$

$57.2\text{mg} : X = 63.55\text{g/mol} : 249.55\text{g/mol}$

$\therefore X = 224.61\text{mg CuSO}_4 \cdot 5\text{H}_2\text{O}$

14 역상 분배크로마토그래피에서 사용하는 이동상의 종류 2가지를 쓰시오(단, 물 제외).

해답

① 아세토나이트릴
② 메탄올

2020년 제1회 과년도 기출복원문제

01 다음 물음에 답하시오.

① 데이터 123, 140, 144, 147, 150에서 123을 버릴지 Q-test를 이용하여 결정하시오.

데이터 수	5
90% 신뢰수준	0.642

② 95% 신뢰수준에서 참값이 있을 수 있는 신뢰구간을 구하시오.

[Student's t표(신뢰수준, 95%)]

자유도	3	4
Student's t	3.18	2.78

해답

① Q-test

$$Q_{계산} = \frac{간격}{범위} = \frac{140-123}{150-123} = 0.63$$

$$0.63(Q_{계산}) < 0.642(Q_{표})$$

∴ $Q_{계산}$값이 $Q_{표}$값보다 작으므로, 123은 버리지 않는다.

② 신뢰구간

- $\bar{x} = \dfrac{123+140+144+147+150}{5} = 140.8$

- $s = \sqrt{\dfrac{(123-140.8)^2+(140-140.8)^2+(144-140.8)^2+(147-140.8)^2+(150-140.8)^2}{5-1}} = 10.62$

∴ $\mu = \bar{x} \pm \dfrac{ts}{\sqrt{n}} = 140.8 \pm \dfrac{2.78 \times 10.62}{\sqrt{5}} = 140.8 \pm 13.20$

02 다음은 어느 중합체의 열분석도를 나타낸 그림이다. ① (A)~(E)에 해당하는 상태와 ② 이를 분석하는 분석법의 명칭을 쓰시오.

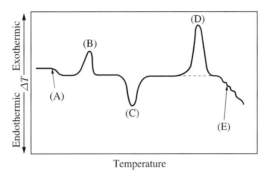

해답

① (A)~(E)에 해당하는 상태
- (A) : 유리전이
- (B) : 결정화
- (C) : 용융
- (D) : 산화
- (E) : 분해

② 분석법 : 시차열분석법(DTA)

03 얇은 막크로마토그래피를 이용하여 2차원 박층크로마토그래피(2D-TCL)를 나타내는 방법을 설명하시오(단, 그림으로 나타내도 무방하다).

해답

먼저 한쪽으로 전개시켜 시료를 분리한 후, 90° 회전하여 극성이 다른 이동상으로 전개하여 분리시킨다.

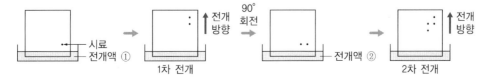

04 50mL Cl⁻ 용액에 과량의 AgNO₃를 가하여 AgCl(fw = 143.321g/mol) 침전 0.9982g을 얻었다. Cl⁻의 몰농도(M)를 구하시오.

> 해답

AgCl의 몰농도 = Cl⁻의 몰농도

$$\therefore \ Cl^-의 \ 몰농도 = \frac{\dfrac{0.9982g}{143.321g/mol}}{0.05L} = 0.14M$$

05 ① 흡수분광계와 ② 방출형광분광계의 기기구조를 순서대로 쓰시오(단, 분광광도계는 광원, 시료 셀, 단색화 장치, 검출기로 구성된다).

> 해답

① 흡수분광계
   • 원자흡수 : 광원 → 시료 셀 → 단색화 장치 → 검출기
   • 분자흡수 : 광원 → 단색화 장치 → 시료 셀 → 검출기
② 방출형광분광계

   광원
   ↓
   단색화 장치
   ↓
   시료 셀 → 단색화 장치 → 검출기

06 시료를 전처리할 때 가리움제를 넣어 주는 이유를 쓰시오.

> 해답

가리움제는 시료 내의 방해화학종과 먼저 반응하여 착물을 형성해 방해를 줄이고, 분석물이 잘 반응할 수 있도록 도와준다.

07 Propane(C_3H_8)의 완전연소 반응에서 몰연소 엔탈피(kJ/mol)를 구하시오(단, 반응은 1기압, 25℃에서 진행되며, 물의 증발잠열은 2,440kJ/kg이다).

---

① $2C + 3H_2 \rightarrow C_2H_6(g)$ $\Delta H_f^\circ = -84.68 \text{kJ/mol}$

② $3C + 4H_2 \rightarrow C_3H_8(g)$ $\Delta H_f^\circ = -103.85 \text{kJ/mol}$

③ $C + O_2 \rightarrow CO_2(g)$ $\Delta H_f^\circ = -393.5 \text{kJ/mol}$

④ $H_2 + \dfrac{1}{2}O_2 \rightarrow H_2O(g)$ $\Delta H_f^\circ = -241.8 \text{kJ/mol}$

해답

• $-$② : $C_3H_8(g) \rightarrow 3C + 4H_2 + (+103.85\text{kJ/mol})$ ⋯ ㉠
• $3 \times$③ : $3C + 3O_2 \rightarrow 3CO_2(g) + (-1,180.5\text{kJ/mol})$ ⋯ ㉡
• $4 \times$④ : $4H_2 + 2O_2 \rightarrow 4H_2O(g) + (-967.2\text{kJ/mol})$ ⋯ ㉢

25℃에서 물은 액체상태이며, 이때의 증발잠열은 $2,440\text{kJ/kg} \times (0.018\text{kg/mol}) = 43.92\text{kJ/mol}$이다.

⑤ $H_2O(l) \rightarrow H_2O(g)$ $\Delta H_f^\circ = +43.92\text{kJ/mol}$

• $-4 \times$⑤ : $4H_2O(g) \rightarrow 4H_2O(l) + (-175.68\text{kJ/mol})$ ⋯ ㉣

완전연소 반응식 : ㉠$+$㉡$+$㉢$+$㉣$= C_3H_8(g) + 5O_2 \rightarrow 3CO_2(g) + 4H_2O(l) + (-2,219.53\text{kJ/mol})$

∴ 몰연소 엔탈피 $= -2,219.53\text{kJ/mol}$

---

08 시료 표면에 전자 또는 X선을 조사하여 K껍질의 에너지 준위로 전이되는 과정에서 얻은 에너지로 원자 내의 L껍질 준위의 전자를 쳐서 튀어 나오는 전자를 KLL이라 하고, 여기에 M껍질의 전자가 메워지며 남는 에너지로 N껍질 준위의 전자를 쳐서 튀어 나오는 전자를 MNN이라 한다. 이를 분석할 수 있는 표면물질 분석방법을 쓰시오.

해답

오우거전자분광법(AES)

09 지하수의 총경도를 0.01mol/L EDTA 표준용액으로 적정을 하려고 한다. ① 경도 측정방법을 간단히 쓰고, ② 경도를 구하는 계산식을 쓰시오(단, 지하수 100mL 기준으로 소모된 0.01mol/L EDTA 표준용액은 TmL이며, Ca(fw) = 40g/mol, 경도의 단위는 mg/L이다).

해답

① 경도 측정방법
- 지하수에 NH_3 완충용액을 넣어 pH 10을 맞춘다.
- 지시약 EBT를 넣는다.
- 0.01M EDTA 표준용액을 적가한다.
- 적자색에서 청색으로 바뀌면 적가를 멈추고, 뷰렛의 눈금을 읽는다.

② 경도를 구하는 계산식

금속과 EDTA는 1 : 1로 반응한다.

$$[Ca^{2+}] = 0.01\text{mol/L EDTA} \times \frac{T\text{mL}}{100\text{mL}}$$

$$\therefore \text{경도(mg/L)} = [Ca^{2+}] \times \frac{100\text{g CaCO}_3}{1\text{mol CaCO}_3} \times \frac{1{,}000\text{mg}}{1\text{g}}$$

$$= 0.01\text{mol/L EDTA} \times \frac{T\text{mL}}{100\text{mL}} \times \frac{100\text{g CaCO}_3}{1\text{mol CaCO}_3} \times \frac{1{,}000\text{mg}}{1\text{g}} = 10\,T$$

10 구리이온(Cu^{2+})을 전기분해하여 석출하려 한다. 다른 산화–환원 반응이 없을 때 0.2A의 일정한 전류를 20분간 흘렸을 경우에, 환원전극에서 증가한 질량(g)을 구하시오(단, $1F$은 96,485C/mol이고, Cu(fw) = 63.5g/mol이다).

Zn(s) | ZnSO₄(aq) ‖ CuSO₄(aq) | Cu(s)

해답

$Cu^{2+} + 2e^- \leftrightarrow Cu(s)$

$$W(\text{석출량}) = 0.2\text{A} \times 20\text{min} \times \frac{60\text{s}}{1\text{min}} \times \frac{1\text{C}}{1\text{A} \cdot 1\text{s}} \times \frac{1\text{mol e}^-}{96{,}485\text{C}} \times \frac{1\text{mol Cu}}{2\text{mol e}^-} \times \frac{63.5\text{g Cu}}{1\text{mol Cu}}$$

$$= 0.08\text{g}$$

11 원자흡수분광법(AAS)에서 사용하는 원자화 방법 4가지를 쓰시오.

해답

① 불꽃 원자화
② 전열 원자화
③ 수소화물 생성 원자화
④ 찬 증기 원자화

12 다음 설명에 해당하는 광원을 무엇이라고 하는지 쓰시오.

> • 3개의 동심형 석영관으로 이루어진 토치를 이용한다.
> • Ar 기체를 사용한다.
> • 라디오파 전류에 의해 유도코일에서 자기장이 형성된다.
> • Tesla 코일에서 생긴 스파크에 의해 Ar이 이온화된다.
> • Ar^+와 전자가 자기장에 붙들어 큰 저항열을 발생하는 플라스마를 만든다.

해답

유도결합플라스마(ICP)

13 다음에 제시된 ^{1}H-NMR Spectrum과 ^{13}C-NMR Spectrum을 통해 $C_8H_{14}O_4$의 구조식을 그리시오(단, Integration 비율은 Quartet : Singlet : Triplet = 1 : 1 : 1.50이다).

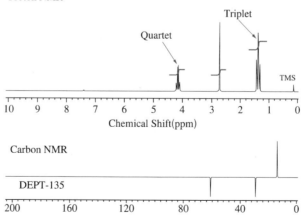

해답

01 다음 TGA 열분석도를 통해 $CaC_2O_4 \cdot nH_2O$의 분자량을 구하시오(단, Ca의 원자량은 40g/mol이다).

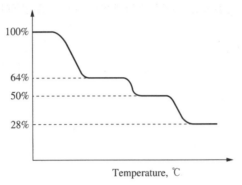

해답

$64\% : 100\% = 128g/mol \; CaC_2O_4 : Xg/mol \; CaC_2O_4 \cdot nH_2O$

$\therefore X = 200g/mol \; CaC_2O_4 \cdot nH_2O$

02 ^{1}H-NMR로 1-chloro-2-methylpropane을 분석했을 때 나오는 ① 피크의 수와 ② 각 피크의 다중도를 쓰시오.

해답

① 피크의 수 : 3개

② 각 피크의 다중도 : 2 : 21 : 2

Cl —⟨

03 미지시료 A, B에 들어 있는 L-ascorbic Acid를 정량하고자 한다. L-ascorbic Acid의 농도가 75mg/L인 미지시료 A를 265nm에서 1.00cm의 측정 셀로 3번 측정한 결과, 평균 흡광도는 0.4773이었다. 미지시료 B를 측정할 때 측정 셀이 부족하여 2.00cm의 측정 셀로 측정한 결과, 흡광도는 0.3417이었다. L-ascorbic Acid의 분자량이 196.12g/mol일 때, 다음 물음에 답하시오.

① L-ascorbic Acid의 몰흡광계수를 구하시오.

② 미지시료 B의 L-ascorbic Acid의 농도(mg/L)를 구하시오.

해답

① L-ascorbic Acid의 몰흡광계수

$A = \varepsilon bc$

$$0.4773 = \varepsilon \times 1.00cm \times \frac{0.075g/L}{196.12g/mol}$$

∴ $\varepsilon = 1,248.11L/mol \cdot cm$

② 미지시료 B의 L-ascorbic Acid의 농도(mg/L)

$A = \varepsilon bc$

$0.3417 = (1,248.11L/mol \cdot cm) \times 2.00cm \times X$

$X = 1.37 \times 10^{-4} mol/L$

∴ L-ascorbic Acid의 농도(mg/L) $= (1.37 \times 10^{-4} mol/L) \times (196.12g/mol) \times (1,000mg/g) = 26.87mg/L$

04 이온성 화합물을 생성하는 반응에 근거하는 은 적정법에 일반적으로 사용되는 표준용액을 쓰시오.

해답

SCN^- 표준용액

05 다음 조건을 참고하여 ①과 ②에서 제시된 물질을 약산에서 강산 순으로 나열하시오.

> • 조건 1. 산소산에 전기음성도가 큰 원자가 붙을수록 더 강하게 OH를 당겨 산성의 세기가 커진다.
> • 조건 2. 산소산은 중심원자 주위에 산소가 포함된 산을 말하는데, 중심원소의 전기음성도가 클수록 산성의 세기 또한 커진다.

① BrOH, IOH, ClOH

② HClO, HClO₂, HClO₃, HClO₄

해답

① IOH < BrOH < ClOH

② HClO < HClO₂ < HClO₃ < HClO₄

06 통계학적으로, 실험적으로 얻은 평균($\overline{x}$) 주위에 참 모집단 평균이 주어진 확률로 분포하는 것을 신뢰구간이라고 한다. 신뢰구간의 ① 계산식과 ② 각 항이 나타내는 것을 설명하시오.

해답

① 계산식 : 신뢰구간 $= \overline{x} \pm \dfrac{ts}{\sqrt{n}}$

② 각 항이 나타내는 것
- $\overline{x}$: 평균
- t : Student의 t값
- s : 표준편차
- n : 측정횟수

07 이온교환수지를 전해질 용액에 넣으면 전해질의 농도는 수지의 안쪽보다 수지의 바깥쪽이 더 크다. 이때 용액 내 이온과 수지 내 이온 사이의 평형을 무엇이라고 하는지 쓰시오.

해답

Donnan 평형

08 다음 ^{1}H–NMR Spectrum 및 IR Spectrum을 보고 분자식 $C_5H_{10}O$의 구조식을 그리시오(단, H–NMR Spectrum 의 적분비는 3 : 1 : 1 : 2 : 2 : 1이다).

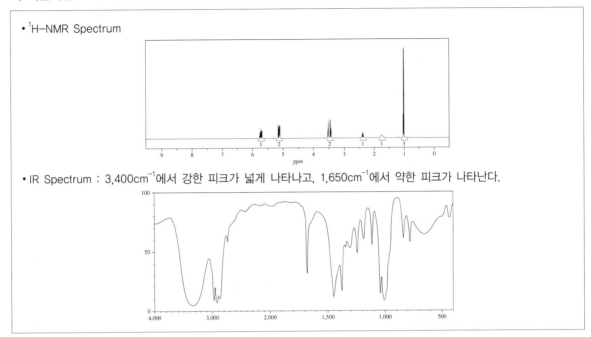

• ^{1}H–NMR Spectrum

• IR Spectrum : 3,400cm^{-1}에서 강한 피크가 넓게 나타나고, 1,650cm^{-1}에서 약한 피크가 나타난다.

해답

H$_2$C ═══╱╲╱OH
          │
         CH$_3$

09 Hooke의 법칙을 이용하여 탄소–탄소 이중결합(C=C)의 신축진동수를 구하시오(단, 탄소의 원자량은 12amu, 이중결합 힘 상수는 1×10^6dyne/cm, 빛의 속도는 3.00×10^{10}cm/s이다).

해답

$$\nu = \frac{1}{2\pi c} \sqrt{\frac{k}{\mu}} \ , \ \mu = \frac{m_1 \cdot m_2}{m_1 + m_2}$$

$$\therefore \ \nu = \frac{1}{2\pi(3.00 \times 10^{10})} \sqrt{\frac{1 \times 10^6 \times (12 + 12) \times (6.023 \times 10^{23})}{12 \times 12}} = 1,680.85\text{cm}^{-1}$$

10 0.1M HCl 용액 50mL에 0.25M NaOH 용액 5mL를 가했을 때의 pH를 구하시오.

해답

NaOH와 HCl은 1 : 1로 반응한다.

$(0.1\text{M} \times 50\text{mL}) - (0.25\text{M} \times 5\text{mL}) = 3.75\text{mmol}$의 HCl이 남는다.

$$[\text{H}^+] = \frac{3.75\text{mmol}}{55\text{mL}} = 0.0682\text{M}$$

$$\therefore \ \text{pH} = -\log[\text{H}^+] = -\log 0.0682 = 1.17$$

11 다음 ①~②에 들어갈 용어를 쓰시오.

HPLC에서 이동상을 1가지 조성의 용매만을 사용하는 방법을 (①) 용리, 2가지 이상의 조성을 사용하는 방법을 (②) 용리라고 한다.

해답

① 등용매
② 기울기

12 다음 용어의 정의를 쓰시오.

① 몰농도

② 몰랄농도

해답

① 몰농도 : 용액 1L에 녹아 있는 용질의 몰수이다.
② 몰랄농도 : 용매 1kg에 녹아 있는 용질의 몰수이다.

13 GC에서 사용되는 검출기 5가지를 쓰시오.

해답

① 불꽃이온화 검출기(FID)
② 열전도도 검출기(TCD)
③ 전자포획 검출기(ECD)
④ 질량분석 검출기(MSD)
⑤ 질소-인 검출기(NPD)

14 다음과 같은 갈바니 전지에서 $E = 0.515V$이고, Ag/AgCl 전극에서 Cl^-의 농도가 0.2M이다. 이때, H^+의 몰농도 (M)를 구하시오.

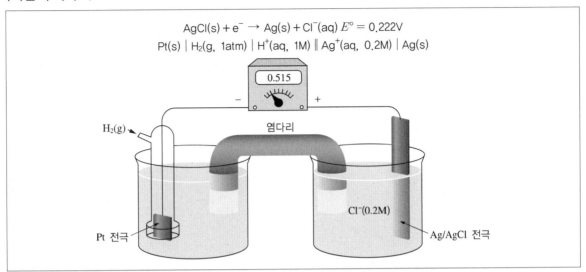

$$AgCl(s) + e^- \rightarrow Ag(s) + Cl^-(aq) \quad E° = 0.222V$$

$$Pt(s) \mid H_2(g,\ 1atm) \mid H^+(aq,\ 1M) \parallel Ag^+(aq,\ 0.2M) \mid Ag(s)$$

0.515

$H_2(g)$

염다리

$Cl^-(0.2M)$

Pt 전극

Ag/AgCl 전극

해답

• 환원전극 : $2AgCl(s) + 2e^- \leftrightarrow 2Ag(s) + 2Cl^-(aq)$, $E° = 0.222V$

$$E_+ = 0.222 - \frac{0.05916}{2} \times \log[Cl^-]^2 = 0.222 - \frac{0.05916}{2} \times \log[0.2]^2 = 0.263351V$$

$$E = E_+ - E_- = 0.515 = 0.263351 - E_-$$

$$E_- = -0.251649V$$

• 산화전극 : $2H^+ + 2e^- \rightarrow H_2(g)$, $E° = 0V$

$$E_- = 0 - \frac{0.05916}{2} \times \log\frac{P_{H_2}}{[H^+]^2} = 0.05916\log[H^+] = -0.251649$$

$$\log[H^+] = -4.2537$$

$$\therefore [H^+] = 5.58 \times 10^{-5}M$$

15 X-ray Fluorescence(XRF)로 첨단 무기 재료 중 100mg/kg의 Pb을 분석하려고 한다. ICP를 이용했을 때와 비교했을 때 XRF의 단점을 1가지만 쓰시오.

해답

XRF의 검출한계가 더 커서 ICP의 정량분석보다 신뢰도가 떨어진다.

2020년 제3회 과년도 기출복원문제

01 62wt% 수산화암모늄 용액을 이용하여 0.5M NH₃ 250mL를 제조하려고 할 때, 필요한 수산화암모늄 용액의 부피(mL)를 구하시오(단, 수산화암모늄 용액의 밀도는 0.899g/mL이다).

해답

$$\frac{0.5\text{mol NH}_3}{\text{L}} \times 0.25\text{L} \times \frac{1\text{mol NH}_4\text{OH}}{1\text{mol NH}_3} \times \frac{35\text{g NH}_4\text{OH}}{1\text{mol NH}_4\text{OH}} \times \frac{100\text{g 용액}}{62\text{g NH}_4\text{OH}} \times \frac{1\text{mL}}{0.899\text{g 용액}} = 7.85\text{mL}$$

02 크로마토그래피의 관 효율에 영향을 주는 변수 중 N은 이론단수를 말한다. 이론단수(N)를 나타내는 ① 식을 쓰고, 이 식에 쓰이는 ② 각 변수의 의미를 쓰시오.

해답

① 식 : $N = \dfrac{L}{H}$

② 각 변수의 의미
- N : 이론단수
- L : 칼럼의 길이
- H : 단 높이

03 비행시간형 질량분석계(TOF-MS)에서 질량 대 전하 비(m/z)를 측정하기 위해 ① 사용되는 식을 유도하고, ② m/z 측정에 영향을 주는 변수를 쓰시오.

해답

① 사용되는 식 유도

$$ze\,V = \frac{mv^2}{2} = \frac{m}{2}\left(\frac{L}{t}\right)^2 = \frac{mL^2}{2t^2}$$

$$\therefore\ \frac{m}{z} = \frac{2e\,Vt^2}{L^2}$$

여기서, z : 이온의 전하

$\qquad\quad e$: 전자의 전하량

$\qquad\quad V$: 가속전압

$\qquad\quad m$: 이온의 질량

$\qquad\quad v$: 이온의 속도

$\qquad\quad L$: 비행거리

$\qquad\quad t$: 비행시간

② m/z 측정에 영향을 주는 변수 : 전자의 전하량, 전기장의 세기, 비행거리, 비행시간

04 1차 표준물질(Primary Standard)이 가져야 할 4가지 요건을 쓰시오.

해답

① 순도가 99.9% 이상으로 매우 순수해야 한다.

② 적정용액에서 용해도가 커야 한다.

③ 공기 중에서 반응성이 없어야 한다. 즉, 안정해야 한다.

④ 가열하거나 진공으로 건조시켰을 때 안정해야 한다.

05 킬레이트 적정 시 사용되는 EDTA와 1,2-Diamino Ethane의 결합자리 수의 합을 구하시오.

해답

6(EDTA) + 2(1,2-Diamino Ethane) = 8개

06 일정량의 $Y_2(OH)_5Cl \cdot xH_2O$를 열무게분석(TGA)을 이용해 분석하였을 때, 150℃에서 수화된 물을 잃고 30%의 중량 감소가 나타났다. 이후 800℃까지 가열하여 2번의 중량 감소 후 안정한 최종 생성물이 만들어졌다. 이때 $Y_2(OH)_5Cl \cdot xH_2O$ 대비 최종 생성물의 질량비(%)를 구하시오(단, Y의 원자량은 89이며, 2번의 추가 중량 감소는 물과 염화수소 기체에 의한 손실이다).

해답

150℃에서 수화된 물을 잃고 나타난 30%의 중량 감소는 H_2O의 양과 같고, 남은 70%는 $Y_2(OH)_5Cl$의 양과 같다.

$Y_2(OH)_5Cl$의 분자량 $= 2 \times 89 + 5 \times (16+1) + 35.5 = 298.5g$

$70\% : 100\% = 298.5g : X$

$X = 426.43g$

이후 800℃에서 2번의 중량 감소 후 생성된 안정한 최종 생성물은 Y_2O_3이다.

Y_2O_3의 분자량 $= 2 \times 89 + 3 \times 16 = 226g$

$\therefore$ $Y_2(OH)_5Cl \cdot xH_2O$ 대비 최종 생성물의 질량비(%) $= \dfrac{226g}{426.43g} \times 100\% = 53\%$

07 0.01M 약산($pK_a = 6.46$) 100mL에 0.2M NaOH 용액 7.0mL를 가했을 때의 pH를 구하시오.

해답

약산과 NaOH는 $1:1$로 반응하므로

$(0.2M \times 7.0mL) - (0.01M \times 100mL) = 0.4mmol$의 NaOH가 남는다.

이때, 총 부피는 107mL이므로

$\dfrac{0.4mmol}{107mL} = 3.74 \times 10^{-3}M$

$\therefore$ $pH = 14 - (-\log[OH^-]) = 14 - (-\log(3.74 \times 10^{-3})) = 11.57$

08 $C_3H_8O_3$를 포함하는 미지시료가 있다. 미지시료 1g에 0.21M Ce^{4+} 100mL를 넣고 가열하여 완전히 반응시켰다. 이후 지시약과 0.07M Fe^{2+} 14mL를 넣었을 때 색이 변하였다면, 미지시료 중 $C_3H_8O_3$ 질량비(%)를 구하시오.

$$C_3H_8O_3 + 8Ce^{4+} + 3H_2O \rightarrow 3HCOOH + 8Ce^{3+} + 8H^+$$
$$Ce^{4+} + e^- \rightarrow Ce^{3+}$$
$$Fe^{3+} + e^- \rightarrow Fe^{2+}$$

해답

$Ce^{4+} + Fe^{2+} \rightarrow Ce^{3+} + Fe^{3+}$

Ce^{4+}와 Fe^{2+}는 $1:1$로 반응한다.

$C_3H_8O_3$의 질량 $= (0.21M \times 0.1L - 0.07M \times 0.014L)Ce^{4+} \times \dfrac{1mol\ C_3H_8O_3}{8mol\ Ce^{4+}} \times \dfrac{92g\ C_3H_8O_3}{1mol\ C_3H_8O_3} = 0.23023g$

$\therefore$ 미지시료 중 $C_3H_8O_3$ 질량비 $= \dfrac{0.23023g\ C_3H_8O_3}{1g\ 미지시료} \times 100\% = 23.02\%$

09 탄소가 60개 포함되어 있는 유기화합물에서 ^{13}C의 원자수 ① 평균과 ② 표준편차를 구하시오(단, ^{12}C 100개당 ^{13}C 1.1225개가 존재하며, 소수점 넷째자리까지 구하시오).

해답

^{12}C에 대한 ^{13}C의 비율 $= \dfrac{1.1225}{100 + 1.1125} = 0.0111$

① 평균 : $np = 60 \times 0.0111 = 0.6660$개

② 표준편차 : $\sqrt{np(1-p)} = \sqrt{60 \times (0.0111) \times (1 - 0.0111)} = 0.8115$개

10 개미산 분해반응의 ① 전체 엔탈피 변화량을 계산하고, ② 촉매 유무에 따른 전체 에너지 변화량을 포함해 그래프로 그리시오(단, 개미산의 표준생성엔탈피는 −378.6kJ/mol, CO_2 표준생성엔탈피는 −393.5kJ/mol, 개미산 분해반응의 활성화 에너지는 촉매 미사용 시 184kJ/mol, 사용 시 100kJ/mol이다).

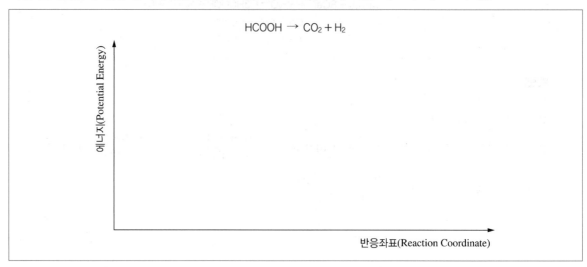

해답

① 전체 엔탈피 변화량

$$\Delta H° = \sum m\Delta H_f°(생성물) - \sum n\Delta H_f°(반응물) = -393.5\text{kJ/mol} - (-378.6\text{kJ/mol}) = -14.9\text{kJ/mol}$$

② 그래프

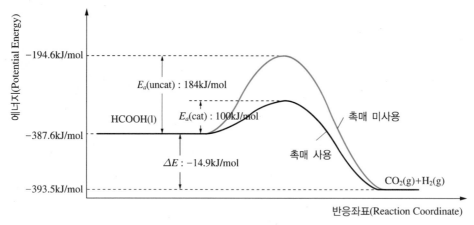

11 다음과 같이 음의 신호를 얻을 수 있어 구조이성질체 분석에 적합한 장치를 무엇이라고 하는지 쓰시오.

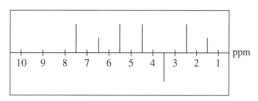

해답

DEPT 135 C-NMR

12 다음은 C_2H_4의 2가지 진동모드를 나타낸 그림이다. 각각의 진동모드가 IR 활성인지 불활성인지 쓰고, 활성을 나타낸다면 어떤 진동방식인지 쓰시오.

①　H∖　∕H
　　　C＝C
　　H∕　　∖H

②　H∖　∕H
　　　C＝C
　　H∕　　∖H

해답
① 활성, 비대칭 C-H 신축진동
② 비활성

13 자외선-가시광선 분광법에서는 여러 종류의 큐벳이 사용된다. 그 중 유리큐벳은 350nm 이하의 파장에서는 사용이 불가하다. ① 그 이유를 쓰고, ② 이 경우 어떤 재질의 큐벳을 사용해야 하는지 쓰시오.

해답
① 이유 : 셀의 재료가 사용되는 영역의 복사선을 흡수하기 때문이다.
② 사용 가능한 큐벳의 재질 : 석영 또는 용융 실리카 재질

14 다음 ①~③에 해당하는 GC 검출기를 쓰시오.

> ① 저감도, 비파괴적, 보조기체 불필요, 카사로미터(Katharometer)
> ② 할로젠 원자에 선택적으로 사용, 비파괴적, 메이크업 기체 필요, 좁은 동적 범위, 방사선이온장치
> ③ 파괴적, 헤테로 원자에 선택적으로 사용, 루비듐 비즈 사용

해답
① 열전도도 검출기(TCD)
② 전자포획 검출기(ECD)
③ 질소-인 검출기(NPD)

15 H-NMR에서 $ClCH_2CH_2CH_2Cl$의 각 피크에서의 ① 다중도와 ② 상대적 면적비(적분비)를 Cl에서 가까운 순서대로 쓰시오.

① 다중도 = (:   :   )
② 상대적 면적비(적분비) = (:   :   )

해답
① 다중도 = (3 : 5 : 3)
② 상대적 면적비(적분비) = (1 : 1 : 1)

2020년 제4회 과년도 기출복원문제

01 $Ce^{4+} + Fe^{2+} \rightarrow Ce^{3+} + Fe^{3+}$ 산화–환원 반응식을 ① 산화반응식과 환원반응식으로 구분하여 쓰고, ② 산화제와 환원제는 어떤 것인지 각각 쓰시오.

> **해답**
> ① 산화반응식 : $Fe^{2+} \rightarrow Fe^{3+} + e^-$, 환원반응식 : $Ce^{4+} + e^- \rightarrow Ce^{3+}$
> ② 산화제 : Ce^{4+}, 환원제 : Fe^{2+}

02 IR Spectrum에서 C=O 작용기를 포함하는 화합물이 1,600~1,800cm^{-1}에서 스펙트럼을 나타낼 때, 다음에 제시된 화합물을 흡수 진동수가 작은 순서대로 쓰시오.

Aldehyde, Anhydride, Ketone, Ester

> **해답**
> Ketone, Aldehyde, Ester, Anhydride

03 충치를 예방하기 위해서 1.60mg F$^-$/kg Water인 음용수의 사용을 권장한다. 이 음용수 0.8ton을 만들기 위해 필요한 NaF의 질량(g)을 구하시오(단, Na의 원자량은 23g/mol, F의 원자량은 19g/mol이다).

> **해답**
> $$\frac{1.6\,\mathrm{mg\,F^-}}{1\,\mathrm{kg\,Water}} \times 800\,\mathrm{kg\,Water} \times \frac{1\,\mathrm{mmol\,F^-}}{19\,\mathrm{mg\,F^-}} \times \frac{1\,\mathrm{mmol\,NaF}}{1\,\mathrm{mmol\,F^-}} \times \frac{(23+19)\,\mathrm{mg\,NaF}}{1\,\mathrm{mmol\,NaF}} \times \frac{1\,\mathrm{g}}{1,000\,\mathrm{mg}} = 2.83\,\mathrm{NaF}$$

04 $H_2C=CH-CH=CH_2$와 $H_2C=CH-CH=CH-CH=CH_2$의 최대 흡수파장을 ① <, =, >로 비교하여 나타내고, ② 그 이유를 쓰시오.

> **해답**
> ① 비교 : $H_2C=CH-CH=CH_2$ < $H_2C=CH-CH=CH-CH=CH_2$
> ② 이유 : 이중결합이 많을수록, 특히 인접할수록 π 콘주게이션 효과로 들뜨기 쉬워져 최대 흡수파장(λ_{max})은 장파장으로 이동한다.

05 산소를 충분히 공급한 Autoclave에서 유기화합물 A가 분해되어 완전연소하였을 때, 이산화탄소와 수증기가 8 : 7의 몰비를 가진다. 다음의 H−NMR 그래프를 통해 이 화합물의 구조식을 그리고, 제시된 그래프의 (a), (b), (c)가 구조식의 어디에 위치하는지 함께 나타내시오(단, (a)는 triplet, (b)는 singlet, (c)는 quartet).

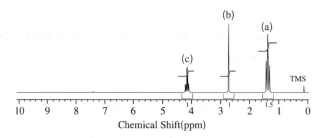

해답

(a)   (c)   (b)   (a)
H₃C   O   C   O   CH₃
      (b)   (c)

06 혼성 오비탈 sp, sp^2, sp^3 각각에 해당하는 대표적인 화합물의 구조식을 그리고, 결합각을 함께 나타내시오.

해답

sp	sp^2	sp^3
180° H−C≡C−H	H, H C=C H, H 120°	109.5° H, H C H, H

07 서로 다른 치환기를 가진 para−Benzene의 수소 중 화학적으로 동등한 수소의 수와 자기적으로 동등한 수소의 수, H−NMR에 나타나는 Peak의 수의 합을 구하시오.

해답

2(화학적으로 동등한 수소의 수) + 0(자기적으로 동등한 수소의 수) + 2(H−NMR에 나타나는 Peak의 수) = 4

08 네모파 전류전압법(SWV)의 들뜸신호를 ① 그래프로 그리고, ② 선형주사 전류전압법(LSV)보다 감도가 좋은 이유를 쓰시오.

> **해답**
> ① 그래프

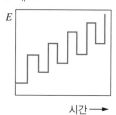

② 선형주사 전류전압법(LSV)보다 감도가 좋은 이유 : 패러데이 전류가 증가하고, 비패러데이 충전전류가 감소한다.

09 전형적인 단백질은 16.2wt%의 질소를 함유하고 있다. 단백질 용액 12mL를 삭여서 유리시킨 NH_3를 0.5M HCl 10.00mL 속으로 증류시킨다. 미반응으로 HCl을 적정하는데 0.4M NaOH가 2.52mL 필요하다. 원래 시료에 존재하는 단백질의 농도(mg 단백질/mL)를 구하시오.

> **해답**
> 단백질의 N의 몰수는 생성된 NH_3의 몰수와 같고, NH_3의 적정에 소비된 HCl의 몰수와 같다.
> NaOH와 HCl은 1 : 1로 반응하므로
> $(0.5M \times 10.00mL) - (0.4M \times 2.52mL) = 3.992mmol$ HCl
> 따라서 NH_3의 적정에 소비된 HCl의 몰수는 3.992mmol이다.
> - 질소의 무게 $= 3.992mmol \times 14mg/mmol = 55.888mg$ N
>
> - 단백질의 무게 $= \dfrac{55.888mg\ N}{0.162mg\ N/mg\ 단백질} = 344.99mg$
>
> ∴ 단백질의 농도 $= \dfrac{344.99mg}{12mL} = 28.75mg/mL$

10 UV/VIS 분광법에서 미지용액 A의 흡광도를 측정하였다. 셀의 길이가 2.0cm이고 투광도가 42.0%일 때, 미지용액 A의 흡광도를 구하시오.

> **해답**
> $A = -\log T = -\log 0.420 = 0.38$

11 ① TC 20℃와 ② TD 20℃의 의미를 서술하시오.

> 해답

① TC 20℃ : To Contain이라는 의미로, 20℃에서 부피플라스크와 같은 용기에 표시된 눈금까지 액체를 채웠을 때의 부피를 의미한다.

② TD 20℃ : To Deliver이라는 의미로, 20℃에서 피펫이나 뷰렛과 같은 기구를 이용하여 다른 용기로 옮겨진 용액의 부피를 의미한다.

12 역상 크로마토그래피에서 머무름 시간이 짧은 순서에서 긴 순서로 나열하시오.

n-Pentane, 3-Pentanone, n-Pentanol

> 해답

n-Pentanol, 3-Pentanone, n-Pentane
비극성 정지상과 극성 이동상을 이용하므로, 극성이 강할수록 머무름 시간이 짧다.

13 X선 분광법에서 X선을 생성하는 방법(또는 광원) 3가지를 쓰시오.

> 해답

① X선 관
② 방사성 동위원소
③ 2차 형광광원

14 EI-MS 그래프는 다음과 같고 IR에서는 1,688cm⁻¹에서 흡수를 나타낼 때, 이 화합물의 구조식을 그리시오.

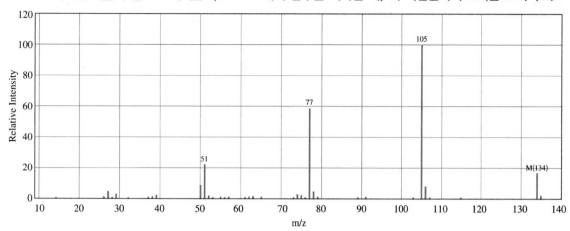

해답

1. **15** 데이터 7.55, 7.57, 7.64, 7.29, 7.89, 7.48 중에서 버려야 할 데이터가 있다면 그 데이터가 무엇인지 쓰고, 그 이유를 설명하시오.

데이터 수	4	5	6
90% 신뢰수준	0.76	0.64	0.56

해답

데이터를 순서대로 배열하면 7.29, 7.48, 7.55, 7.57, 7.64, 7.89이며, 가장 떨어져 있는 데이터는 7.89이다.

$$Q_{계산} = \frac{간격}{범위} = \frac{7.89 - 7.64}{7.89 - 7.29} = 0.42$$

$0.42(Q_{계산}) < 0.56(Q_{표})$

∴ 7.89는 버리지 않는다(즉, 버려야 할 데이터가 없다).

2021년 제1회 과년도 기출복원문제

01 X선은 10^{-5}~$100\,\text{Å}$의 파장을 갖는 전자기파이며, 분광법에서는 주로 0.1~25Å의 X선을 사용한다. 이 파장의 전압 에너지(eV)를 구하시오(단, Planck 상수 = $6.6260 \times 10^{-34}\text{J} \cdot \text{s}$, 빛의 속도 = $2.998 \times 10^{8}\text{m/s}$, $1\,\text{Å} = 10^{-10}\text{m}$, $1\text{eV} = 1.602 \times 10^{-19}\text{J}$).

해답

• 0.1Å일 때

$$E = \frac{hc}{\lambda} = \frac{(6.6260 \times 10^{-34}\text{J} \cdot \text{s}) \times (2.998 \times 10^{8}\text{m/s})}{(0.1\,\text{Å}) \times (10^{-10}\text{m}/\text{Å})} \times \frac{1\text{eV}}{1.602 \times 10^{-19}\text{J}} = 1.24 \times 10^{5}\text{eV}$$

• 25Å일 때

$$E = \frac{hc}{\lambda} = \frac{(6.6260 \times 10^{-34}\text{J} \cdot \text{s}) \times (2.998 \times 10^{8}\text{m/s})}{(25\,\text{Å}) \times (10^{-10}\text{m}/\text{Å})} \times \frac{1\text{eV}}{1.602 \times 10^{-19}\text{J}} = 4.96 \times 10^{2}\text{eV}$$

∴ 4.96×10^{2}~$1.24 \times 10^{5}\text{eV}$

02 다음은 콜로이드에 대한 표이다.

콜로이드 상	분산시료(과량)	분산시료(소량)	콜로이드 형태
기체	기체	액체	㉠
액체	액체	액체	㉡
액체	액체	고체	㉢

① 표의 ㉠~㉢에 들어갈 용어를 쓰시오.
② 분산된 콜로이드에 의해 빛이 산란하는 현상을 나타내는 용어를 쓰시오.

해답

① ㉠ 에어로졸, ㉡ 에멀션, ㉢ 졸
② 틴들현상

03 GC에서 사용하는 열린 모세관 칼럼의 종류 4가지를 쓰시오.

해답

① WCOT
② SCOT
③ PLOT
④ FSOT

04 농도가 0.5mM인 어떤 용액의 흡광도가 0.221일 때, 몰흡광계수를 구하시오(단, 셀 두께는 1.0cm이다).

> **해답**
>
> $A = \varepsilon bc$
>
> $$\therefore\ \varepsilon = \frac{A}{bc} = \frac{0.221}{1.0\text{cm} \times (0.5 \times 10^{-3}\text{M})} = 442/\text{cm} \cdot \text{M} = 442\text{L/cm} \cdot \text{mol}$$

05 원자흡수분광법에서 선 넓힘이 일어나는 원인 4가지를 쓰시오.

> **해답**
> ① 불확정성 효과
> ② 도플러 효과
> ③ 자기장·전기장 효과
> ④ 압력 효과

06 분광기기 중 시료 측정과 동시에 바탕선 보정이 수행되는 빛살형 기기를 쓰시오.

> **해답**
> 겹빛살형 기기

07 AAS에서 매트릭스로 인해 생기는 스펙트럼 방해로 인한 바탕을 보정하는 방법 4가지를 쓰시오.

> **해답**
> ① 두 선 바탕보정
> ② 중수소램프 바탕보정(연속광원 보정방법)
> ③ Zeeman 바탕보정
> ④ 자체반전 바탕보정

08 미지시료 10mL를 7μg/mL 농도의 내부표준물질 S 5mL와 섞어서 50mL가 되게 묽혔다. 이때 신호비(신호X/ 신호S)는 1.85이다. 똑같은 농도와 부피를 갖는 X와 S를 가진 시료의 신호비가 0.754일 때, 미지시료의 농도 (μg/mL)를 구하시오.

> **해답**
>
> 신호비 $\dfrac{S_X}{S_S} = 0.754 = F(감응인자) \times \dfrac{[X]}{[S]} = F \times 1 = F$
>
> $\dfrac{S_X'}{S_S'} = 1.85 = 0.754 \times \dfrac{[X]'}{[S]'} = 0.754 \times \dfrac{[X]_i \times \dfrac{10\text{mL}}{50\text{mL}}}{(7\mu\text{g/mL}) \times \dfrac{5\text{mL}}{50\text{mL}}}$
>
> $[X]_i = \dfrac{1.85 \times (7\mu\text{g/mL}) \times 5\text{mL}}{0.754 \times 10\text{mL}} = 8.59\mu\text{g/mL}$

09 $Na_2C_2O_4$(fw = 134) 0.5g을 $KMnO_4$로 적정하는데 75mL가 사용되었다. $KMnO_4$의 몰농도(M)를 구하시오.

> **해답**
>
> • $C_2O_4^{2-} \rightarrow 2CO_2 + 2e^-$ (2당량)
> • $MnO_4^- \rightarrow Mn^{2+}$ (2 − 7 = 5당량)
>
> $Na_2C_2O_4$의 몰수 $= \dfrac{0.5\text{g}}{134\text{g/mol}} = 3.73 \times 10^{-3}\text{mol}$
>
> $NV = N'V'$
>
> $2\text{eq/mol} \times 3.73 \times 10^{-3}\text{mol} = 5\text{eq/mol} \times X \times 0.075\text{L}$
>
> $\therefore \ X = 0.02\text{M}$

10 적외선 분광법에서 분자진동 중 굽힘진동의 종류 4가지를 쓰시오.

> **해답**
>
> ① 가위질진동
> ② 좌우흔듦진동
> ③ 앞뒤흔듦진동
> ④ 꼬임진동

11 3mol/L 황산 500mL를 제조하기 위해 필요한 ① 98% 진한 황산의 부피(mL)를 구하고, ② 제조방법을 쓰시오 (단, 98% 황산의 밀도는 1.84g/mL이다).

해답

① 98% 진한 황산의 부피(mL)

- H_2SO_4 분자량 $= 2 + 32 + 16 \times 4 = 98g/mol$

- 황산의 몰농도 $= \dfrac{98g\ 황산}{100g\ 용액} \times \dfrac{1mol}{98g\ 황산} \times \dfrac{1.84g\ 황산}{mL} \times \dfrac{1,000mL}{L} = 18.4mol/L = 18.4M$

$MV = M'V'$ 이므로

$18.4M \times V = 3M \times 500mL$

$\therefore\ V = 81.52mL$

② 제조방법

㉠ 500mL 부피플라스크에 증류수 300mL를 넣는다.

㉡ 98% 진한 황산 81.52mL를 ㉠의 부피플라스크에 천천히 넣는다.

㉢ ㉡의 부피플라스크에 증류수를 이용하여 500mL 표선까지 채운다.

12 $C_4H_8O_2$ 화학식을 갖는 어떤 물질이 1,735cm^{-1}에서 강한 적외선 흡수 피크를 보이며, 이 화합물의 H-NMR 스펙트럼은 다음과 같다. 이 화합물의 각 봉우리 면적비는 a : b : c = 3 : 3 : 2이다. 이 화합물의 구조식을 그리고, 각 H에 해당하는 봉우리를 함께 나타내시오.

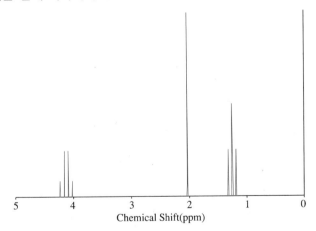

Chemical Shift(ppm)

해답

b   O   c   a
CH₃   ‖   ‖   CH₃
   CH₃ C   O   CH₂

13 실험실에서 사용하는 초순수에는 탈이온수와 증류수가 있다. 이 중 탈이온수의 제조방법을 쓰시오.

해답

양이온교환수지와 음이온교환수지를 이용하여 탈이온수를 제조한다. 양이온교환수지에 물을 통과시켜 물속의 금속양이온을 H^+이온으로 바꾸고, 음이온교환수지에 그 물을 통과시켜 물속의 비금속음이온을 OH^-이온으로 바꾸어 모든 이온을 제거한 탈이온수로 만든다.

14 PVC에서 염소(Cl)를 정량하기 위해 해야 할 전처리 방법을 쓰시오.

해답

PVC 시료를 분쇄하고 질산암모늄과 탄산암모늄을 가하여 연소시킨다.

15 헥세인과 노네인의 조절 머무름 시간이 각각 11.3분과 20.8분이고, 미지시료의 조절 머무름 시간이 17.9분일 때 이 미지시료의 머무름 지수를 구하시오.

해답

$$I_x = 100 \times \left[6 + (9-6) \times \frac{\log 17.9 - \log 11.3}{\log 20.8 - \log 11.3} \right] = 826.17$$

2021년 제2회 과년도 기출복원문제

01   MgC_2O_4와 MgO의 혼합시료 질량이 100mg일 때, TGA 실험결과 40%로 질량이 감소하였다. 이 혼합시료의 MgC_2O_4와 MgO의 질량비를 구하시오(단, Mg의 원자량은 24amu이다).

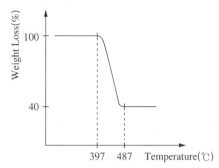

해답

MgC_2O_4가 반응하여 C_2O_3와 MgO가 생성된다.

• 생성 C_2O_3의 질량 $= 100mg \times 60\% = 60mg$

• 생성 MgO의 질량 $= 60mg\ C_2O_3 \times \dfrac{1mmol\ C_2O_3}{72mg\ C_2O_3} \times \dfrac{1mmol\ MgO}{1mmol\ C_2O_3} \times \dfrac{40mg\ MgO}{1mmol\ MgO} = 33.333mg$

혼합시료의 MgO 질량은 '남은 MgO의 질량 – 생성 MgO의 질량'으로 계산한다.

• 남은 MgO의 질량 $= 100mg \times 40\% = 40mg$

• 혼합시료의 MgO 질량 $= 40mg - 33.333mg = 6.6667mg$

혼합시료의 MgC_2O_4 질량은 반응한 C_2O_3의 몰수를 이용하여 구한다.

• 혼합시료의 MgC_2O_4 질량 $= 60mg\ C_2O_3 \times \dfrac{1mmol\ C_2O_3}{72mg\ C_2O_3} \times \dfrac{1mmol\ MgC_2O_4}{1mmol\ C_2O_3} \times \dfrac{112mg\ MgC_2O_4}{1mmol\ MgC_2O_4} = 93.3333mg$

∴ 혼합시료의 MgC_2O_4와 MgO의 질량비$(MgC_2O_4 : MgO) = 93.33 : 6.67$

02 IR 흡수 피크가 3,432cm^{-1}, 3,313cm^{-1}, 1,466~1,618cm^{-1}에서 나타나는 $C_6H_5NCl_2$의 ^{1}H-NMR Spectrum은 다음과 같다. ^{13}C-NMR Spectrum에서 나타나는 피크는 다음 표를 참고하여 이 화합물의 구조식을 그리시오(단, 면적비는 왼쪽 봉우리부터 1.96 : 0.99 : 2.01이다).

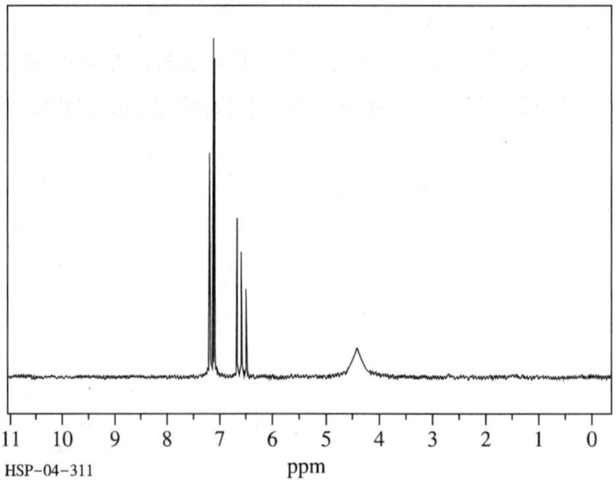

^{13}C NMR	DEPT-135	DEPT-90
118	양의 피크	양의 피크
119.5	피크 없음	피크 없음
128	양의 피크	양의 피크
140	피크 없음	피크 없음

해답

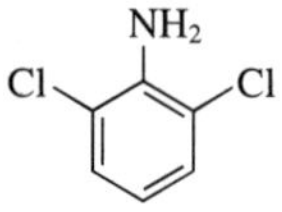

03 다음을 설명하는 원자분광법을 쓰시오.

장 점	단 점
• 적은 시료로 분석이 가능하다. • 비파괴적이다. • 스펙트럼이 단순하여 분석하기 쉽다.	• 가벼운 원소에 대한 분석이 어렵다. • 감도가 좋지 않다. • 한 번 사용하는데 비용이 많이 든다.

해답

XRF(X선 형광분석법)

04 니켈을 정량할 때 항상 4mg의 손실이 있다. 광물 1g 중 20%가 니켈의 함량일 때, 니켈의 상대오차를 구하시오.

해답

Ni의 질량 $= 1g \times 20\% = 0.2g = 200mg$

$\therefore$ 상대오차(%) $= \dfrac{|측정값 - 참값|}{참값} \times 100\% = \dfrac{|196 - 200|}{200} \times 100\% = 2\%$

05 GC에 대한 다음 물음에 답하시오.

① 분석하기에 적합한 시료성분의 성질 3가지를 쓰시오.

② 정지상에서의 블리딩(Bleeding)을 설명하고, 블리딩이 측정결과에 미치는 영향 2가지를 쓰시오.

해답

① 시료성분의 성질
- 휘발성이 커야 한다.
- 열에 안정적이어야 한다.
- 분자량이 작아야 한다.

② 블리딩 : 칼럼에 붙어 있는 정지상이 높은 온도 등에 의해 유실되는 현상이다.

블리딩이 측정결과에 미치는 영향
- 크로마토그램의 베이스라인이 계속 올라간다.
- 검출기에 달라붙어 검출기 성능을 약화시킨다.

06 다음 물음에 답하시오.

① 포화칼로멜전극의 반쪽전지를 │, ‖를 이용하여 그리시오.

② 은-염화은 전극의 반쪽전지를 │, ‖를 이용하여 그리시오.

③ Nernst식을 쓰시오(상수의 의미 포함).

④ 포화칼로멜전극과 은-염화은 전극의 전위가 일정하게 유지되는 원리를 Nernst식을 이용하여 설명하시오.

해답

① 포화칼로멜전극의 반쪽전지

$Hg_2Cl_2(s) + 2e^- \leftrightarrow 2Hg(l) + 2Cl^-(aq)$

$Hg(l) \mid Hg_2Cl_2(s) \mid KCl(aq) \parallel$

② 은-염화은 전극의 반쪽전지

$AgCl(s) + e^- \leftrightarrow Ag^+(s) + Cl^-(aq)$

$Ag(s) \mid AgCl(s) \mid KCl(aq) \parallel$

③ Nernst식(상수의 의미 포함)

$$E = E^\circ - \frac{0.05916}{n} \log Q \, (25℃)$$

여기서, E : 전위

E° : 표준환원전위

n : 반응한 전자의 몰수

Q : 반응지수$\left(= \dfrac{생성물의\ 농도곱}{반응물의\ 농도곱} \right)$

④ 포화칼로멜전극과 은-염화은 전극의 전위가 일정하게 유지되는 원리

$$E = E^\circ - 0.05916 \log [Cl^-]$$

포화용액을 사용하여 Cl^-의 농도를 일정하게 유지시키면 E도 일정하게 유지된다.

07 다음 물음에 답하시오.

① 물 100mL를 취하여 NH₃ 완충용액으로 pH 10을 맞추고, 0.01M EDTA 표준용액으로 적정하였더니 25mL가 소모되었다. 이때 물의 총 경도를 구하시오($CaCO_3$(fw) = 100g/mol, 경도의 단위는 ppm이다).

② Ca^{2+} 경도와 Mg^{2+} 경도를 구하는 방법을 쓰시오.

해답

① 물의 총 경도

EDTA와 Ca^{2+}는 1 : 1로 반응한다.

$$[Ca^{2+}] = \frac{0.01 \text{mol EDTA}}{L} \times 25\text{mL EDTA} \times \frac{1\text{mol } Ca^{2+}}{1\text{mol EDTA}} \times \frac{1}{100\text{mL } Ca^{2+}} = 0.0025M$$

$$\therefore \text{총 경도} = \frac{0.0025\text{mol } Ca^{2+}}{L} \times \frac{100\text{g } CaCO_3}{1\text{mol } CaCO_3} \times \frac{1,000\text{mg}}{1\text{g}} \times \frac{\text{ppm}}{\text{mg/L}} = 250\text{ppm}$$

② Ca^{2+} 경도와 Mg^{2+} 경도를 구하는 방법
- pH = 10에서 EDTA 적정으로 총 경도를 구한다.
- pH = 13에서 마그네슘이 침전물로 가라앉으므로, EDTA 적정을 이용하여 칼슘 경도를 구한다.
- 마그네슘 경도는 총 경도에서 칼슘 경도를 빼서 구한다.

08 AAS에서 사용되는 ① 매트릭스 변형제의 목적과 ② 매트릭스 변형제의 작용기작 3가지를 쓰시오.

해답

① 매트릭스 변형제의 목적 : 원자화 과정 중 분석물질이 손실되는 것을 감소시킨다.
② 매트릭스 변형제의 작용기작
- 매트릭스의 휘발성을 증가시켜 제거한다.
- 분석물질의 휘발성을 감소시켜서 손실을 막는다.
- 분석물질의 원자화 온도를 높인다.

09 미지시료의 I^- 25mL에 0.30M $AgNO_3$ 용액 100mL를 넣었다. 반응하고 남은 Ag^+에 Fe^{3+} 지시약을 넣고 0.1M KSCN으로 적정했을 때 60mL 적가되었다면, 미지시료의 I^-의 몰농도(M)를 구하시오.

> **해답**
>
> I^-의 몰수 = $AgNO_3$의 몰수 - KSCN의 몰수 = $(0.30M \times 100mL) - (0.1M \times 60mL) = 24mmol$
>
> $\therefore$ I^-의 몰농도(M) $= \dfrac{24mmol}{25mL} = 0.96M$

10 비중 1.42, 함량이 63wt%인 질산의 몰농도(M)를 구하여라(단, 질산 fw = 63)

> **해답**
>
> $\dfrac{1.42g/mL \times 0.63}{63g/mol} \times 1,000mL/L = 14.2M$

11 다음 물음에 답하시오.

① Octane 1몰이 완전연소할 때 필요한 공기의 부피(Sm^3)를 구하시오.

② Octane 완전연소를 알아보기 위한 기체크로마토그래피에서 Kovat's Retention Index(머무름 지수)를 구하여라.

> **해답**
>
> ① Octane 1몰이 완전연소할 때 필요한 공기의 부피(Sm^3)
>
> $C_8H_{18} + aO_2 \rightarrow bCO_2 + cH_2O$에서 $b=8$, $c=9$이므로, $a=12.5$이다.
>
> 따라서 C_8H_{18} 1몰 연소 시 12.5mol의 O_2가 필요하다.
>
> 산소의 부피 $= 12.5mol \times 22.4L/mol \times \dfrac{1Sm^3}{1,000L} = 0.28Sm^3$
>
> $\therefore$ 공기의 부피 $= \dfrac{0.28Sm^3}{0.21} = 1.33Sm^3$
>
> ② Kovat's Retention Index(머무름 지수) : 탄소의 수 $\times 100 = 8 \times 100 = 800$

12 다음은 2-bromo-2-methylpropane과 물의 SN1 치환반응의 1단계이다. 이 다음 반응에 대한 메커니즘을 화살표를 포함하여 구조식을 그리고, 결합 위치를 함께 표시하시오.

해답

탄소양이온

① 브로민화알킬의 자발적 해리는 느린 반응속도 제한단계에서 일어나며, 탄소양이온 중간체와 브로민화이온을 생성한다.
② 탄소양이온 중간체는 빠른 단계에서 친핵체인 물과 반응하여 생성물로 양성자첨가된 알코올을 만든다.
③ 양성자첨가된 알코올 중간체로부터 양성자가 떨어져 나가 중성인 알코올 생성물이 된다.

13 홈이 1mm당 58개 존재하고, 초점거리가 0.3m인 적외선 분광법에서 입사각이 45°, 반사각이 0°일 때 다음 물음에 답하시오.

① 1차 회절발 스펙트럼의 파장(nm)과 파수(cm^{-1})를 구하시오.
② 1차 역선분산능(nm/mm)을 구하시오.

해답

① 1차 회절발 스펙트럼의 파장(nm)과 파수(cm^{-1})

$n\lambda = d(\sin i + \sin r)$

- 파장 $= \dfrac{\dfrac{1mm}{58}(\sin 45° + \sin 0°)}{1} = 12.19150 \times 10^{-3}mm = 12,191.50nm$

- 파수 $= \dfrac{1}{12,191.50nm} = 8.20 \times 10^{-5}nm^{-1} = 820.00cm^{-1}$

② 1차 역선분산능(nm/mm)

$D^{-1} = \dfrac{d}{n \times f} = \dfrac{\dfrac{1mm}{58}}{1 \times 0.3m} = 0.05747mm/m = 57.47nm/mm$

14 다음 두 질량분석스펙트럼은 어떤 알코올의 2가지 구조이성질체를 나타낸 것이다. ①~②에 해당하는 알코올의 구조식을 각각 그리시오.

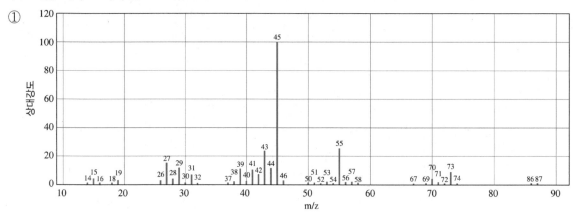

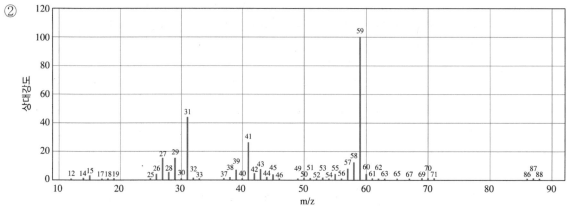

해답

① 분자량이 88인 알코올이다.

- 88 − 17(−OH기) = 71 → $C_5H_{11}OH$(Pentanol)의 스펙트럼임을 알 수 있다.
- 88 − 73 = 15 → CH_3가 있음을 알 수 있다.
- 73 − 55 = 18 → 알코올의 탈수반응(H_2O)을 확인할 수 있다.
- 88 − 45 = 43 → C_3H_7가 있음을 알 수 있다.

∴ 2−pentanol

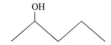

② 분자량이 88인 알코올이다.

- 88 − 17(−OH기) = 71 → $C_5H_{11}OH$(Pentanol)의 스펙트럼임을 알 수 있다.
- 88 − 59 = 29 → C_2H_5가 있음을 알 수 있다.
- 59 − 41 = 18 → 알코올의 탈수반응(H_2O)을 확인할 수 있다.

∴ 3−Pentanol

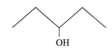

15 다음 물음에 답하시오.

┌─보기├───
┃
┃ ㉠ Cyclohexene
┃ ㉡ Cyclopentene
┃ ㉢ Cyclobutene
┃ ㉣ Cyclopropene
└──

① 보기의 화합물 중 C=C 이중결합의 흡수 진동수가 작은 것부터 순서대로 기호(㉠~㉣)로 쓰시오.

② 보기에서 [(㉠의 탄소 수×5) + ㉡의 수소 수 + ㉢의 탄소 수 + (㉣의 수소 수×2)]를 구하시오.

해답

① 순서 : ㉢ → ㉡ → ㉠ → ㉣

② (㉠의 탄소 수×5) + ㉡의 수소 수 + ㉢의 탄소 수 + (㉣의 수소 수×2) : $(6×5) + 8 + 4 + (4×2) = 50$

01 다음 데이터를 통해 $C_8H_6O_3$의 구조식을 그리시오.

• IR

$3,100\sim2,716cm^{-1}$	약한 피크
$1,697cm^{-1}$	아주 강한 피크
$1,260cm^{-1}$	아주 강한 피크
$1,605\sim1,449cm^{-1}$	중간 세기 피크

• DEPT

Normal ^{13}C	DEPT−135	DEPT−90
102.10ppm	Negative	No peak
106.80ppm	Positive	Positive
108.31ppm	Positive	Positive
128.62ppm	Positive	Positive
131.83ppm	No peak	No peak
148.65ppm	No peak	No peak
153.05ppm	No peak	No peak
190.20ppm	Positive	Positive

• H−NMR

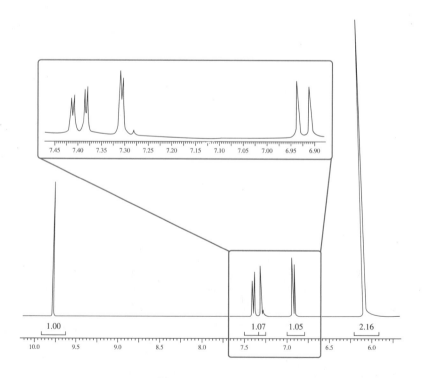

02 특정 핵종으로 구성된 시료로 방사성 붕괴 속도 측정 실험을 실시하였는데, 첫 번째 측정값은 551cpm(counts per minute)이고, 350분 후 두 번째 측정값은 302cpm이었다. 이 시료를 구성하고 있는 방사성 핵종의 반감기 (분)를 구하여라(단, 방사성 핵종의 거동은 일차 반응 속도식으로 나타낼 수 있다).

해답
$$[A]_t = [A]_0 e^{-kt}$$
$$302 = 551 e^{-k \cdot 350}$$
$$k = 1.7180 \times 10^{-3}$$
$$t_{1/2} = \frac{\ln 2}{k} = \frac{\ln 2}{1.7180 \times 10^{-3}} = 403.46$$
$$\therefore \ 403.46 \text{min}$$

03 원자흡수분광법에서 Smith−Hieftje 바탕 보정법의 분석원리에 대하여 설명하시오.

해답
큰 전류로 작동할 때 속 빈 음극등에서 방출하는 복사선의 자체반전이나 자체흡수현상에 바탕을 두는 보정법이다.

04 다음 질량 스펙트럼을 보고 탄소와 수소가 포함된 화합물의 구조를 그리시오. 단, 이 화합물은 IR 스펙트럼에는 2,250cm^{-1}쯤에서 중간 세기의 피크가 나타난다.

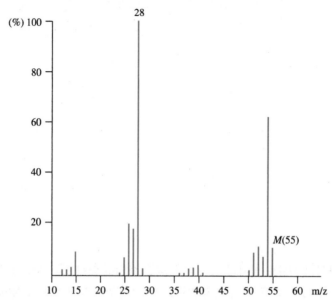

해답

05 기체–액체 크로마토그래피에서 Hexadecanol($C_{16}H_{33}OH$)을 정지상으로 사용할 때, 다음의 3가지 물질 분석에서 용리가 빠른 것부터 느린 순으로 나열하시오.

A : Ethylbutyl Ether
B : Hexane
C : n–Hexanol

해답

C, A, B

06 1H-NMR을 이용하여 얻은 다음의 Data를 보고 구조식을 그리시오(단, 분자량은 72이고, C, H, O로만 구성되어 있다).

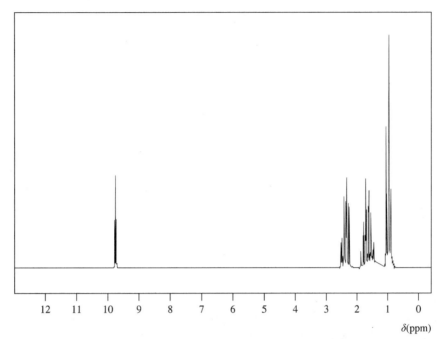

δ(ppm)	다중선	적분비
0.97	triplet	3
1.64	sextet	2
2.37	triplet of doublet	2
9.79	triplet	1

해답

O
‖
H (butyraldehyde structure)

07 GC에서 사용하는 Purge and Trap장치에 대한 문제들에 답하시오.
① 분석물질군
② 장치 사용 목적
③ 장치 작동원리

해답
① VOCs(휘발성 유기화합물)
② 시료의 VOCs를 농축하여 낮은 검출 한계로 분석
③ 비활성 기체로 시료를 Purge하여 시료에서 VOCs를 분리하고, Trap에 흡착·농축한 후 열 탈착하여 GC에 주입한다.

08 메틸오렌지 지시약의 변색범위와 산성일 때의 색상에 대해 서술하시오.

[해답]

pH 3.1~4.4, 붉은색

09 전기분석법 중 낮은 검출한계로 수용액 내에 존재하는 미량의 금속 이온 및 유기 분자를 검출할 수 있는 분석할 수 있는 방법으로, 카드뮴과 구리를 포함하는 물질을 분석할 때 사용하는 이 전기분석법의 명칭과 A, B, C에 들어갈 항목을 쓰시오(B, C는 반쪽반응식으로 적으시오).

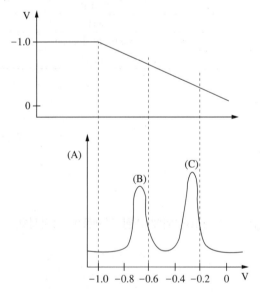

[해답]

• 전기분석법 : 벗김분석법
• A : 전류
• B : $Cd \rightarrow Cd^{2+} + 2e^-$
• C : $Cu \rightarrow Cu^{2+} + 2e^-$

10 어떤 식품에 들어있는 탄수화물을 측정해서, 탄수화물 함량의 측정값과 t값의 분포가 다음과 같을 때 95%에서의 신뢰 구간을 구하시오.

탄수화물 측정값(g) : 21.1, 20.8, 20.2, 22.3

• t값의 분포

v \ $1-\alpha$	0.80	0.9	0.95	0.975	0.99
1	1.376	3.078	6.314	12.706	31.821
2	1.061	1.886	2.920	4.303	6.965
3	0.978	1.638	2.353	3.182	4.541
4	0.941	1.533	2.132	2.776	3.747
5	0.920	1.476	2.015	2.571	3.365

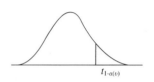

$t_{1-\alpha(v)}$

해답

$$\bar{x} = \frac{21.1 + 20.8 + 20.2 + 22.3}{4} = 21.1$$

$$s = \sqrt{\frac{(21.1-21.1)^2 + (20.8-21.1)^2 + (20.2-21.1)^2 + (22.3-21.1)^2}{4-1}} = 0.8832$$

$t = 3.182$

$\therefore$ 신뢰구간 $= \bar{x} \pm t \cdot \dfrac{s}{\sqrt{n}} = 21.1 \pm 3.182 \times \dfrac{0.8832}{\sqrt{4}} = 21.1 \pm 1.4052$

11 미지시료 2g을 진한 황산에 넣어 완전히 분해하여 모든 질소를 NH_4^+를 만들고 이 용액에 NaOH를 가하여 모든 NH_4^+를 NH_3로 만들고 이를 증류하여 0.5M HCl 용액 10mL에 모은다. 그 다음 이 용액을 0.3M NaOH 용액으로 적정하였더니 9mL가 적가되었다. 이 미지시료에 들어있는 단백질의 함량(w/w%)은 얼마인지 구하시오(단, 단백질의 질소함량은 16.2%이다).

해답

N의 mol=NH_3의 mol = NH_3와 반응한 HCl의 mol

NaOH와 HCl은 1 : 1로 반응하므로

$(0.5M \times 10mL) - (0.3M \times 9mL) = 2.3mmol$의 HCl이 남는다.

N의 질량 = N 몰수 $\times$ N 원자량 = 2.3mmol $\times$ 14mg/mmol = 32.2mg

단백질의 질량 = 32.2mg $\times \dfrac{100}{16.2}$ = 198.77mg

$\therefore$ 단백질의 함량 = $\dfrac{198.77\,mg}{2,000\,mg} \times 100\% = 9.94\%$

12 전류법 적정에서 각 경우에 대한 전류의 변화 그래프를 그리시오(x축, y축, 당량점을 표시하시오).

① 분석물만 환원되는 경우

② 적가액만 환원되는 경우

③ 분석물과 적가액 모두 환원되는 경우

해답

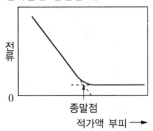

• 분석물만 환원될 때

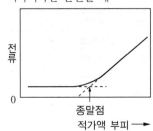

• 적가시약만 환원될 때

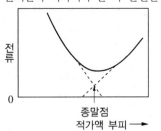

• 분석물과 적가시약 둘 다 환원될 때

13 다음은 산 조건하에서 산화–환원 반응의 일부를 작성한 것이다.

$$MnO_4^- + NO_2^- \rightarrow Mn^{2+} + NO_3^-$$

① 전하균형 등을 고려하여 산화반응 반쪽반응식을 쓰시오.

② 전하균형 등을 고려하여 환원반응 반쪽반응식을 쓰시오.

③ 반응식 전체를 쓰시오.

해답

① $NO_2^- + H_2O \rightarrow NO_3^- + 2H^+ + 2e^-$

② $MnO_4^- + 8H^+ + 5e^- \rightarrow Mn^{2+} + 4H_2O$

③ $2MnO_4^- + 5NO_2^- + 6H^+ \rightarrow 2Mn^{2+} + 5NO_3^- + 3H_2O$

14 시료 500mL 안에 있는 Ca양을 알아내기 위해 CaC_2O_4로 침전시킨 후, 도가니에 넣고 강열하였다. 빈 도가니의 무게는 20.32g이고, 강열 후 도가니의 무게는 24.19g이었다. 이때 수용액 내의 Ca의 농도(g/mL)를 구하시오(칼슘의 원자량은 40.08이다).

해답

CaO 무게 $= (24.19 - 20.32)g = 3.87g$

$56.08g\ CaO : 40.08g\ Ca = 3.87 : x$

$x = 2.7659g\ Ca$

$\therefore$ Ca의 농도 $= 2.7659g\ /\ 500mL = 5.53173 \times 10^{-3}g/mL$

15 $3s$ 오비탈과 $3p$ 오비탈 사이의 에너지 차이는 2.107eV이다. $3s$ 전자를 $3p$ 상태로 들뜨게 할 때 흡수되는 복사선의 파장(nm)을 구하시오(단, $1eV = 1.60 \times 10^{-19}J$, $h = 6.63 \times 10^{-34}J \cdot s$, $c = 3.00 \times 10^8 m/s$).

해답

$E = h\nu = \dfrac{hc}{\lambda}$

$E = 2.107eV \times \dfrac{1.60 \times 10^{-19}J}{1eV} = \dfrac{6.63 \times 10^{-34}J \cdot s \times 3.00 \times 10^8 m/s}{x}$

$\therefore\ x = 5.89998 \times 10^{-7}m \times \dfrac{10^9 nm}{1m} = 590.00nm$

2023년 제2회 최근 기출복원문제

01 유체역학 전압전류법에서 용액을 세게 저어 주었을 때 작업전극 주위에서 용액의 흐름을 각 영역(A, B, C)별로
적고, 작업전극에서 전기분해반응으로 생긴 생성물의 농도를 그래프로 그리시오.

①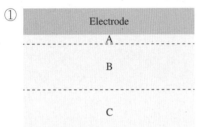

②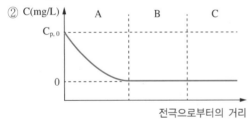

해답

① A : Nernst 확산층

B : 층류

C : 난류

② C(mg/L)

02 구리이온(Cu^{2+})을 전기분해하여 석출하려 한다. 다른 산화–환원 반응이 없을 때 0.15A의 일정한 전류를 20분간 흘렸을 경우에, 환원전극에서 증가한 질량(g)을 구하시오(단, $1F$은 96,485C/mol이고, Cu(fw) = 63.546g/mol, Zn(fw) = 65.380g/mol이다).

Zn(s) ∣ ZnSO₄(aq) ‖ CuSO₄(aq) ∣ Cu(s)

해답

$Cu^{2+} + 2e^- \rightarrow Cu(s)$

$W(석출량) = 0.15A \times 20min \times \dfrac{60s}{1min} \times \dfrac{1C}{1A \cdot 1s} \times \dfrac{1mol\ e^-}{96,485C} \times \dfrac{1mol\ Cu}{2mol\ e^-} \times \dfrac{63.546g\ Cu}{1mol\ Cu}$

$\qquad\quad = 0.0593g$

03 이중치환된 벤젠의 각 치환된 형태를 알 수 있는 방법을 다음 기기에 따라 적으시오(치환기 위치를 설명하기 위해 위치 접두어(Ortho, Para 등)를 사용하여도 된다).

① IR 스펙트럼(Peak의 Wavenumber(cm^{-1}) 및 세기를 명시할 것)

② ^{1}H–NMR(화학적/자기적 이동(ppm, δ) 및 갈라짐 경향을 명시할 것)

해답

① Ortho : $750cm^{-1}$ 부근에서 강한 세기

　Meta : $690cm^{-1}$, $780cm^{-1}$ 부근에서 강한 세기, $890cm^{-1}$ 부근에서 중간 세기

　Para : $800\sim850cm^{-1}$ 부근에서 강한 세기

② 6.5~8.0ppm 사이에서 피크가 나타난다.

　Ortho : 피크 4개가 2 : 3 : 2 : 3으로 갈라진다.

　Meta : 피크 4개가 2 : 1 : 3 : 2로 갈라진다.

　Para : 피크 2개가 2 : 2로 갈라진다.

04 결정성 고체를 구성하는 세포의 결정구조 3가지 중 2가지를 쓰고, 그에 해당하는 원자수와 배위수를 각각 적으시오.

입방정계구조	원자수	배위수

해답

입방정계구조	원자수	배위수
단순입방구조	1	6
체심입방구조	2	8
면심입방구조	4	12

05 미지시료 10mL를 7μg/mL 농도의 내부표준물질 S 5mL와 섞어서 50mL가 되게 묽혔다. 이때 신호비(신호X/신호S)는 1.85이다. 똑같은 농도와 부피를 갖는 X와 S를 가진 시료의 신호비가 0.754일 때, 미지시료의 농도(μg/mL)를 구하시오.

해답

신호비 $\dfrac{S_X}{S_S} = 0.754 = F(감응인자) \times \dfrac{[X]}{[S]} = F \times 1 = F$

$\dfrac{S_X{'}}{S_S{'}} = 1.85 = 0.754 \times \dfrac{[X]'}{[S]'} = 0.754 \times \dfrac{[X]_i \times \dfrac{10\mathrm{mL}}{50\mathrm{mL}}}{(7\mu\mathrm{g/mL}) \times \dfrac{5\mathrm{mL}}{50\mathrm{mL}}}$

$\therefore [X]_i = \dfrac{1.85 \times (7\mu\mathrm{g/mL}) \times 5\mathrm{mL}}{0.754 \times 10\mathrm{mL}} = 8.59\mu\mathrm{g/mL}$

06 다음은 $C_5H_{12}O$의 MS 스펙트럼이다. 이를 통해 구조식을 그리고, 풀이과정을 적으시오.

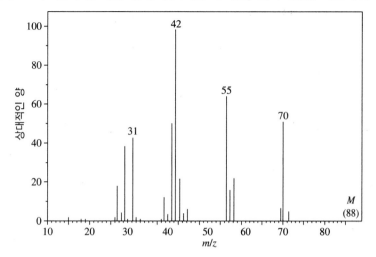

해답

HO⌒⌒⌒

$m/z = 31$: Butyl 그룹을 잃음으로써 생긴 $H_2C = OH^+$ 이온의 피크

$m/z = 42$: 물과 Ethylene을 동시에 잃어 나타난 피크

$m/z = 70$: 탈수반응으로 생긴 토막 이온 피크

07 염기 분위기의 미지시료 0.7000g에 Ca^{2+} 이온과 Ba^{2+} 이온이 용해되어 있다. 이 시료의 화학반응으로 두 이온을 $CaC_2O_4 \cdot H_2O$와 $BaC_2O_4 \cdot H_2O$로 만들고, TGA로 분석하였다. 그 결과 안정화된 시료의 무게가 320~400℃ 범위에서는 0.5128g, 580~620℃ 범위에서는 0.4363g이었다. 원시료에 들어 있던 이온의 농도(wt%)를 각각 구하시오(단, Ca의 원자량은 40.0, Ba의 원자량은 137.3이다).

해답

320~400℃에서 물이 빠져나갔다.

580~620℃에서 $(0.5128 - 0.4363)g = 0.0765g$의 CO가 빠져나갔다.

$0.0765g$ CO $= 0.0765g \times (1mol/28g) = 2.7321 \times 10^{-3}mol = (BaCO_3 + CaCO_3)mol$

① $BaCO_3$의 몰수를 X, $CaCO_3$의 몰수를 $2.7321 \times 10^{-3} - X$라고 두면,

$BaCO_3$의 질량 $= X mol \times \dfrac{(137.3 + 12 + 16 \times 3)g}{1\,mol} = 197.3Xg$

$CaCO_3$의 질량 $= (2.7321 \times 10^{-3} - X)mol \times \dfrac{(40.0 + 12 + 16 \times 3)g}{1\,mol} = 100(2.7321 \times 10^{-3} - X)g$

$0.4363g$에는 $BaCO_3$와 $CaCO_3$가 들어 있다.

$0.4363g = 197.3Xg + 100(2.7321 \times 10^{-3} - X)g$

$\therefore X = 1.6762 \times 10^{-3}$

② $BaCO_3$의 몰수 $= 1.6762 \times 10^{-3}mol$

$\therefore Ba^{2+}$의 농도 $= \dfrac{(1.6762 \times 10^{-3}mol) \times \dfrac{137.3g}{1mol}}{0.7g} \times 100\% = 32.88\%$

$CaCO_3$의 몰수 $= (2.7321 \times 10^{-3} - 1.6762 \times 10^{-3})mol = 1.0560 \times 10^{-3}mol$

$\therefore Ca^{2+}$의 농도 $= \dfrac{(1.0560 \times 10^{-3}mol) \times \dfrac{40g}{1mol}}{0.7g} \times 100\% = 6.03\%$

08 GC 관련하여 다음 문제에 답하시오.
① GC 열전도도검출기에서 사용되는 운반기체 두 가지를 쓰시오.
② ①에서 작성한 기체를 널리 사용하는 이유를 쓰시오.

해답
① 수소, 헬륨
② 다른 분자에 비해 열전도도가 좋다.

09 Ethyl (s)-3-hydroxybutyrate의 입체구조를 다음 예시를 참고하여 그리고, 각 수소의 화학적·자기적 동등을 표시하고 ^{1}H-NMR 분석 시 나타나는 모든 피크의 화학적 이동(ppm)과 갈라짐 개수를 적으시오(단, 카이랄 구조가 있으면 중심 원자에 * 표시하시오).

┤예시├

해답

① 구조식

Ethyl(s)-3-Hydroxybutanoate

② ^{1}H-NMR

구 분	화학적 이동(ppm)	갈라짐 개수
a	1.23	이중선
b	1.28	삼중선
c	2.49	사중선
d	2.42	사중선
e	4.18	사중선
f	4.2	이중선
g	3.15	단일선

10 $C_3H_8O_3$를 포함하는 미지시료가 있다. 미지시료 1g에 0.21M Ce^{4+} 100mL를 넣고 가열하여 완전히 반응시켰다. 이후 지시약과 0.07M Fe^{2+} 14mL를 넣었을 때 색이 변하였다면, 미지시료 중 $C_3H_8O_3$ 질량비(%)를 구하시오.

$$C_3H_8O_3 + 8Ce^{4+} + 3H_2O \rightarrow 3HCOOH + 8Ce^{3+} + 8H^+$$
$$Ce^{4+} + e^- \rightarrow Ce^{3+}$$
$$Fe^{3+} + e^- \rightarrow Fe^{2+}$$

해답

$Ce^{4+} + Fe^{2+} \rightarrow Ce^{3+} + Fe^{3+}$

Ce^{4+}와 Fe^{2+}는 $1:1$로 반응한다.

$C_3H_8O_3$의 질량 $= (0.21M \times 0.1L - 0.07M \times 0.014L)Ce^{4+} \times \dfrac{1\,mol\ C_3H_8O_3}{8\,mol\ Ce^{4+}} \times \dfrac{92g\ C_3H_8O_3}{1\,mol\ C_3H_8O_3} = 0.23023g$

$\therefore$ 미지시료 중 $C_3H_8O_3$ 질량비 $= \dfrac{0.23023g\ C_3H_8O_3}{1g\ 미지시료} \times 100\% = 23.02\%$

11 이론단수를 단 높이와 칼럼의 길이의 관계식으로 나타내시오.

해답

$$N = \frac{L}{H}$$

- N : 이론단수
- L : 칼럼의 길이
- H : 단 높이

12 $3.3 \times 10^{-4}M$의 농도를 가진 $KMnO_4$를 셀 길이 2.0cm, 525nm에서 측정하였을 때 투과도는 42.9%이었다. 이때 ① 흡광도(유효숫자 셋째 자리까지)와 ② 몰흡광계수를 구하시오.

해답

① 흡광도

$A = -\log T = -\log 0.429 = 0.368$

② 몰흡광계수

$A = \varepsilon bc$

$0.368 = \varepsilon \times 2.0cm \times (3.3 \times 10^{-4} mol/L)$

$\therefore \varepsilon = 557.58 L/mol \cdot cm$

13 방사성 연대 측정(Radiometry Dating)으로 주로 쓰는 ^{14}C 베타 붕괴는 1차 반응이며 반감기는 5700년이라 할 때, 분석시료 ^{12}C 1g당 1.059×10^{-13}g의 ^{14}C가 존재하려면 시료는 몇 년 전에 생성되었는지 쓰시오(단, 대기 중에 존재하는 비(자연존재비)는 $^{12}C : ^{14}C = 1 : 1.2 \times 10^{-12}$이다).

해답

$$(1.2 \times 10^{-12}) \times \left(\frac{1}{2}\right)^n = 1.059 \times 10^{-13}$$

$$n \log \frac{1}{2} = \log\left(\frac{1.059 \times 10^{-13}}{1.2 \times 10^{-12}}\right)$$

$$n = 3.5$$

$$\therefore\ 3.5 \times 5700\text{년} = 19950\text{년}$$

14 100mL 약산(HA)을 강염기로 적정한다(단, 유효 숫자는 4개로 나타내시오).

① 약산의 당량점까지 NaOH를 0.09338M 28.63mL를 첨가하였을 때, 약산의 몰농도(M)는?

② 원 HA 용액에 0.09338M NaOH를 16.47mL 첨가했을 때 용액의 pH는?(단, HA의 $pK_a = 4.66$)

해답

① $MV = M'V'$

$0.09338\text{M} \times 28.63\text{mL} = x\text{M} \times 100\text{mL}$

$\therefore\ x = 0.0267\text{M}$

② $[HA] = \dfrac{0.0267\text{M} \times 0.1\text{L} - 0.09338\text{M} \times 0.01647\text{L}}{0.1\,\text{L}} = 0.0113$

$K_a = \dfrac{[H^+][A^-]}{[HA]} = 10^{-4.66} = \dfrac{y^2}{0.0113}$

$[A^-] = y = 4.97209 \times 10^{-4}$

$\therefore\ pH = pK_a + \log([A^-]/[HA])$

$\qquad = 4.66 + \log\dfrac{4.97209 \times 10^{-4}}{0.0113} = 3.303$

15 다음에 제시된 ^{1}H-NMR Spectrum을 통해 $C_8H_{14}O_4$의 구조식을 그리시오.

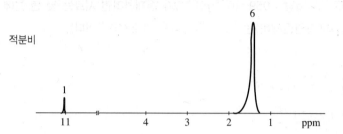

적분비

1

6

11   4   3   2   1   ppm

해답

```
        O      H₃C   CH₃
        ‖       \    /
        C        C
       / \      / \      OH
   HO    C    C    /
        / \    ‖
    H₃C  CH₃   O
```

01 Ni^{2+}를 역적정하여 농도를 알고자 한다. 묽은 염산 100mL에 Ni^{2+}를 녹인 후 20mL를 분취하여 NaOH로 중화시킨 후 아세트산 용액으로 pH 5.5로 완충시키고 0.05285M EDTA-2Na 용액 20.00mL를 가하고 지시약을 넣어 Zn^{2+} 0.02229M으로 적정하였더니 종말점에서 황색을 나타내었다.

① 사용한 지시약은 무엇인지 쓰시오.

② 역적정하는 데 0.02299M Zn^{2+} 17.41mL가 사용되었다면 원시료에서 Ni^{2+}의 몰농도는?

해답

① 자이레놀 오렌지

② Ni^{2+} 몰수 $= (0.05285M \times 20.00mL) - (0.02229M \times 17.41mL) = 0.6689311mmol$

$$Ni^{2+} \text{ 몰농도} = \frac{0.6689311mmol}{20mL} = 0.0334M$$

02 UV-Vis Spectroscopy에서 유리큐벳은 350nm 이하의 파장에서 사용할 수 없다. 그 이유와 350nm 이하의 파장에서 사용할 수 있는 큐벳의 재질은 무엇인지 쓰시오.

① 사용할 수 없는 이유

② 사용할 수 있는 재질

해답

① 셀의 재료가 사용되는 영역의 복사선을 흡수하기 때문에 사용하지 않는다.

② 석영 또는 용융실리카

03 HPLC에서 일반적으로 사용하는 검출기 종류 4가지를 적으시오.

해답

자외선검출기, 형광검출기, 굴절률 검출기, 전기화학검출기

04 유기비소계 농약인 As_2O_3의 함량을 확인하기 위해 전기정량분석을 진행하였다. 농약시료는 적절한 처리에 의해 $HAsO_3$가 되었다. 이 시료를 I_2를 포함하는 약한 알칼리 용액에 녹인 뒤 100mA의 전류를 공급하였다.

> 화학반응식 : $HAsO_3^{2-} + I_2 + HCO_3^- \rightarrow HAsO_4^{2-} + I^- + CO + H_2O$

① 위의 화학반응식을 계수를 포함한 완결된 식으로 적으시오.

② 농약시료 7.5g을 분석할 때 적정이 완료되기까지 10분이 소요되었다. 농약에 함유되어 있는 As_2O_3 함량 (wt%)을 소수점 넷째 자리까지 구하시오(단, As의 원자량 : 75amu, 패러데이상수 : 96,500C/mol).

해답

① $3HAsO_3^{2-} + I_2 + 2HCO_3^- \rightarrow 3HAsO_4^{2-} + 2I^- + 2CO + H_2O$

② $W = \dfrac{I \cdot t \cdot M}{n \cdot F} = \dfrac{0.100A \times 600s \times 75g/mol}{2 \times 96,500C/mol} = 0.02332g$

∴ 함량 $= \dfrac{0.02332g}{7.5g} \times 100 = 0.31088\%$

05 기체크로마토그래피로 분석하여 나온 실험결과가 다음과 같을 때, 실험결과를 통계처리하시오(단, 유효 숫자는 4개로 나타내시오).

┤ 실험결과 ├───

13.4, 14.2, 12.4, 13.5, 14.5, 12.7 (단위 : min)

① 산술평균

② 표준편차

③ 분산

④ 변동계수

[해답]

① 산술평균 $= \dfrac{13.4 + 14.2 + 12.4 + 13.5 + 14.5 + 12.7}{6} = 13.45\text{min}$

② 표준편차 $= \dfrac{(13.4 - 13.45)^2 + (14.2 - 13.45)^2 + (12.4 - 13.45)^2 + (13.5 - 13.45)^2 + (14.5 - 13.45)^2 + (12.7 - 13.45)^2}{6 - 1}$

$\qquad\qquad = 0.6670\text{min}$

③ 분산 $= (0.6670\text{min})^2 = 0.4449\text{min}^2$

④ 변동계수 $= \dfrac{0.6670}{13.45} \times 100\% = 4.96\%$

06 원자력 발전소에서 배출되는 방사성 폐기물에 포함되어 있는 세슘-137이 초기량 30% 수준으로 감소되기까지 필요한 시간(개월)을 구하시오(단, 세슘-137은 바륨-137로 베타 붕괴, 붕괴는 1차 반응으로 근사되고, 반감기는 30.19년이다).

[해답]

$t_{1/2} = \dfrac{\ln 2}{k}$

$30.19\text{yr} = \dfrac{\ln 2}{k}$

$\therefore\ k = 0.02295/\text{yr}$

$\ln \dfrac{[A]_t}{[A]_0} = -kt$

$\ln \dfrac{0.3 \times [A]_0}{[A]_0} = -(0.02295/\text{yr})t$

$\therefore\ t = 52.4607\text{yr} = 629.53$개월

07 실험식이 C_8H_7NO 화합물의 IR Spectroscopy를 통해 구조식을 그리시오. 또한, 구조식을 구하는 데 사용된 Peak에 ○ 표시를 하고, 어떤 진동을 하는지 분석 과정을 쓰시오.

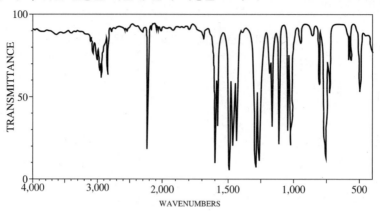

해답

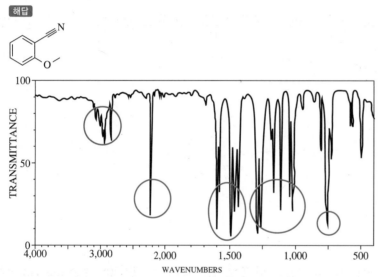

- $3,150 cm^{-1}$: C–H
- $2,250 cm^{-1}$: –C≡N
- $1,600 \sim 1,450 cm^{-1}$: Aromatic Ring의 C=C
- $1,300 \sim 1,000 cm^{-1}$: C–O
- $750 cm^{-1}$: Ortho

08 단백질 0.500mL에서 킬달법을 사용하여 NH_3로 추출 후, NH_3를 0.02240M HCl 10.00mL로 적정하였다. 미반응 HCl을 중화시키는 데 0.0158M의 NaOH가 2.96mL가 소모되었다. 원래 단백질에 존재하는 질소의 질량(mg)을 구하시오(단, 소수점 다섯째 자리에서 반올림하여 넷째 자리까지 나타내시오. 질소의 원자량은 14.0067g/mol이다).

해답
NH_3 적정에 소비된 HCl의 몰수 = (0.02240M × 10.00mL) − (0.0158M × 2.96mL) = 0.1772mmol
질소의 무게 = 0.1772mmol × 14.0067mg/mmol = 2.4820mg

09 72홈/mm 회절발을 0.5m 초점거리(F)를 가진 적외선분광기로 측정하였을 때 30°로 입사하여 0°로 회절되었다.
① 1차 회절 복사선에서 파장(nm)과 파수(cm^{-1})를 구하시오.
② 1차 스펙트럼에 대한 역선분산능(nm/mm)을 구하시오.

해답
① 파장(λ)
$d = (1mm/72) \times (10^6 nm/mm) = 13,888.89nm$
$n\lambda = d(\sin i + \sin r)$
$\therefore \lambda = \dfrac{d(\sin i + \sin r)}{n} = \dfrac{13,888.89(\sin 30° + \sin 0°)}{1} = 6,944.45nm$
파수($\bar{\nu}$)
$\therefore \bar{\nu} = 1/\lambda = 1/(6,944.45 \times 10^{-7}cm) = 1,440.00cm^{-1}$
② 역선분산능(D^{-1})
$D^{-1} = \dfrac{d}{nF} = \dfrac{(1mm/72) \times (10^6 nm/mm)}{1 \times 0.5m \times (10^3 mm/m)} = 27.78nm/mm$
$\therefore 27.78nm/mm$

10 다음 용어의 정의를 쓰시오.
① 몰농도
② 몰랄농도

해답
① 용액 1L 속에 녹아 있는 용질의 mol수를 나타낸 농도
② 용매 1kg 속에 녹아 있는 용질의 mol수를 나타낸 농도

11 다음 스펙트럼은 $C_{10}H_{10}O_2$를 나타낸 것이다. 이 스펙트럼을 통해 구조식을 그리시오.

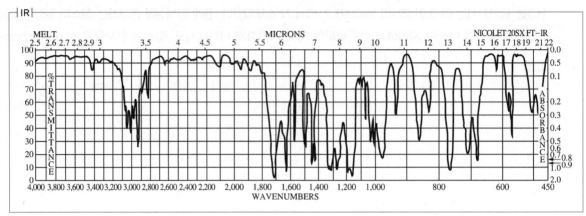

¹³C-NMR

피크는 52, 118, 128, 129, 130, 134, 145, 167ppm에서 관찰된다.

¹H-NMR

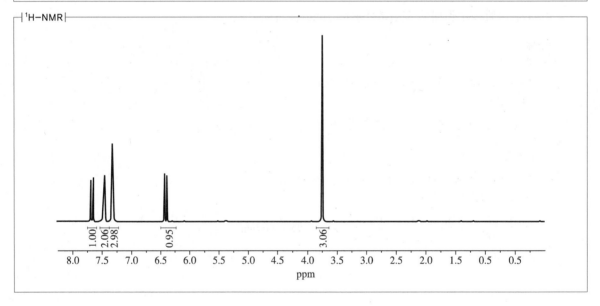

해답

12 AgCl이 불용성 염으로 간주되는 것이 타당한지 열역학적으로 판단하시오.

① AgCl의 해리방정식을 적고, 해리반응의 자유에너지 변화량을 계산하시오.

Substance	$\Delta G_f{}^\circ$(kJ/mol)	$\Delta H_f{}^\circ$(kJ/mol)	S°(J/mol·K)
AgCl(s)	−110.0	−127.0	96.1
Ag⁺(aq)	77.1	106.0	72.7
Cl⁻(aq)	−131.0	−167.0	56.5

② ①에서 구한 자유에너지 변화량으로 25℃일 때 AgCl의 용해도곱상수를 계산하시오.

③ 위의 결과를 이용하여 AgCl이 불용성 염으로 간주되는 것이 타당한지 판단하시오.

해답

① 해리방정식 : $AgCl(s) \rightarrow Ag^+(aq) + Cl^-(aq)$

자유에너지 변화량

$\Delta G = \Delta H - T\Delta S$

$\Delta H = (106 - 167) - (-127) = 66\text{kJ/mol}$

$T = 25 + 273 = 298\text{K}$

$\Delta S = (72.7 + 56.5) - 96.1 = 33.1\text{J/mol·K} = 0.0331\text{kJ/mol·K}$

$\therefore \Delta G = 66\text{kJ/mol} - (298\text{K} \times 0.0331\text{kJ/mol·K}) = 56.14\text{kJ/mol}$

② $\Delta G^\circ = -RT\ln k_{sp}$

$56.14\text{kJ/mol} = 56,140\text{J/mol} = -(8.314\text{J/mol·K}) \times (298\text{K}) \times \ln k_{sp}$

$\ln k_{sp} = -22.6593$

$\therefore k_{sp} = 1.44 \times 10^{-10}$

③ 해리반응의 자유에너지 변화량이 양의 값으로 비자발적이고, k_{sp}값도 매우 작기 때문에 불용성 염으로 간주되는 것이 타당하다.

13 Reverse-Phase Chromatography로 다음의 화합물을 분석했을 때 머무름시간이 짧은 순서대로 쓰시오.

n-pentanol, 3-pentanone, pentane

해답

n-pentanol, 3-pentanone, pentane

14 다음 화합물은 할로젠 원자를 포함하고 있다. 다음의 스펙트럼을 통해 문제에 답하시오.

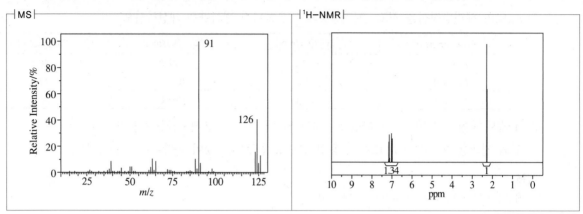

① 구조식을 그리고, 과정을 설명하시오.

② $m/z=126$, $m/z=128$ 피크의 높이비를 간단한 정수로 나타내시오.

동위원소 존재비	M	M+2
Cl	100	32.5
Br	100	98

해답

① 구조식

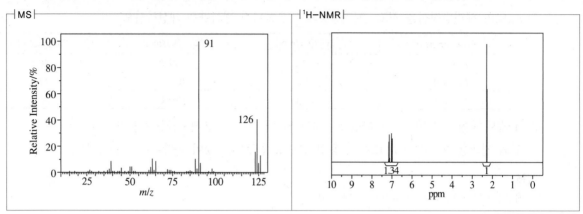

㉠ MS

  • 126 − 91 = 35 : Cl

  • 91 : $C_6H_4CH_3$

㉡ ^{1}H−NMR

  • 2.29ppm : 메틸기의 수소

  • 7~7.2ppm : 치환기가 Para로 붙어있다.

② 100 : 32.5 = 3 : 1

  ∴ 3 : 1

15 BaC$_2$O$_4$·H$_2$O와 CaC$_2$O$_4$·H$_2$O가 혼합된 시료 0.5527g을 열무게 측정장치에서 가열하였더니, 320~400℃에서 0.4917g, 580~620℃에서는 0.4162g의 잔류물을 얻었다.

① 시료 중에 들어 있는 Ca^{2+} + Ba^{2+}의 질량 백분율을 구하시오(단, Ca의 원자량은 40.0amu, Ba의 원자량은 137.3amu이다).

② Ca^{2+} : Ba^{2+}의 존재비를 몰수의 비로 나타내시오.

해답

① 320~400℃에서 물이 빠져나갔다.

580~620℃에서 $(0.4917 - 0.4162)$g $= 0.0755$g의 CO가 빠져나갔다.

0.0755g CO $= 0.0755$g $\times (1\text{mol}/28\text{g}) = 2.69643 \times 10^{-3}$mol $= (\text{BaCO}_3 + \text{CaCO}_3)$mol

BaCO$_3$의 몰수를 X, CaCO$_3$의 몰수를 $2.69643 \times 10^{-3} - X$라고 두면,

BaCO$_3$의 질량 $= X\text{mol} \times \dfrac{(137.3 + 12 + 16 \times 3)\text{g}}{1\,\text{mol}} = 197.3X\text{g}$

CaCO$_3$의 질량 $= (2.69643 \times 10^{-3} - X)\text{mol} \times \dfrac{(40.0 + 12 + 16 \times 3)\text{g}}{1\,\text{mol}} = 100(2.69643 \times 10^{-3} - X)\text{g}$

0.4162g에는 BaCO$_3$와 CaCO$_3$가 들어 있다.

$0.4162\text{g} = 197.3X\text{g} + 100(2.69643 \times 10^{-3} - X)\text{g}$

$\therefore X = 1.506238 \times 10^{-3}$

BaCO$_3$의 몰수 $= 1.506238 \times 10^{-3}$mol

Ba^{2+}의 질량 백분율 $= \dfrac{(1.506238 \times 10^{-3}\text{mol}) \times \dfrac{137.3\text{g}}{1\,\text{mol}}}{0.5527\text{g}} \times 100\% = 37.42\%$

CaCO$_3$의 몰수 $= (2.69643 \times 10^{-3} - 1.506238 \times 10^{-3})$mol $= 1.190192 \times 10^{-3}$mol

Ca^{2+}의 질량 백분율 $= \dfrac{(1.190192 \times 10^{-3}\text{mol}) \times \dfrac{40\text{g}}{1\,\text{mol}}}{0.5527\text{g}} \times 100\% = 8.61\%$

$\therefore (37.42 + 8.61)\% = 46.03\%$

② Ca^{2+} : Ba^{2+} $= 1.190192 \times 10^{-3}$: 1.506238×10^{-3}

$\therefore 1.26 : 1$

교육은 우리 자신의 무지를 점차 발견해 가는 과정이다.

– 윌 듀란트 –

CHAPTER 01   지급재료 목록 및
            수험자 지참 준비물

CHAPTER 02   흡광광도법에 의한
            인산전량 정량분석

PART

3

작업형 실험

지급재료 목록 및 수험자 지참 준비물

1 지급재료 목록

사진			
재료명	인산제1칼륨 (KH_2PO_4)	제1인산암모늄 ($NH_4H_2PO_4$)	몰리브덴산암모늄 ($(NH_4)_6Mo_7O_{24} \cdot 4H_2O$)
수량 및 단위	5g	1g	20g
비고	표준용액 제조용	미지시료 제조용	1인당
사진			
재료명	메타바나드산암모늄 (NH_4VO_3)	질산 (HNO_3)	염산 (HCl)
수량 및 단위	2g	200mL	50mL
비고	1인당	1인당	1인당

사진			
재료명	100mL 메스플라스크	250mL 메스플라스크	500mL 메스플라스크
수량 및 단위	5개	2개	1개
비고	5인 공용	5인 공용	5인 공용
사진			
재료명	1,000mL 메스플라스크	10mL 메스피펫	20mL 메스피펫
수량 및 단위	1개	1개	1개
비고	5인 공용	1인당	1인당
사진			
재료명	5mL 홀피펫	10mL 홀피펫	300mL 비커
수량 및 단위	1개	1개	1개
비고	1인당	1인당	1인당

사진			
재료명	500mL 비커	시약스푼	증류수
수량 및 단위	1개	1개	3L
비고	1인당	5인 공용	1인당

사진				
재료명	유리막대		고무장갑(나이트릴장갑)	
수량 및 단위	1개		1개	
비고	5인 공용		1인당	
재료명	유산지(기름종이)	물비누	휴지(킴와이프스)	
수량 및 단위	2장	1L	1통	
비고	5인당	15인 공용	15인 공용	

2 수험자 지참 준비물

① 신분증
② 실험복
③ 보안경
④ 고무 피펫필라
⑤ 포스트잇 플래그 또는 견출지(라벨지)
⑥ 네임펜
⑦ 흑색 볼펜
⑧ 계산기
⑨ 자(20cm 이상)
⑩ 손목시계

1 수험자 유의사항

(1) 실험 시 주의사항

① 지급된 시설, 기구, 재료, 수험자 지참 준비물에 한하여 사용이 가능하다.
② 수험자 간 대화나 시험에 불필요한 행위는 금지된다(위반할 경우 실격 조치).
③ 시험종료 시 답안지, 지급 받은 재료를 모두 반납한다.
④ 사용한 시설, 기구 등은 깨끗이 세척한 후 정리 정돈하여 감독위원의 안내에 따라 퇴장한다.
⑤ 시료 채취 시 목푯값의 오차범위(±0.0005g)를 벗어난 값을 사용하지 않아야 한다(오차범위를 벗어날 경우 실격 처리).
⑥ 흡광도 측정은 표준용액은 각 농도별 2회, 미지시료는 3회까지 허용된다.
⑦ 실험복은 반드시 착용한다(미착용 및 실험복 단추 열림, 슬리퍼 착용 등 실험복장이 불량한 경우 감독위원 판단하에 10점 감점).
⑧ 초자기구를 파손하지 않는다(파손한 경우 10점 감점).
⑨ 시약을 흘리지 않도록 주의한다(과도하게 흘릴 경우 5점 감점).
⑩ 본인 실수로 인해 발생한 안전사고는 본인에게 귀책사유가 있음을 유의한다.
⑪ 실험 중 사고발생 시 즉시 감독위원에게 알리고 조치를 받아야 한다.
⑫ 작업과정이 적절치 못하고 숙련성이 없다고 감독위원의 전원 합의가 있는 경우 실격 처리된다.

(2) 답안 작성 등 주의사항

① 흑색 필기구만 사용해야 한다(연필, 다른 색 볼펜, 수정테이프, 수정액 등 사용 시 0점 처리).
② 답안 정정 시 두 줄(=)을 긋고 다시 작성해야 한다.
　예 커너터를 가나다를
③ 계산문제는 반드시 '계산과정'과 '답'란에 각각 정확히 기재해야 한다(계산과정이 틀리거나 없으면 0점 처리).
④ 계산문제는 최종 답에서 소수점 셋째자리에서 반올림하여 둘째자리까지 구해서 표기한다. 단, 개별문제에서 소수처리에 대한 요구사항이 있는 경우 그 요구사항을 따른다.
⑤ '1. 표준용액 조제', '2. 미지시료 농도', '3. 희석 및 발색'의 조제방법 작성은 상세하게 기재하고, 답안 작성 시 사용되는 값은 실제 시료 채취량을 기준으로 작성한다(계산값 또는 공지값을 사용하여 답안을 작성하면 0점 처리).
⑥ 답안지의 모든 값은 문항 간 일치해야 한다(일치하지 않는 경우 일치하지 않는 항부터 0점 처리).
　예 • '2. 미지시료 농도'와 '3. 희석 및 발색'의 모든 값이 일치하지 않는 경우 문항 2, 3, 4, 5, 6이 0점 처리된다.
　　 • '3. 희석 및 발색'과 '6. 성적계산'의 모든 값이 일치하지 않는 경우 문항 3, 4, 5, 6이 0점 처리된다.
⑦ 흡광도의 재측정이 있을 경우 이후 과정을 진행하기 전 답안 작성에 사용할 값을 제외한 모든 흡광도값에 두 줄(=)을 그어 표시한다.

⑧ '5. 분석 그래프 작성'의 회귀방정식 및 상관계수는 반드시 계산하여야 하며, 계산기의 회귀방정식 기능을 이용하여 도출하는 등 계산과정이 누락되어 있는 경우 해당 문항부터 0점 처리된다.

⑨ 최종 미지시료 흡광도값이 표준용액의 흡광도 범위를 벗어나지 않아야 한다(벗어날 경우 실격 처리).

⑩ 감독위원의 확인 날인을 받지 않거나 흡광도 측정값을 임의로 고치지 않아야 한다(위반할 경우 실격 처리).

⑪ 표준시험 시간 내에 실험결과값(인산의 함량)을 제출하지 못한 경우 채점대상에서 제외된다.

2 실험과정

※ 시험시간 : 3시간 30분

(1) 실험준비
① 시험 날 시간여유를 두고 일찍 도착한다.
② 실험은 조심스럽게, 꼼꼼히 해야 하므로 서두르지 말고 긴 호흡을 하며 긴장을 풀어준다.
③ 실험복, 장갑을 착용한다.
④ 저울, 시약, 후드, 핫플레이트 등의 위치와 개수 등을 파악한다.
　㉠ 실험자들 간 순서대로 사용해야 하므로 기다리는 시간이 길어질 수 있다.
　㉡ 실험동선을 머릿속으로 계산해 둔다.
⑤ 시험지가 주어지면 전체 실험과정을 파악하고, 어떤 순서대로 진행할 것인지 시험지 여백에 작성한다.
⑥ 실험기구를 액체 세제를 이용하여 세척솔로 잘 닦고 많은 양의 수돗물로 꼼꼼히 세척한다. 그 후 증류수로 3번 이상 씻어준다.
⑦ 기구들을 잘 닦아 말려준다.
　㉠ 부피플라스크, 비커 등은 증류수를 넣어 사용하고, 피펫은 시약으로 세척할 예정이므로 내부를 완전히 건조할 필요는 없다.
　㉡ 외부에 묻은 물기만 킴와이프스 등으로 닦아준다.

(2) 실험진행

① 실험순서도

1. 시료 칭량	주어진 시료를 성분시험 분석조건에 맞게 적정량을 칭량한다.

↓

2. 시료 전처리 및 시료 조제	인산 정량분석에 맞는 표준시료, 미지시료, 발색시약을 조제하고, 조제방법 및 계산을 답안지 '1. 표준용액 조제', '2. 미지시료 농도'에 작성한다.

↓

3. 희석 및 발색	조제된 표준시료, 미지시료를 기기조건에 맞게 희석하고 발색시약으로 발색시키며, 답안지 '3. 희석 및 발색'에 작성한다.

↓

4. 흡광도 측정	분광광도계를 이용하여 시료의 흡광도를 측정하여 답안지 '4. 흡광도 측정'에 작성한다.

↓

5. 분석 그래프 작성	그래프를 답안지 '5. 분석 그래프 작성'에 완성한다.

↓

6. 성적 계산서 작성	시료칭량무게, 희석배수, 흡광도 및 농도를 근거로 인산의 함량과 오차를 구하여 답안지 '6. 성적 계산'에 작성한다.

② 고무 피펫필러 사용방법

- Ⓐ : Air
- Ⓢ : Suction
- Ⓔ : Empty

㉠ 피펫을 필러의 아랫부분(Ⓐ 반대편)에 끼운다.

㉡ Ⓐ를 누른 채 중간의 풍선처럼 볼록하게 부푼 부위를 눌러 찌그러트린다.

㉢ 피펫을 빨아올릴 용액에 담근 후 Ⓢ를 눌러주면 용액이 올라온다.

㉣ 원하는 높이까지 용액이 올라오면 Ⓢ를 그만 누른다.

㉤ 용액을 배출할 곳에 피펫을 두고 Ⓔ를 눌러 용액을 배출시킨다.

㉥ 피펫의 모세관 현상으로 잔류해 있는 용액의 일부는 Ⓔ 옆의 구멍을 손으로 막고
Ⓔ를 눌러 마지막 방울까지 다 배출시킨다.

③ 실험방법

　㉠ 발색시약(A) 조제 : 메타바나드산암모늄(NH_4VO_3) 0.56g을 약 150mL의 물에 완전히 녹이고, 잘 녹지 않을 경우에는 Hot Plate 등에서 조금 가열시켜 준 다음 메스플라스크를 이용하여 질산 125mL를 가한다. 이 액에 몰리브덴산암모늄$[(NH_4)_6Mo_7O_{24}\cdot 4H_2O]$ 13.5g을 물에 녹여 부어 주고 물을 가해 500mL로 한다.

1. 저울 위에 유산지를 올린 후 영점 조정하고, 메타바나드산암모늄 0.56g을 칭량한다. 	2. 칭량한 메타바나드산암모늄을 500mL 비커에 넣은 후, 약 150mL의 증류수를 넣고 유리막대로 저어 섞는다. 
3. 2번 용액을 가지고 흄 후드(질산)로 이동한다. 메스실린더를 이용하여 질산 125mL를 취하여 2번 용액에 넣고 완전히 용해시킨다. 	4. 몰리브덴산암모늄 13.5g을 칭량한다. 
5. 칭량한 몰리브덴산암모늄을 300mL 이상의 비커에 넣고, 증류수 100mL를 가해 녹인다. 	6. 3번 비커에 5번 용액을 넣고 최종 부피가 500mL가 되도록 증류수를 가하고, 라벨링(발색시약)을 한 후 파라필름으로 입구를 봉한다. 

ⓒ 미지시료 조제 : 감독위원이 제시한 공시품($NH_4H_2PO_4$)을 정확하게 저울로 취하고, 적당량의 물을 이용하여 완전히 녹인 후 염산 약 30mL 및 질산 약 10mL를 가한 다음 공시품이 완전히 녹은 것을 확인한 후 물을 가하여 정확하게 1L를 조제한다(단, 예를 들어 제시한 공시품 채취량이 0.2340g이고 저울로 단 무게가 0.2335~0.2345g 범위일 경우 저울의 시료량을 채취량으로 할 수 있으며 이 값을 벗어나는 값을 취한 경우나 다른 값으로 취한 경우에는 실격됨을 유의한다).

1. 감독위원이 제시한 공시품의 양을 확인한다. ※ 시험일, 고사장 등에 따라 다르며, 본 도서에서는 공시품의 양을 0.2340g으로 한다.	
2. 공시품(제1인산암모늄, $NH_4H_2PO_4$)을 제시한 양만큼 정확히 칭량한다. ※ 시료 채취 시 목푯값의 오차범위(±0.0005g)를 벗어난 값을 사용하지 않아야 한다(오차범위를 벗어날 경우 실격 처리). 	3. 칭량한 공시품을 1,000mL 메스플라스크에 넣는다. 
4. 적당량의 증류수를 넣고, 흔들어 섞어 완전히 녹인다. 	5. 흄 후드(질산, 염산)로 이동하여 4번 용액에 염산 30mL와 질산 10mL를 가한다. 
6. 증류수를 가하여 최종 부피가 1,000mL가 되도록 한다. ※ 이때 자세를 낮추어 메니스커스를 확인하여 정확하게 맞춘다. 	7. 파라필름으로 입구를 봉하고, 잘 흔들어 섞는다. 

8. 미지시료 용액의 P_2O_5 농도(ppm)를 계산한다.

　　※ 원자량은 각각 K : 39.102, P : 30.9738, O : 15.9994, N : 14.0097, H : 1.00797이다.

　　※ $NH_4H_2PO_4$ 시약병에 기입된 순도가 99%라고 가정한다.

　　$NH_4H_2PO_4$ 2몰이 반응하여 P_2O_5 1몰이 생성된다.

　　• $NH_4H_2PO_4$의 분자량 $= 14.0097 + 1.00797 \times 6 + 30.9738 + 15.9994 \times 4 = 115.0289g/mol$

　　• $NH_4H_2PO_4$의 몰수 $= \dfrac{0.2340g \times 0.99}{115.0289g/mol} = 2.013929mmol$

　　• P_2O_5의 분자량 $= 30.9738 \times 2 + 15.9994 \times 5 = 141.9446g/mol$

　　• P_2O_5의 질량 $= 2.013929mmol \times \dfrac{1}{2} \times (141.9446g/mol) = 142.93317mg$

　　∴ P_2O_5 용액의 농도 $= 142.93317mg/1L ≒ 142.93ppm$

9. 라벨링(미지시료 142.93ppm)을 한다.

ⓒ 표준인산액 조제 : 특급 인산제1칼륨으로 액 1mL 중에 P_2O_5로서 1mg이 함유되도록 표준인산용액 1L를 조제한다(단, 특급 인산제1칼륨의 순도는 시약병에 명기된 내용을 감안하여 계산하되, 순도가 명기되지 않은 경우에는 99.99%를 기준으로 하며, KH_2PO_4의 분자량은 136.08934, 원자량은 각각 K : 39.102, P : 30.9738, O : 15.9994, N : 14.0097, H : 1.00797이다).

1. 인산제1칼륨 칭량값을 계산한다.

　　KH_2PO_4 2몰이 반응하여 P_2O_5 1몰이 생성된다.

　　• P_2O_5 용액의 농도 $= 1mg/mL = 1,000mg/L = 1,000ppm$

　　• P_2O_5 1,000mg의 몰수 $= \dfrac{1,000mg}{(30.9738 \times 2 + 15.9994 \times 5)g/mol} = 7.0450mmol$

　　• P_2O_5 1,000mg에 대응되는 KH_2PO_4의 질량 $= 2 \times 7.0450mmol \times 136.08934g/mol = 1,917.4988mg = 1.9174988g$

　　∴ KH_2PO_4의 순도 보정 $= \dfrac{1.9174988g}{0.9999} = 1.9176906g ≒ 1.9177g$

2. 인산제1칼륨 1.9177g을 정확히 칭량한다.
   ※ 영점 조정 후 칭량한다(저울의 문을 닫고, 책상에 몸을 기대지 않아야 한다).
   ※ 시료 채취 시 목푯값의 오차범위(±0.0005g)를 벗어난 값을 사용하지 않아야 한다(오차범위를 벗어날 경우 실격 처리).

3. 칭량한 인산제1칼륨을 1,000mL 메스플라스크에 넣고, 적당량의 증류수를 넣은 후 흔들어 완전히 섞어 준다. 	4. 3번 용액의 최종 부피가 1,000mL가 되도록 증류수를 가한다. 　※ 이때 자세를 낮추어 메니스커스를 확인하여 정확하게 맞춘다. 	5. 4번 용액에 라벨링(1,000ppm 표준인산액)을 한다. 파라필름으로 입구를 봉하고, 위아래로 흔들어 잘 섞는다. 
6. 5번 용액의 10mL를 취하여 100mL 메스플라스크에 넣는다. 	7. 6번 용액의 최종 부피가 100mL가 되도록 증류수를 가한다. 　※ 이때 자세를 낮추어 메니스커스를 확인하여 정확하게 맞춘다. 	8. 7번 용액에 라벨링(100ppm 표준인산액)을 한다. 파라필름으로 입구를 봉하고, 위아래로 흔들어 잘 섞는다. 

㉣ 정량(바탕용액 1개, 표준인산액 4개, 미지시료 1개)
- 표준인산액을 정확하게 100mL의 메스플라스크에 미지시료 중의 인(인산)의 양이 0~15mg/L(0, 5, 10, 15ppm)가 되도록 수 단계로 하여 표준액 사이의 인산(P_2O_5)으로써 취해 발색시약(A) 20mL를 넣고 눈금까지 증류수를 가하여 흔들어 10~20분간 놓아둔다.
- 미지시료의 일정량을 100mL 메스플라스크에 취한다.

1. 100mL 메스플라스크 5개를 준비한다(바탕용액, 표준용액 5·10·15ppm, 미지시료 희석액 조제 용도). 	2. 1번의 메스플라스크 5개에 각각 발색시약을 정확히 20mL씩 넣는다. 	3. 각 메스플라스크마다 라벨링(바탕용액, 표준용액 5ppm, 표준용액 10ppm, 표준용액 15ppm, 미지시료)을 한다. 
4. 100ppm 표준인산액에서 5mL, 10mL, 15mL씩 취하여 표준용액 5·10·15ppm으로 라벨링 한 메스플라스크에 각각 넣어준다. 	5. 4번의 메스플라스크에 증류수를 가하여 정확히 100mL가 되게 만든다. ※ 이때 자세를 낮추어 메니스커스를 확인하여 정확하게 맞춘다. 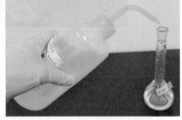	6. 파라필름으로 입구를 봉하고, 잘 흔들어 섞는다. 

7. 미지시료 채취량(mL)을 계산한다.
미지시료 용액의 최종 희석농도가 5~15ppm 내에 들어야 채취량으로 쓰기 적합하다.
희석 전 농도(ppm) × 채취량(mL) = 최종 희석농도(ppm) × 최종 희석용량(100mL)
142.93ppm × x = y × 100mL
여기서, y가 5~15ppm 내에 들도록 x에 4, 5, 8 등을 대입하여 x의 적절한 값을 선택한다(문제 6번 '성적 계산' 시 정수로 계산하여 오차 줄이기 위함이다).
∴ x = 5mL일 때 y = 7.1465ppm이므로, 미지시료는 5mL를 채취하여 희석한다.

| 8. '미지시료 142.93ppm'이라고 라벨링 한 메스플라스크에서 5mL를 채취하여 '미지시료'라고 라벨링 한 100mL 메스플라스크에 넣고, 증류수를 가하여 100mL가 되도록 채운다.
※ 이때 자세를 낮추어 메니스커스를 확인하여 정확하게 맞춘다.
 | 9. 파라필름으로 입구를 봉하고, 잘 흔들어 섞은 후 20분간 놓아둔다(5개의 메스플라스크 모두 조제 후 10분 후 한 번 흔들고, 20분 후 또 다시 흔들어 섞는다).
※ 바탕시료는 무색이어야 한다.
※ 미지시료는 색상이 표준용액 5ppm보다 진하고, 15ppm보다는 연해야 한다.
 |

㊀ 측정

• 파장 415nm에서 흡광도를 측정한다.
• 미지시료를 측정한 흡광도가 정량범위를 벗어난 경우에는 반드시 5~15ppm 내에 들도록 미지시료를 적당히 희석한 후 다시 미지시료의 흡광도를 측정한 다음 인산(P_2O_5)의 함량(%)을 구한다.

| 1. 큐벳에 채울 용액으로 3회 이상 세척한다. ▼표시된 두 면이 빛이 투과되는 면이므로, ▼표시가 없는 면을 잡고 세척한다.
 | 2. ▼표시가 없는 면을 손으로 잡고, 각 용액을 ▼표시 바로 아래까지 채운 뒤 외부를 킴와이프스(휴지)로 닦아준다. | 3. 감독관의 지시에 따라 UV/VIS 기기 안에 큐벳을 삽입하고, 415nm에서 흡광도를 측정한다. 답안지를 들고 가서 감독관이 불러 주는 흡광도값을 받아 적고, 감독관 날인을 받는다.
 |

④ 답안지 작성(예시)

---

1. 표준용액 조제

특급 인산제1칼륨으로 액 1mL 중에 P_2O_5로서 1mg이 함유되도록 표준인산용액 1L를 조제한다(단, 특급 인산제1칼륨의 순도는 시약병에 명기된 내용을 감안하여 계산하되, 순도가 명기되지 않은 경우에는 99.99%를 기준으로 하며, KH_2PO_4의 분자량은 136.08934, 원자량은 각각 K : 39.102, P : 30.9738, O : 15.9994, N : 14.0097, H : 1.00797이다).

가. 계산식과 답(소수점 넷째자리까지)

    (1) 계산식 :

        KH_2PO_4 2몰이 반응하여 P_2O_5 1몰이 생성된다.

        • P_2O_5 용액의 농도 = 1mg/mL = 1,000mg/L = 1,000ppm

        • P_2O_5 1,000mg의 몰수 $= \dfrac{1{,}000\mathrm{mg}}{(30.9738 \times 2 + 15.9994 \times 5)\mathrm{g/mol}} = 7.0450\mathrm{mmol}$

        • P_2O_5 1,000mg에 대응되는 KH_2PO_4의 질량 $= 2 \times 7.0450\mathrm{mmol} \times 136.08934\mathrm{g/mol} = 1{,}917.4988\mathrm{mg} = 1.9174988\mathrm{g}$

        ∴ KH_2PO_4의 순도 보정 $= \dfrac{1.9174988\mathrm{g}}{0.9999} = 1.9176906\mathrm{g} \fallingdotseq 1.9177\mathrm{g}$

    (2) 답 : 1.9177g

실제 시료 채취량	1.9177g
시약 순도	99.99%

나. 조제방법 :

    1. KH_2PO_4 1.9177g을 칭량하여 1,000mL 메스플라스크에 넣는다.

    2. 적당량의 증류수를 가한 후 흔들어 섞어 완전히 녹인다.

    3. 증류수로 1,000mL 표선까지 채운다.

    4. '1,000ppm 표준인산액' 라벨링을 붙인다.

    5. 파라필름으로 입구를 봉하고, 잘 흔들어 섞는다.

---

2. 미지시료 농도

감독위원이 제시한 공시품($NH_4H_2PO_4$)을 정확하게 저울로 취하고, 적당량의 물을 이용하여 완전히 녹인 후 염산 약 30mL 및 질산 약 10mL를 가한 다음 공시품이 완전히 녹은 것을 확인한 후 물을 가하여 정확하게 1L를 조제한다.

가. 계산식과 답

    (1) 계산식 :

        $NH_4H_2PO_4$ 2몰이 반응하여 P_2O_5 1몰이 생성된다.

        • $NH_4H_2PO_4$의 분자량 $= 14.0097 + 1.00797 \times 6 + 30.9738 + 15.9994 \times 4 = 115.0289\mathrm{g/mol}$

        • $NH_4H_2PO_4$의 몰수 $= \dfrac{0.2340\mathrm{g} \times 0.99}{115.0289\mathrm{g/mol}} = 2.013929\mathrm{mmol}$

        • P_2O_5의 분자량 $= 30.9738 \times 2 + 15.9994 \times 5 = 141.9446\mathrm{g/mol}$

        • P_2O_5의 질량 $= 2.013929\mathrm{mmol} \times \dfrac{1}{2} \times (141.9446\mathrm{g/mol}) = 142.93317\mathrm{mg}$

        ∴ P_2O_5 용액의 농도 $= 142.93317\mathrm{mg/1L} \fallingdotseq 142.93\mathrm{ppm}$

    (2) 답 : 142.93ppm

실제 시료 채취량	0.2340g
시약 순도	99%

나. 조제방법 :

    1. 미지시료 0.2340g을 1,000mL 메스플라스크에 넣고, 적당량의 증류수를 가한 후 잘 흔들어 섞는다.

    2. 1,000mL 메스플라스크에 염산 30mL와 질산 10mL를 가한 후 잘 흔들어 섞는다.

    3. 증류수로 1,000mL 표선까지 채운 후, 파라필름으로 입구를 봉하고 잘 흔들어 섞는다.

3. 희석 및 발색

가. 표준용액

(1) Blank : 100mL 메스플라스크에 발색시약 20mL를 정확히 취하여 넣고, 증류수로 100mL 표선까지 채운다.

(2) 5ppm : 100mL 메스플라스크에 100ppm 표준인산액 5mL와 발색시약 20mL를 정확히 취하여 넣고, 증류수로 100mL 표선까지 채운다.

(3) 10ppm : 100mL 메스플라스크에 100ppm 표준인산액 10mL와 발색시약 20mL를 정확히 취하여 넣고, 증류수로 100mL 표선까지 채운다.

(4) 15ppm : 100mL 메스플라스크에 100ppm 표준인산액 15mL와 발색시약 20mL를 정확히 취하여 넣고, 증류수로 100mL 표선까지 채운다.

※ 100ppm 표준인산액 제조방법 : 100mL 메스플라스크에 1,000ppm 표준인산액 10mL를 정확히 취하여 넣고, 증류수로 100mL 표선까지 채운다.

나. 미지시료

(1) 희석배수 : $\dfrac{최종\ 부피}{채취량} = \dfrac{100\mathrm{mL}}{5\mathrm{mL}} = 20$ 배

(2) 조제방법 :

    1. 미지시료 용액(1,000mL 메스플라스크)에서 5mL를 채취하여 100mL 메스플라스크에 넣는다.

    2. 발색시약 20mL도 100mL 메스플라스크에 넣고, 증류수로 100mL 표선까지 채운다.

    3. 파라필름으로 입구를 봉하고, 잘 흔들어 섞는다.

4. 흡광도 측정

Blank	5ppm	10ppm	15ppm	미지시료
0.018	0.149	0.272	0.397	0.191

5. 분석 그래프 작성

회귀방정식 및 상관계수를 구하시오.

가. 회귀방정식 구하기(소수점 넷째짜리까지)

최소제곱법을 이용하여 회귀방정식을 구한다(기울기 $= a$, y절편 $= b$)

n	x	y	x^2	y^2	xy
1	0	0.018	0	0.000324	0
2	5	0.149	25	0.022201	0.745
3	10	0.272	100	0.073984	2.72
4	15	0.397	225	0.157609	5.955
Σ	30	0.836	350	0.254118	9.42

- $\sum y_i = a\sum x_i + nb \rightarrow 0.836 = 30a + 4b$

- $\sum x_i y_i = a\sum x_i^2 + b\sum x_i \rightarrow 9.42 = 350a + 30b$

연립방정식을 풀면 $a = 0.0252$, $b = 0.02$이다.

∴ 회귀방정식 : $y = 0.0252x + 0.02$

나. 상관계수 구하기(소수점 넷째짜리까지)

$$r = \frac{n\sum xy - \sum x \sum y}{\sqrt{[n\sum x^2 - (\sum x)^2][n\sum y^2 - (\sum y)^2]}}$$

$$= \frac{4 \times 9.42 - 30 \times 0.836}{\sqrt{[4 \times 350 - (30)^2][4 \times 0.254118 - (0.836)^2]}} = 0.9999$$

다. 검정곡선 작성

미지시료의 흡광도 측정값을 세로축에 화살표(→)로 표시하고 그 값을 그래프 용지 좌측에 기록하고, 가로축과 평행한 점선을 검정곡선과 접하게 그리고 회귀방정식으로 얻은 직선의 방정식을 이용해 계산한 미지시료 농도에 세로축과 평행한 점선을 그려 가로축 하단에 화살표(↑)로 표시하고 그 값을 소수점 둘째자리까지 계산하여 기록하시오.

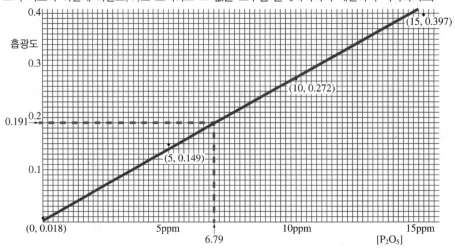

• $y = 0.0252x + 0.02$

• $x = [P_2O_5] = \dfrac{y - 0.02}{0.0252} = \dfrac{0.191 - 0.02}{0.0252} = 6.79\,\text{ppm}$

라. 측정한 미지시료 농도 구하기(희석배수 고려하지 않은 흡광분석 결과)

(1) 계산식 : 6.79ppm × 20 = 135.8ppm = 135.8mg P_2O_5/L

(2) 농도 : 135.8mg P_2O_5/L

※ 그래프 작성 시 주의사항
• 가로축에 '[P_2O_5]', 세로축에 '흡광도'라고 기입한다.
• x축은 5ppm 단위로 표시하고, y축은 0.1 단위로 표시한다.
• 측정값들에 대해 점을 찍고 좌표를 적는다.
• 그래프는 계산으로 구한 회귀방정식을 그린다(측정값들을 연결해서 임의로 그리는 것이 아니다).
• 미지시료 흡광도값을 따라 각각 가로축, 세로축에 수직인 점선을 그리고, 그 점선과 가로축, 세로축이 만나는 각각의 지점을 화살표로 표시한 후 값을 적는다.

6. 성적 계산

시료칭량무게, 희석배수, 흡광도 및 농도를 이용하여 P_2O_5 함량과 오차를 구하시오.

가. 측정한 인산 함량

135.8mg/L = 0.1358g/L

$$함량(\%) = \frac{0.1358g\ P_2O_5}{0.2340g\ NH_4H_2PO_4\ 시료} \times 100\% = 58.03\%$$

나. 이론값

$$이론값(\%) = \frac{P_2O_5의\ 분자량}{2 \times NH_4H_2PO_4의\ 분자량} \times 100\% = \frac{141.9446}{2 \times 115.0289} \times 100\% = 61.70\%$$

다. 오차율

$$오차율(\%) = \frac{|측정값 - 참값|}{참값} \times 100\% = \frac{|58.03 - 61.70|}{61.70} \times 100\% = 5.95\%$$

(3) 실험종료

① 설거지 및 정리시간은 시험시간에 포함되지 않으므로 답안지 제출부터 한다.
② 사용한 실험기구 등의 라벨을 제거하고, 깨끗하게 세척한다.
③ 기구들을 제자리에 두고, 주위를 깨끗이 청소한다.
④ 감독관의 안내에 따라 퇴실한다.

참 / 고 / 문 / 헌

- 기기분석의 이해, 사이플러스, 2008
- 분석화학, 자유아카데미, 2004
- 완제의약품 제조 및 품질관리 가이던스, 식품의약품안전처, 2021
- 의약품 등 시험방법 밸리데이션 가이드라인, 식품의약품안전처, 2015
- 제약산업 용어집, 한국보건산업진흥원, 2014
- 클라인의 유기화학, 사이플러스, 2020
- 파비아의 분광학 강의, 사이플러스, 2018
- 화학분석기사 주관식 작업형, 자유아카데미, 2019
- 환경실험실 QA/QC 가이드, 자유아카데미, 2019
- Win-Q 화학분석기사 필기 단기합격, SD에듀, 2024

참 / 고 / 사 / 이 / 트

- https://chem.libretexts.org/Bookshelves/Organic_Chemistry/Organic_Chemistry_I_(Liu)/06%3A_Structural_Identification_of_Organic_Compounds-_IR_and_NMR_Spectroscopy/6.06%3A_H_NMR_Spectra_and_Interpretation_(Part_I)
- https://chem.libretexts.org/Courses/Winona_State_University/Klein_and_Straumanis_Guided/6%3A_Infrared_Spectroscopy_and_Mass_Spectrometry_(Chapter_15)/6%3A7_Mass_Spectrometry_of_Some_Common_Functional_Groups
- https://commons.wikimedia.org/wiki/File:1H_NMR_Ethyl_Acetate_Coupling_shown.png
- https://webbook.nist.gov/cgi/cbook.cgi?ID=C6032297&Mask=200
- https://webbook.nist.gov/cgi/cbook.cgi?Name=3-pentanol&Units=SI&cMS=on
- https://www.chem.ucalgary.ca/courses/353/Carey5th/Ch13/ch13-nmr-3b.html
- https://www.chemguide.co.uk/analysis/masspec/mplus2.html
- https://www.chemicalbook.com
- https://www.doopedia.co.kr/doopedia/master/master.do?_method=view&MAS_IDX=101013000922741
- https://www.masterorganicchemistry.com/2016/11/23/quick_analysis_of_ir_spectra/

Win-Q 화학분석기사 실기

개정2판1쇄 발행	2024년 02월 05일 (인쇄 2023년 12월 28일)
초 판 발 행	2022년 09월 05일 (인쇄 2022년 08월 12일)
발 행 인	박영일
책 임 편 집	이해욱
편 저	김찬양·조현욱
편 집 진 행	윤진영·류용수
표지디자인	권은경·길전홍선
편집디자인	정경일·심혜림
발 행 처	(주)시대고시기획
출 판 등 록	제10-1521호
주 소	서울시 마포구 큰우물로 75 [도화동 538 성지 B/D] 9F
전 화	1600-3600
팩 스	02-701-8823
홈 페 이 지	www.sdedu.co.kr

I S B N	979-11-383-5925-2(13570)
정 가	27,000원

한눈에 이해할 수 있도록
체계적으로 정리한 핵심이론

철저한 시험유형 파악으로
만든 필수확인문제

국가직 · 지방직 등
최신 기출문제와 상세 해설

기술직 공무원 기계일반
별판 | 23,000원

기술직 공무원 기계설계
별판 | 23,000원

기술직 공무원 물리
별판 | 22,000원

기술직 공무원 생물
별판 | 20,000원

기술직 공무원 임업경영
별판 | 20,000원

기술직 공무원 조림
별판 | 20,000원

※도서의 이미지와 가격은 변경될 수 있습니다.